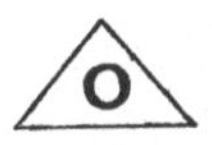

Die Elektrostahlöfen

von

E. Fr. Russ

Elektroingenieur
Köln a. Rh.

Mit 152 Textfiguren

Berlin

Verlag von Julius Springer

1918

ISBN-13:978-3-642-90330-4   e-ISBN-13:978-3-642-92187-2
DOI: 10.1007/978-3-642-92187-2

Seinem hochverehrten Verwandten

Herrn Geheimen Kommerzienrat Carl Russ-Suchard

in Dankbarkeit freundlichst gewidmet

vom Verfasser

Inhaltsverzeichnis.

Vorwort.

Das vorliegende Spezialbuch ist aus dem Bedürfnis enstanden, dem Elektrotechniker, insbesondere, dem Hüttenmann, und ferner dem Studierenden, Gelegenheit zu geben, sich mit dem Wesen der Elektrostahlöfen, die unstreitig heute eine große Bedeutung gewonnen haben, vertraut zu machen. Es ist auf eine besonders knappe Abfassung des Textes Wert gelegt worden. Die physikalischen und chemischen Eigenschaften der Metalle, ihre Erze und deren Vorkommen, sowie über die Aufbereitung der Erze ist nichts gesagt worden, weil hiermit die Literatur reichlich versehen ist.

Der Verfasser ist bestrebt gewesen, die Bearbeitung seines Buches vollständig objektiv zu behandeln.

Zur Ergänzung und Befestigung der theoretischen Darstellungen sind, wo es angezeigt erschien, praktische Rechnungsbeispiele eingefügt worden.

Den Firmen spreche ich für die freundliche Überlassung von Druckstöcken und verschiedener wertvoller Hinweise meinen besten Dank aus.

Indem der Verfasser hofft, daß das Buch sich nützlich erweisen werde, übergibt er dasselbe hiermit der Öffentlichkeit

Köln, im April 1918.

E. Fr. Russ.

Einleitung.

Verbesserte Arbeitsmethoden vereinigen in sich in der Regel die Vorteile größerer Wirtschaftlichkeit, schnellerer und genauerer bzw. gleichmäßigerer Arbeit und bequemerer Handhabung und finden deshalb willkommene Aufnahme und weite Verbreitung. So bieten auch die Elektrostahlöfen gegenüber den Gasfeueröfen bzw. Tiegelöfen eine verbesserte Arbeitsmethode. Neben dieser kommt noch der große Vorteil, der der vorzüglichen Eigenschaften der auf elektrothermischem Wege gewonnenen Stahlarten.

Die Elektrostahlöfen dienen in erster Linie zur Herstellung von Qualitätsstahlsorten aus Roheisen, Schrott und dgl., unter Hinzufügung von entsprechenden Zusätzen. Ferner werden die Elektrostahlöfen für den Verfeinerungsprozeß benutzt, indem man flüssiges Material einem anderen Ofen, z. B. Siemens-Martinofen entnimmt und dem Elektrostahlofen zuführt, zur Erreichung hochwertiger Qualitätsstahlsorten.

Der im Elektrostahlofen erzeugte Guß zeichnet sich vor den Erzeugnissen aller übrigen Ofensysteme durch seine hervorragende chemische Reinheit, durch seine große Gleichmäßigkeit und als deren Folge durch seine hochwertigen physikalischen Eigenschaften aus, wie sie kein anderer Schmelzapparat — bei gleicher Beschaffenheit des Einsatzes — liefert. Der Elektrostahlofen erzeugt Stahlformgußstücke, an die sehr weitgehende Anforderungen gestellt werden dürfen, sowie Sonderstähle an Stelle von Tiegelgußstahl. Er eignet sich ferner für die Herstellung von dünnwandigem Qualitätsstahlformguß von der weichsten bis zur härtesten Qualität.

Der Bau von Elektrostahlöfen hat sich erst in letzter Zeit zu seiner vollen Blüte entfalten können. Dies hat insbesondere daran gelegen, daß man erst später darauf kam, daß die Bearbeitung dieses Feldes von Fachleuten verschiedener Berufe vorgenommen wird. Nur durch das Zusammenarbeiten des Hüttenmannes, Elektrotechnikers, Chemikers und des Eisen- und Apparatebau-Konstrukteurs ist es möglich geworden, den Elektrostahlofenbau zu dem auszubilden, was er heute tatsächlich ist.

Die Elektrostahlöfen gehören zu einem neueren Zweig der Elektrotechnik, und zwar in das Gebiet der Elektrochemie. Unter der Elektrochemie verstehen wir hier ganz allgemein die Darstellung chemischer Stoffe auf elektrischem Wege.

Die Aufgabe, die die Elektrochemie in unserem Falle zu erfüllen hat, ist die Gewinunng reiner Metalle aus hüttenmännisch gewonnenen Produkten oder aus künstlich hergestellten Verbindungen oder solchen Verbindungen, die in der Natur vorkommen. Dieses Gebiet, welches als ein Spezialgebiet der Elektrotechnik anzusprechen ist, bezeichnet man zweckmäßiger als elektrische Metallurgie.

Unsere Betrachtungen lassen aber bereits darauf schließen, daß wir es bei den Elektrostahlöfen mit Wärme- und sogar mit Feuererscheinungen zu tun haben. In erster Linie kommen die Wärmeerscheinungen in Betracht. Die Elektrometallurgie beschränkt sich also hier nur auf einen geringen Teil der Elektrotechnik. Die Eigenschaften des galvanischen Stromes, also die Elektrolyse, spielt im Elektrostahlofenbau aber gar keine Rolle, trotzdem sie in das Gebiet der Elektrometallurgie gehört. Die Elektrolyse ist demnach nicht das einzige Hilfsmittel der Elektrochemie. Der elektrische Strom hat noch andere brauchbare Eigenschaften an sich, die sich die Elektrochemie zunutze macht. Es sind dieses, wie bereits erwähnt, die Wärmewirkungen des elektrischen Stromes.

Der Betrieb der Elektrostahlöfen beruht also auf der Anwendung des elektrischen Stromes.

Die Einteilung der Elektrostahlöfen erfolgt nach ihren Heizmethoden, und zwar kommen drei verschiedene Erhitzungsarten von den bisher praktisch erprobten Typen elektrischer Stahlöfen in Betracht. Es sind dieses:

1. die elektrischen Lichtbogenheizungen,
2. die elektrischen Widerstandsheizungen,
3. die elektrischen Induktionsheizungen.

Bevor wir auf diese drei Heizungsarten näher eingehen, wird es sich empfehlen, im folgenden Abschnitt einige allgemeine Betrachtungen über den elektrischen Strom anzustellen.

Es sei noch bemerkt, daß die Elektrostahlöfen erst seit dem Ende der neunziger Jahre bekannt und anderen elektrischen Öfen der Elektrochemie nachgebildet worden sind. Die Elektrostahlöfen haben aber, dank der mit größtem Eifer durchgebildeten Konstruktionen, eine führende Stellung im Hüttenfach erreicht. Für die Gewinnung von Qualitätsstahl werden sie immer mehr bevorzugt. Die überraschende Verbreitung der Elektrostahlöfen beweist ihre große wirtschaftliche Bedeutung.

Nach Statistiken der Zeitschrift »Stahl und Eisen« waren bereits in den ersten 10 Jahren etwa 70 Öfen im Betrieb und weitere 35 Öfen im Bau. Bis zum Jahre 1916 belief sich die Gesamtzahl schon auf über 300 Öfen, die bis heute noch um ein beträchtliches zugenommen haben wird.

Während sich die Jahreserzeugung in Deutschland und Luxemburg 1908 an Tiegelstahl auf etwa 88 000 t, an Elektrostahl auf rund 20 000 t belief, betrug dieselbe 1915 an Tiegelstahl 100 500 t und an Elektrostahl bereits über 131 000 t.

Der große Vorteil bei einem Elektrostahlofen ist der, daß sich die verschiedensten Eisen- und Stahlsorten in ihm herstellen lassen. Wir erwähnten schon, daß sich aus Roheisen, selbst aus dem gewöhnlichsten Schrott, unter Zuhilfenahme von Zusätzen die besten Stahlsorten herstellen lassen, sogar ganz dünnwandiger Guß. Ferner wird nach einem Verfahren, ähnlich wie das Verfahren für die Erzeugung von Aluminium zur Anwendung kommende, durch Zusammenschmelzen von Chrom und Eisen der sogenannte Chromstahl hergestellt. Ähnlich ist es, wenn man dem Eisen Mangan zusetzt zur Herstellung von Manganstahl und dgl.

Der Elektrostahlofen vertritt die Stelle des mit hohen Anschaffungs- und Unterhaltungskosten verbundenen Hochofens, der für die direkte Gewinnnng von Eisen und Stahl aus Erzen dient. Sodann nimmt der Elektrostahlofen die Stelle des Siemens-Martin-, des Tiegelofenprozesses oder eines ähnlichen Verfahrens ein und findet Verwendung für die Raffination von Qualitätsstahl.

Aus Gründen der Wirtschaftlichkeit sieht man in Deutschland von der zuerst angegebenen Verwendungsmöglichkeit des Elektrostahlofens ab. In wasserreichen Gegenden, also dort, wo sich die elektrische Energie noch überaus billig herstellen läßt, und ferner dort, wo das Verhüttungsprodukt einen sehr hohen Eisengehalt hat, z. B. in Norwegen, kann man den Elektrostahlofen für die direkte Gewinnung von Eisen und Stahl aus den Erzen mit Erfolg anwenden. Die großen baulichen Anlagen, wie sie für die Hochöfen unbedingt notwendig sind, kommen bei Verwendung von Elektrostahlöfen in Wegfall, ebenso sind keine Gaserzeuger, Winderhitzer, Gasfänger, sowie komplizierte Beschickungsvorrichtungen erforderlich. Von den bedeutenden Unterhaltungskosten, die aus einer Hochofenanlage entstehen, wollen wir ganz absehen. Man kann erwarten, daß im Laufe der Zeit vielleicht doch noch die Elektrostahlöfen auch bei uns für die direkte Produzierung von Stahl aus Rohprodukten Eingang finden.

I. Die elektrotechnischen Grundbegriffe.

1. Der elektrische Strom.

Wird durch einen Draht ein genügend starker, elektrischer Strom geleitet, so wird derselbe glühend, strahlt Wärme und Licht aus und kann schließlich schmelzen. Diese Tatsache bestätigt uns das Vorhandensein eines elektrischen Stromes und zeigt uns bei der Gelegenheit sogar seine Wirkung.

Leitet man durch zwei sich berührende Kohlenstifte einen elektrischen Strom, entfernt die Kohlen langsam voneinander, so entsteht ein Lichtbogen von einer so hohen Wärmeintensität, daß er zum Löten, Schweißen und Schmelzen von Metallen verwendet werden kann.

Legt man einen geschlossenen Draht um die Primärspule eines Transformators und leitet einen Wechselstrom durch die primäre Spule, so wird der Draht, welcher die sekundäre Spule darstellt, zum Schmelzen gebracht.

Diese drei Wirkungen des elektrischen Stromes kennzeichnen die in der Einleitung angeführten Erhitzungsarten, die für Elektrostahlöfen in Betracht kommen.

Der elektrische Strom pflanzt sich nicht durch jeden Stoff gleich gut fort. Es wird vielmehr dem elektrischen Strom beim Durchgang durch einen Leiter ein größerer oder kleinerer Widerstand entgegengesetzt. Diese Tatsache ist für den Bau von Elektrostahlöfen besonders wichtig, und kommen wir an einer anderen Stelle noch darauf zurück.

Man unterscheidet in der Elektrizitätslehre verschiedene Stromarten, und zwar den Gleichstrom-, Ein-, Zwei- und Dreiphasenstrom, letzteren nennt man auch kurzweg Drehstrom. Alle diese Stromarten sind für den Betrieb von Elektrostahlöfen anwendbar.

Soweit man nicht durch eine vorhandene Anlage oder durch ein zur Verfügung stehendes Elektrizitätswerk in der Stromart festgelegt ist, bleibt vielfach zu entscheiden, ob für den Betrieb eines Ofensystems Gleichstrom, Drehstrom oder Einphasenwechselstrom zweckmäßig ist. Vielfach wird die Entscheidung noch dadurch stark beeinflußt, wenn ein ganz bestimmtes Ofensystem in Frage kommt. Es gibt nämlich auch Elektrostahlöfen, welche nur für eine bestimmte Stromart gebaut werden, z. B. die Induktionsöfen.

Ein elektrischer Strom ist in der Lage, eine bestimmte Leistung hervorzurufen. Je höher die Ansprüche sind, die an ihn gestellt werden, ein um so stärkerer Strom ist erforderlich. Sollen also in einem Elektrostahlofen anstatt 3 Tonnen 6 Tonnen Stahl erzeugt werden, so ist selbstverständlich im letzteren Fall ein viel stärkerer Strom erforderlich als im ersten. Hieraus folgt, daß der elektrische Strom eine veränderliche Größe sein muß.

Nachdem wir die Wirkungen des elektrischen Stromes in unserem speziellen Fall kennen gelernt haben, können wir dazu übergehen, die gesetzmäßigen Beziehungen zwischen den für einen elektrischen Strom wesentlichen Größen darzustellen.

2. Die elektrotechnischen Maßeinheiten.

1. Wird ein elektrischer Strom fortgeleitet, so wird ihm ein Widerstand entgegengesetzt. Die Einheit dieses Widerstandes ist das Ohm. Je größer der Widerstand eines Leiters ist, um so geringer ist seine Leitfähigkeit. Nun spielt aber die Leitfähigkeit im Elektrostahlofenbau eine ganz bedeutende Rolle, wie wir noch in einem Abschnitt sehen werden.

2. Den Druck eines elektrischen Stromes oder die Spannungsdifferenz zwischen den Polen einer Stromquelle nennt man die elektrische Spannung. Die Einheit der Spannung ist das Volt. Je größer die Spannungsdifferenz zwischen den Polenden eines Stromerzeugers ist, um so höher ist die Spannung.

Um sich eine bildliche Darstellung von der elektrischen Spannung zu machen, sei dieselbe mit dem Druck in einer Rohrleitung verglichen. Je höher nämlich der Druck in einem Rohr ist, um so mehr wird die Leitung beansprucht. Genau so ist es mit der elektrischen Spannung. Je höher dieselbe ist, um so besser muß die Isolationsbeschaffenheit der elektrischen Leitung sein.

3. Die Menge eines elektrischen Stromes, die in einem Augenblick durch einen Leiter fließt, bezeichnet man als Stromstärke. Die Einheit der Stromstärke ist das Ampère. Je größer die Menge eines Stromes bzw., je höher die Stromstärke ist, um so stärker muß der Leitungsquerschnitt gewählt werden, wenn der Strom möglichst ungehindert fortgeleitet werden soll. Oder, je kräftiger der Strom und je dünner der Draht, oder je größer sein Widerstand ist, um so größer ist die im Draht auftretende Wärmewirkung.

Nachdem uns die drei Größen: Widerstand, Spannung, Stromstärke bekannt sind, erhalten wir die Beziehung:

$$\text{Stromstärke} = \frac{\text{Spannung}}{\text{Widerstand}}.$$

Wir bezeichnen diese Beziehung als das Ohmsche Gesetz.

Es ist also:

$$J = \frac{E}{R} \text{ Ampere} \ldots \ldots \ldots 1.$$

Mit anderen Worten: die Stromstärke J muß der Spannung E direkt, dem Widerstand R aber umgekehrt proportional sein.

Formt man die Gleichung um, so erhalten wir:

$$E = J \cdot R \quad \text{Volt} \ldots \ldots \ldots \ldots \quad 2.$$

und

$$R = \frac{E}{J} \quad \text{Ohm.} \ldots \ldots \ldots \ldots \quad 3.$$

1. Beispiel. Ein Stromerzeuger (Dynamomaschine) habe eine elektromotorische Kraft von $E = 110$ Volt und einen inneren Widerstand von $R_i = 0{,}08$ Ohm. Der Stromerzeuger soll einen Elektroofen mit irgendeiner Heizung betreiben mit einem Widerstand von $R_0 = 0{,}02$ Ohm.

Frage: Für welche Stromstärke muß der Stromerzeuger und die Zuleitung bemessen sein?

Lösung: Der Gesamtwiderstand ist

$$R = R_i + R_0 = 0{,}08 + 0{,}02$$
$$= 0{,}10 \ \text{Ohm,}$$

mithin beträgt die erforderliche Stromstärke

$$J = \frac{E}{R}$$
$$J = \frac{110}{0{,}10} = 1100 \ \text{Amp.}$$

3. Die elektrische Arbeit.

Der elektrische Strom ist in der Lage Arbeit zu leisten. Die Arbeit, die er in unserem Falle zu leisten hat, soll aus Wärme bestehen. Die Arbeit, die der durch eine Leitung fließende Strom zu leisten in der Lage ist, ist um so größer, je größer die in einer Sekunde durch den Querschnitt der Leitung hindurchgeführte Elektrizitätsmenge und je größer die elektrische Spannung ist.

Es ist also:

$$N = J \cdot E \quad \text{Watt} \ldots \ldots \ldots \ldots \quad 4.$$

Wir bezeichnen diese Beziehung als den **elektrischen Effekt** oder als die **elektrische Leistung**.

Soll der elektrische Strom eine Arbeit leisten, so genügt es nicht, den Effekt des Stromes zu kennen; man muß auch wissen, in welcher Zeit der Strom von bekanntem Effekt eine tatsächliche Leistung ausgeführt hat. Soll also die tatsächlich geleistete Arbeit eines elektrischen Stromes festgestellt werden, so ist sein Effekt mit der Zeit t zu multiplizieren.

Es ist alsdann die **elektrische Arbeit**:

$$A = J \cdot E \cdot t \quad \text{Wattstunden} \ldots \ldots \ldots \quad 5.$$

Die elektrische Leistung wird ausgedrückt in Watt (W). Bei Gleichstrom ist die Leistung also gleich Volt mal Ampere (siehe Gleichung 4).

Bei Drehstrom setzt sich dagegen die Leistung zusammen aus:

$$N = \sqrt{3} \cdot E \cdot J \cdot \cos \varphi \quad \text{Watt} \quad \ldots \ldots \ldots \quad 6.$$

Hierin bedeutet $\cos \varphi$ den Leistungsfaktor. Derselbe stellt das Verhältnis der scheinbaren Leistung (in Volt mal Ampere) zur wirklichen Leistung in Watt dar.

Die elektrische Arbeit ergibt sich aus dem Produkt der Watt und der Zeit, in der die Arbeit geleistet wird. Die elektrische Arbeit wird gemessen in Wattstunden (Wh) bzw. Kilowattstunden (kWh).

Es ist ferner:

1 Kilowatt $= 1000$ Watt
1 Kilowattstunde $= 1000$ Wattstunden
1 Kilowattstunde $= 1000 \cdot 3600 = 3,6 \quad 10^6$ Wattsekunden oder Joule.
1 PS $= 736$ Watt.

Wird ein Strom durch einen Draht geleitet, so erzeugt er in demselben Wärme. Diese entwickelte Wärmemenge ist proportional dem Quadrate der Stromstärke und einfach proportional dem Ohmschen Widerstand und der Zeit in Sekunden. Wir erhalten somit nach dem Jouleschen Gesetz:

$$dQ = c \cdot J^2 \cdot R \cdot dt \ldots \ldots \ldots \ldots 7.$$

Fließt der Strom durch den Draht während der Zeit $t_1 - t_2$, so haben wir zu integrieren und erhalten:

$$Q = c \cdot J^2 \cdot R \cdot \int_{t_2}^{t_1} \cdot dt \ldots \ldots \ldots 7\,a.$$

oder

$$Q = c \cdot J^2 \cdot R \cdot (t_2 - t_1) \ldots \ldots \ldots 7\,b.$$

Setzen wir $t_1 = o$, so ist

$$Q = c \cdot J^2 \cdot R \cdot t \ldots \ldots \ldots 8.$$

Da nun

$$1 \text{ Kalorie} = 427 \text{ mkg}$$

der mechanischen Arbeit entspricht, und ferner

$$1 \text{ Kalorie} = 4200 \text{ Wattsekunden oder Joule}$$

der elektrischen Arbeit entspricht, so erhalten wir die Beziehung:

$$1 \text{ mkg} = \frac{4200}{427} = 9,81 \text{ Wattsekunden}$$

und weiter:

$$1 \text{ Watt} = \frac{1}{4200} = 0,00024 \text{ kgcal.} \ldots \ldots 9.$$

Die in dem Draht erzeugte Wärmemenge ist demnach:

$$Q = 0,00024 \cdot J^2 \cdot R \cdot t \text{ kgcal.} \ldots \ldots 10.$$

oder

$$Q = 0,24 \cdot J^2 \cdot R \cdot t \text{ grcal.} \ldots \ldots 10\,a.$$

Da nun die Spannung an den Enden des Widerstandes nach Gl. 2

$$E = J \cdot R$$

ist, so kann man auch schreiben:

$$Q = 0{,}24 \cdot J \cdot E \cdot t \quad \text{grcal.} \quad \dots \dots \quad 11.$$

Die mittels des elektrischen Stromes erzeugte Wärme kann man zum Schmelzen von Stahl und Eisen in geeigneten Öfen verwenden. Auch kann die Wärme zu anderen Heizzwecken benutzt werden.

2. Beispiel. Es sollen in einem Kocher, der mit einer Heizspirale ausgerüstet ist und durch die ein Strom fließt, 2 Liter Wasser zum Sieden gebracht werden. Es sei:

$$
\begin{aligned}
&\text{die Anfangstemperatur} && t_1 = 20^\circ\,\text{C} \\
&\text{die Spannung} && E = 120\ \text{Volt} \\
&\text{die Stromstärke} && J = 15\ \text{Amp.} \\
&\text{der kalorische Wirkungsgrad}\ \eta = 0{,}7.
\end{aligned}
$$

Frage: Wie lange dauert es, bis das Wasser kocht?

Lösung: Die theoretisch erforderliche Wärmemenge ist:

$$
\begin{aligned}
Q &= 2000 \cdot (100 - 20) \\
&= 2000 \cdot 80 = 160\,000\ \text{W. E.};
\end{aligned}
$$

da jedoch der Wirkungsgrad nur 0,7 beträgt, so müssen

$$Q = \frac{160\,000}{0{,}7} = 230\,000\ \text{W. E.}$$

erzeugt werden. Wir erhalten dann die Beziehung nach Gl. 11:

$$230\,000 = 0{,}24 \cdot 15 \cdot 120 \cdot t$$

und das Wasser braucht demnach eine Zeit bis zum Kochen von:

$$t = \frac{230\,000}{0{,}24 \cdot 15 \cdot 120} = \sim 52\ \text{Sekunden.}$$

Die Heizspirale hat dabei einen Widerstand von:

$$R = \frac{120}{15} = 8\ \text{Ohm.}$$

Anmerkung: In unserer Rechnung ist der kalorische Wirkungsgrad des Kochers berücksichtigt worden. Dieses ist unbedingt nötig, da durch Strahlung Wärme verloren geht. Den Wirkungsgrad des Kochers findet man auf Grund des Quotienten:

$$\eta = \frac{\text{theoretische Wärmemenge}}{\text{zugeführte Wärmemenge}}.$$

3. Beispiel. Eine Heizspirale sei im Innern eines Ofenfutters eingebaut und soll zur Erwärmung des Schmelzproduktes beitragen. Die verfügbare Spannung sei 220 Volt, der Widerstand in der Spirale 0,20 Ohm.

Frage: Wie groß ist der Effekt in der Heizspirale und wie groß ist die Wärmeentwicklung in derselben während einer Stunde?

Lösung: Die Stromstärke ist:

$$J = \frac{E}{R} = \frac{220}{0,20} = 1100 \text{ Amp.}$$

Der Effekt in der Spirale beträgt

$$N = E \cdot J = 220 \cdot 1100 = 242\,000 \text{ W}$$
$$\text{oder } 242 \text{ kW.}$$

Die erzeugte Wärmemenge in der Stunde ist alsdann

$$Q = 0,24 \cdot E \cdot J \cdot t$$
$$= 0,24 \cdot 242\,000 \cdot (60 \cdot 60)$$
$$= 0,24 \cdot 242\,000 \cdot 3600$$
$$= 209\,088\,000 \text{ grcal}$$

oder

$$Q = 209\,088 \text{ kgcal.}$$

4. Beispiel. Es soll der Widerstand und die in einer Stunde entwickelte Wärmemenge eines elektrischen Lichtbogens bestimmt werden. Ferner die Größe der Maschine zur Erzeugung der verlangten Lichtbogenleistung. Die Spannung zwischen den Kohleelektroden betrage 120 Volt und die Stromstärke 4000 Amp.

Lösung. Der Widerstand zwischen dem Lichtbogen ist dann

$$R = \frac{E}{J} = \frac{120}{4000} = 0,03 \text{ Ohm.}$$

Der in dem Lichtbogen verbrauchte Effekt ist

$$N = E \cdot J$$
$$= 120 \cdot 4000 = 480\,000 \text{ W}$$

oder, da 1 PS = 736 Watt

$$\frac{480\,000}{736} = \sim 652 \text{ PS.}$$

Die stündliche Wärmemenge ist

$$Q = 0,24 \cdot E \cdot J \cdot t$$
$$= 0,24 \cdot 480\,000 \cdot 3600 = 414\,720\,000 \text{ grcal}$$

oder

$$= 414\,720 \text{ kgcal.}$$

Sei der kalorische Wirkungsgrad 0,8, so ist eine stündliche Wärmemenge von

$$\frac{414\,720}{0,8} = 518\,400 \text{ kg cal}$$

zu leisten. Da alsdann die errechneten 652 PS nicht mehr ausreichen, so sind

$$\frac{652 \cdot 518\,400}{414\,720} = 818 \text{ PS}$$

und weiter, wenn der Wirkungsgrad des Stromerzeugers 0,9 ist,

$$\frac{818}{0,9} = \sim 900 \text{ PS}$$

erforderlich.

4. Der elektrische Widerstand.

Wir haben bereits oben schon darauf hingewiesen, daß es für die Fortleitung eines elektrischen Stromes nicht gleichgültig ist, was für ein Leitungsmaterial verwendet wird. Wir unterscheiden gute und schlechte Leiter. Letztere bezeichnet man auch als Nichtleiter und gehören hierzu: reines Wasser, trockene Luft, Hartgummi, Holz, Glas, Schiefer, Schwefel, Preßspan, Marmor, sowie Mineralien, Erden u. dgl. Die guten Leiter teilt man wieder ein in Leiter 1. und 2. Klasse. Zu den Leitern 1. Klasse gehören alle Metalle und Kohle. Dagegen zählen die stromleitenden Flüssigkeiten zu den Leitern 2. Klasse, ferner Stoffe, die dem Strom einen viel größeren Widerstand entgegensetzen als Metalle, z. B. Magnesit, Dolomit u. dgl.

Der Widerstand eines Drahtes hängt also ab von seinem Material, gleichzeitig aber auch von seiner Länge und seinem Querschnitt. Wir können daher sagen: Der Widerstand eines Drahtes ist der Länge l in Metern direkt und dem Querschnitt q in qmm umgekehrt proportional. Es ist demnach:

$$R = c \cdot \frac{l}{q} \text{ Ohm} \quad . \quad . \quad . \quad . \quad . \quad . \quad 12.$$

wobei c der spezifische Widerstand des Leiters ist.

Ein Eisen- und ein Kupferdraht von gleichem Querschnitt und gleicher Länge haben verschiedenen Widerstand. Dieser wird, bezogen auf 1 m Länge und 1 qmm Querschnitt, als der spezifische Widerstand bezeichnet. Den reziproken Wert des spezifischen Widerstandes nennt man spezifische Leitfähigkeit, der mit k bezeichnet wird.

Die Temperatur hat auf den Widerstand auch noch einen Einfluß. Diese ist mit zu berücksichtigen, indem man die Zunahme oder Abnahme des Widerstandes pro 1 Ohm um 1° für jeden Stoff bestimmt. Diese Größe nennt man den Temperaturkoeffizienten. Der Widerstand eines Leiters ändert sich demnach mit der Temperatur, und zwar ist die Widerstandszunahme proportional der Temperaturzunahme. Ist α der Temperaturkoeffizient, R der Widerstand vor der Temperaturänderung t, so erhalten wir nach der Temperaturerhöhung einen Widerstand von:

$$R_t = R \cdot (1 + \alpha t). \quad . \quad . \quad . \quad . \quad . \quad . \quad 13.$$

Der Widerstand metallischer Leiter nimmt mit der Temperatur zu, derjenige nichtmetallischer Leiter, der Kohle, sowie einiger Metallegierungen nimmt ab.

In der nachstehenden Tabelle ist der spezifische Widerstand, die spezifische Leitfähigkeit und der Temperaturkoeffizient für einige Materialien angegeben.

Tabelle.

Material	Spezifischer Widerstand c	Spezifische Leitfähigkeit $k = \dfrac{1}{c}$	Temperatur- koeffizient α
Aluminium . . .	0,03—0,05	33—20	0,0039
Aluminiumbronze .	0,12	8,35	0,001
Antimon	0,5	2	0,0041
Blei	0,2	5	0,00387
Eisen	0,10—0,12	10—8,35	0,0045
Gaskohle	50	0,02	0,0005
Kohle	65—1000	0,015—0,0010	0,0003—0,0008
Kupfer	0,018	56	0,0038
Konstantan . . .	0,49	2,04	0,00003
Magnesium . . .	0,04	25	0,0039
Manganin	0,42	2,33	0,00002
Messing	0,07—0,09	14,3—11,1	0,0015
Neusilber	0,15—0,40	6,7—2,5	0,0002—0,00035
Nickel	0,15	6,7	0,0037
Nickelin	0,43	2,38	0,00028
Platin	0,14	6	0,0024
Quecksilber . . .	0,95	1	0,0009
Silber	0,016—0,018	66—62	0,0034—0,0038
Stahl	0,1—0,25	10—4	0,0052
Zink	0,06	18	0,0039
Zinn	0,14	6	0,0039
Wismut . . . . ,	1,2	0,83	0,0037

5. Beispiel. Es soll ein runder Eisen- bzw. Kupferdraht in das Futter eines Schmelzofens nach Fig. 1 eingebaut werden. Der mittlere Durchmesser der Heizspirale ist 2,10 Meter. Die Windungszahl betrage 5 und der Drahtdurchmesser 55 Millimeter.

Frage: Welchen Widerstand hat erstens der Eisendraht und zweitens der Kupferdraht?

Lösung: Die Länge der Heizspirale ist

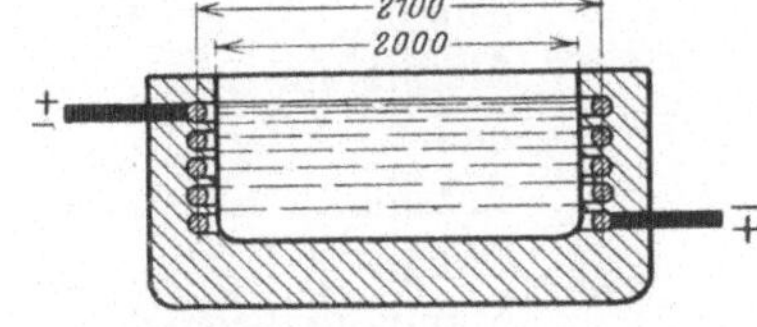

Fig. 1. Schmelzofen mit Widerstandsheizung.

$$2100 \cdot \pi \cdot 5 = 33\,000 \text{ mm}$$
$$\text{oder} \qquad 33 \text{ m.}$$

Der Querschnitt des Drahtes ist

$$q = d^2\, \frac{\pi}{4} = 55^2\, \frac{\pi}{4} = 2400 \text{ mm}^2$$

Für Eisen ist c im Mittel $= 0{,}11$. Mithin besitzt die Spirale aus Eisen einen Widerstand von

$$R_{Fe} = \frac{c \cdot l}{q} = \frac{0{,}11 \cdot 33}{2400} = 0{,}00151 \text{ Ohm.}$$

Für Kupfer ist $c = 0{,}018$. Demnach hat die Spirale aus Kupfer nur einen Widerstand von:

$$R_{Cu} = \frac{0{,}018 \cdot 33}{2400} = 0{,}000\,248 \text{ Ohm}$$

6. Beispiel. Welchen Widerstand hat der Eisen- bzw. Kupferdraht aus voriger Aufgabe bei 850 Grad, wenn der errechnete Widerstand bei 15 Grad angenommen worden war?

Lösung Die Temperaturzunahme beträgt

$$850 - 15 = 835 \text{ Grad}$$

Der Widerstand ist alsdann bei 850 Grad für Eisen

$$\begin{aligned}
R_{Fe} &= R \cdot (1 + \alpha t) \\
&= 0{,}00151 \, (1 + 0{,}0045 \cdot 835) \\
&= 0{,}00718 \text{ Ohm}
\end{aligned}$$

für Kupfer

$$\begin{aligned}
R_{Cu} &= 0{,}000\,248 \, (1 + 0{,}0038 \cdot 835) \\
&= 0{,}001\,035 \text{ Ohm}
\end{aligned}$$

Der elektrische Widerstand äußert sich nun im Elektrostahlofenbau insbesondere dadurch, daß durch die Übertragung der hohen Stromstärken durch einen Leiter Spannung in demselben verloren geht. Dieser Spannungsverlust e, gemessen in Volt, ist gleich dem Produkt aus der Stromstärke J und dem Widerstand R. Es ist also:

$$e = J \cdot R$$

Die Tabelle zeigt uns in Spalte 3 die spezifische Leitfähigkeit. Wir wollen die für uns in Betracht kommenden Stoffe der Reihe nach nochmal herausgreifen:

Tabelle.

Kupfer	56
Aluminium	$20 - 33$
Zink	18
Messing	$11{,}1 - 4{,}3$
Eisen	$8{,}35 - 10$
Aluminiumbronze	$8{,}35$
Nickel	$6{,}7$
Zinn	6
Stahl	$4 - 10$
Kohle	$0{,}0010 - 0{,}015$

Für die Übertragung eines Stromes werden wir daher möglichst Kupfer verwenden, da dieses Metall nach obiger Tabelle die beste Leitfähigkeit besitzt.

Das nächste Metall ist das Aluminium, welches sich, wenn auch die Leitfähigkeit gegenüber dem Kupfer eine schlechtere ist, aus dem Grunde eignet, weil es im Gewicht viel leichter ist als Kupfer. In den letzten Jahren sind in Deutschland Elektrostahlöfen mit elektrischen Ausrüstungen unter Verwendung von Aluminium mit Erfolg ausgeführt worden.

Maßgebend für die Übertragung eines Stromes ist nun nicht allein das Leitungsmaterial, sondern der Leitungsquerschnitt und die Leitungslänge. Je geringer der Querschnitt eines Leiters ist, ein um so größerer Widerstand wird dem Strom entgegengesetzt. Soll demnach eine große Strommenge übertragen werden, ohne daß sich die Leitung erwärmen muß, so ist der Leitungsquerschnitt entsprechend groß genug zu wählen. Ebenso verhält es sich bei einem Strom, der einen langen Weg zurücklegen soll. Auch hier ist mit der Länge des Leitungsweges der Leitungsquerschnitt stark genug zu nehmen.

Bei dem Bau eines Elektrostahlofens ist daher auf die Länge des Leitungsweges ganz besonders Rücksicht zu nehmen. Die überaus großen Strommengen, die hier in Betracht kommen, bedingen an sich schon riesige Leitungsquerschnitte.

Man ist deshalb bemüht, einen Elektrostahlofen unmittelbar mit dem Stromerzeuger bzw. Transformator zu verbinden.

Es sei hier noch eingefügt, daß, je höher die Betriebsspannung gewählt wird, um so geringer die Leitungsquerschnitte und um so geringer die Kosten der Leitungen werden. Praktisch sind die Grenzen der Spannungen durch die Sicherheit des Betriebes, eines Elektrostahlofens (wegen der mit hohen Spannungen verbundenen Lebensgefahr) bestimmt. Ebenso sind für die Lichtbogenheizung bestimmte Grenzen für die Wahl der Spannungen gezogen.

Zum besseren Verständnis für die rechnerische Ermittelung der Leitungsquerschnitte sollen noch folgende Beispiele dienen.

7. Beispiel. Es soll ein Strom von 3800 Amp. 40 Meter weit übertragen werden. Der zulässige Spannungsverlust e_v in der Leitung darf 5 Volt betragen.

Frage: Welchen Querschnitt bzw. Durchmesser müssen wir haben, wenn die Leitung einmal aus Kupfer uud das andere Mal aus Eisen sein soll?

Lösung: Für Kupfer ist

$$q_{Cu} = \frac{(2 \cdot l)^{1)} J}{k \cdot e_v} \quad \ldots \ldots \ldots \ldots \quad 14.$$

$$= \frac{2 \cdot 40 \cdot 3800}{56 \cdot 5} = 1085 \text{ mm}^2;$$

das entspricht einem Durchmesser von

$$d_{Cu} = \sqrt{\frac{1085 \cdot 4}{\pi}} = 37 \text{ mm}.$$

---

1) $(2 \cdot l)$ ist für Hin- und Rückleitung einzusetzen, sofern es sich um Gleichstrom handelt.

Für Eisen ist

$$q_{Fe} = \frac{80 \cdot 3800}{9 \cdot 5} = 6750 \text{ mm}^2$$

oder

$$d_{Fe} = \sqrt{\frac{6750 \cdot 4}{\pi}} = 93 \text{ mm}.$$

Aus dem Beispiel ersehen wir, daß der Leitungsquerschnitt bei Eisen das etwa 6,25fache des für Kupfer ist.

Die Ermittelung des Leitungsquerschnittes ist in unserem Falle nicht allein von dem Spannungsverlust abhängig, sondern auch im hohen Maße von der Wirtschaftlichkeit, der mechanischen Festigkeit des Leitungsmaterials und schließlich von der Erwärmung desselben.

Bei Wechsel- bzw. Drehstrom liegt eine besondere Berechnung für die Querschnittsermittelung zugrunde. Es muß hier auf den Leistungsfaktor $\cos \varphi$ und weiter auf die Art der Schaltung (Stern- oder Dreieckschaltung) Rücksicht genommen werden.

Zur Berechnung der Leitungsquerschnitte für einphasigen und dreiphasigen Wechselstrom (Drehstrom) gelten folgende Bezeichnungen:

q der Leitungsquerschnitt in mm²,

W die Leistung in Watt, welche übertragen werden soll,

l die einfache Leitungslänge in Metern,

p der Energieverlust in Prozent,

E die Spannung zwischen zwei Leitungen in Volt,

e die Phasenspannung,

$\cos \varphi$ der Leistungsfaktor, welcher sich aus der Art der Belastung ergibt,

k die spez. Leitfähigkeit des Leitungsmaterials.

Der Querschnitt für jeden Draht eines einphasigen Wechselstromes ist:

$$q = \frac{200 \cdot l \cdot W}{k \cdot E^2 \cdot \cos^2 \varphi \cdot p} \quad \cdot \quad \cdot \quad \cdot \quad \cdot \quad \cdot \quad \cdot \quad 15.$$

Da k für Kupfer gleich **56**, so folgt:

$$q_{Cu} = \frac{3,6 \cdot l \cdot W}{E^2 \cdot \cos^2 \varphi \cdot p} \quad \cdot \quad \cdot \quad \cdot \quad \cdot \quad \cdot \quad 16.$$

Der Querschnitt für jeden der drei Drähte eines Drehstromes ist: entweder wenn die Spannung zwischen zwei Leitungen bekannt ist:

$$q = \frac{100 \cdot l \cdot W}{k \cdot E^2 \cdot \cos^2 \varphi \cdot p} \quad \cdot \quad \cdot \quad \cdot \quad \cdot \quad 17.$$

oder wenn die Phasenspannung bekannt ist:

$$q = \frac{100 \cdot l \cdot W}{k \cdot 3 \cdot e^2 \cos^2 \varphi \cdot p} \quad \cdot \quad \cdot \quad \cdot \quad \cdot \quad 18.$$

Für Kupfer:

entweder:

$$q_{Cu} = \frac{1,75 \cdot l \cdot W}{E^2 \cdot \cos^2 \varphi \cdot p} \quad\ldots\ldots\ldots \text{17a.}$$

oder:

$$q_{Cu} = \frac{0,6 \cdot l \cdot W}{e^2 \cdot \cos^2 \varphi \cdot p} \quad\ldots\ldots\ldots \text{18a.}$$

Ist die Leitung nicht mit Induktion behaftet, so ist $\cos\varphi = 1$ und kann der Leistungsfaktor aus den Gleichungen heraus bleiben.

8. Beispiel: Angenommen ein Drehstrom-Elektrostahlofen benötige an Energie 650 Kilowatt. Die Spannung E sei 100 Volt, die Länge einer Leitung zwischen Erzeugungs- und Verbrauchsstelle betrage 12 m, der Leistungsfaktor wäre $\cos\varphi = 0,8$ und der Energieverlust soll $5\,\%$ sein.

Frage: Welchen Querschnitt muß jede der drei Leitungen haben, wenn Kupfer gewählt wird?

Lösung:

an der Erzeugungsstelle müssen:

$$\frac{100}{100 - 5} \quad 650\,000 = 685\,000 \text{ Watt}$$

zur Verfügung stehen.

Dann ist der Kupfer-Querschnitt für Drehstrom nach Gl. 17a:

$$q_{Cu} = \frac{1,75 \cdot 12 \cdot 685\,000}{10\,000 \cdot 0,64 \cdot 5} = 400 \text{ mm}^2.$$

Da für Drehstrom drei Leitungen erforderlich sind, ergibt sich ein Gesamtquerschnitt von

$$3 \cdot 400 = 1200 \text{ mm}^2.$$

5. Die Stromverzweigung.

Es kann vorkommen, daß dem Herd eines Elektrostahlofens mehrere Ströme zufließen sollen. Mit anderen Worten: Die elektrische Heizung in einem Ofen kann sich aus mehreren Heizungen zusammensetzen. Von welcher Art dieselben sind, z. B. Widerstandsheizung, Lichtbogenheizung oder eine andere Heizung, ist vorläufig ganz gleichgültig. Auf jeden Fall haben wir es bei einer Unterteilung der Heizungen in einem Elektroofen mit einer Stromverzweigung zu tun. Da der Strom von seiner Erzeugungsstelle aus, dem Verbraucher (Ofen) in Zweigen zugeführt wird, so können wir die beiden Kirchhoffschen Gesetze wie folgt, erklären:

I. Die Summe der Ströme J_1, welche einem Punkt zufließen, ist gleich der Summe der abfließenden Ströme J_2. Es ist also:

$$\Sigma J_1 = \Sigma J_2 \quad\ldots\ldots\ldots\ldots \text{19.}$$

oder

$$0 = \Sigma J_1 - \Sigma J_2.$$

II. Die Summe der elektromotorischen Kräfte bzw. Spannungen E_1 in einem geschlossenen Kreise ist gleich der Summe der Spannungen E_2, also:

$$\Sigma E_1 = \Sigma E_2 \quad\dots\dots\dots\dots\; 20.$$

oder

$$0 = \Sigma E_1 - \Sigma E_2.$$

Während also bei dem I. Kirchhoffschen Gesetz von Strömen oder Stromstärken die Rede ist, bezieht sich das II. Gesetz auf die Spannungen.

Die Stromverzweigung im Elektrostahlofenbau soll in Fig. 2 an einem praktischen Beispiel gezeigt werden.

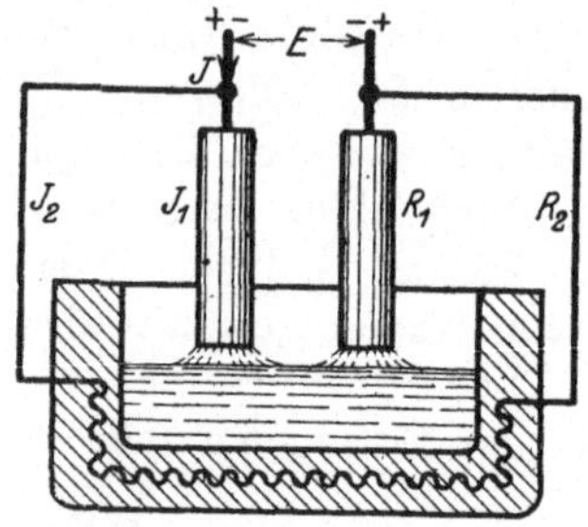

Der von der Stromerzeugungsstelle kommende Strom J verzweigt sich in der Weise, daß ein Teil des Stromes J_1 zu den Lichtbogenelektroden führt und ein anderer Teil des Stromes J_2 zu einem Widerstand der in Spiralform in dem Boden des Herdfutters eingebaut ist. Es muß demnach sein:

$$J = J_1 + J_2 \quad\dots\quad 21.$$

Fig. 2.
Elektrostahlofen mit Stromverzweigung.

In den beiden Zweigströmen J_1 und J_2 sind nun auch zwei Widerstände R_1 und R_2 vorhanden. Wenn die Spannung E an den Punkten ihrer Verzweigung gemeinsam ist, so haben wir nach der Gl. 2:

$$E = J_1 \cdot R_1 = J_2 \cdot R_2$$
$$J_1 \cdot R_1 = J_2 \cdot R_2,$$

und schließlich erhalten wir die Beziehung:

$$J_1 : J_2 = R_2 : R_1 \quad\dots\dots\dots\; 22.$$

6. Die Induktion.

In der Einleitung wurde bereits gesagt, welche elektrischen Heizmethoden im Elektrostahlofenbau angewendet werden. Während sich das Gesagte auf die Lichtbogen- bzw. Widerstandsheizung bezieht, kommen wir nunmehr erst auf die Grundbegriffe der Induktionsheizung zu sprechen.

Der Begriff »Induktion« in dem Sinne, wie er für uns in Betracht kommt, ist kurz folgender: Wird ein Leitungsdraht so in ein magnetisches Feld (Kraftlinienfeld) geführt, daß die Kraftlinien von ihm getroffen werden, so wird in dem Leiter eine elektromotorische Kraft (EMK) erzeugt. Um den Beweis hierfür anzutreten, verbindet man die Enden des Drahtes, welcher senkrecht zum Kraftlinienfluß in das Magnetfeld geführt wird, mit einem Galvanometer. Sobald der Leiter in das magnetische Feld eintritt, zeigt das Galvanometer einen größeren oder kleineren Ausschlag an, je nachdem wie stark der Kraftlinienfluß ist.

Aus dieser Erklärung können wir sofort ersehen, daß infolge der Induktionswirkungen in dem eingeführten Leiter eine Arbeit geleistet wird. Diese Arbeit kann, wie bei den anderen Heizungsmethoden, ebenfalls in Wärme umgesetzt werden. Wir kommen an einer anderen Stelle noch darauf zurück.

Dadurch, daß man zwei vollständig getrennte Systeme vor sich hat, wenn man sich so ausdrücken darf, einmal das Kraftlinienfeld und das andere Mal die induzierte elektromotorische Kraft, so können wir uns ohne weiteres das Prinzip eines Transformators vorstellen.

Ein Transformator ist ein ruhender Apparat, der zur Umwandlung der Spannung eines Wechsel- bzw. Drehstromes dient. Denken wir uns auf einen Eisenkern zwei verschiedene Spulen gewickelt. Wird durch die eine, beispielsweise primäre Spule der erzeugte Strom hindurchgeleitet, so erzeugt dieser Strom lediglich durch Induktion in der anderen, also sekundären Spule ebenfalls einen Strom; die Spannung hat sich jedoch im Verhältnis der Windungszahlen der Primär- und Sekundärwicklung verändert. Wir haben hier die Beziehung:

Die Spannungen $E_{\text{primär}}$ und $E_{\text{sekundär}}$ verhalten sich wie die zugehörigen Windungszahlen $Z_{\text{primär}}$ und $Z_{\text{sekundär}}$; also:

$$E_{\text{primär}} : E_{\text{sekundär}} = Z_{\text{primär}} : Z_{\text{sekundär}} \quad . \quad . \quad . \quad . \quad 23.$$

Das Verhältnis der Primär- zur Sekundärspannung bezeichnet man als das Übersetzungsverhältnis.

Wird der Strom in einer Spule geschlossen, oder plötzlich unterbrochen, oder wird die Stromstärke in einer Spule geändert, so ändert sich auch die Zahl der Kraftlinien, die von den Spulenwindungen umschlossen werden. Hierbei treten Extraströme auf, die mit dem Quadrate der Windungszahl der Spule wachsen und um so größer sind, je stärker das magnetische Feld in der Spule ist. Wir haben es hier mit der Selbstinduktion zu tun. Die Selbstinduktion ist also die Induktion in der eigenen Leitung, die beim Öffnen und Schließen des Stromes und infolge von Stromwankungen hervorgerufen wird.

Eine weitere Art von Induktionsströmen sind die Foucaultschen Ströme oder auch Wirbelströme genannt. Diese Ströme entstehen in Metallmassen, und zwar dadurch, daß man sie in einem Magnetfeld bewegt, oder indem man das magnetische Feld, in dem sie sich befinden, ändert.

Die Wirbelströme werden nach dem Jouleschen Gesetz in Wärme umgewandelt und können oft eine beträchtliche Erhitzung derselben zur Folge haben. Es ist verwunderlich, daß man für diese Wärme im Elektrostahlofenbau noch keine rechte Nutzanwendung gefunden hat. Es gibt hingegen Verfahren zum Schmelzen von Metallen mittels Wirbelströmen, doch haben diese sich bei Elektrostahlöfen noch nicht einführen lassen.

II. Die elektrischen Stromerzeuger.

Die elektrischen Stromerzeuger bezeichnet man auch als Dynamomaschinen oder Generatoren. Es sind dies Maschinen, welche durch Induktion elektrischen Strom erzeugen. Andere Stromerzeuger, z. B. galvanische Elemente, Thermoelemente usw. kommen hier aus dem Grunde nicht in Betracht, weil für den Betrieb eines Elektrostahlofens zu große Leistungen verlangt werden und hierfür nur Dynamomaschinen geeignet sind. Letztere bestehen aus den Feldmagneten und dem Anker. Die Magnete sind mit dem Maschinengehäuse (Magnetgestell) fest verbunden. Zwischen ihnen rotiert der Anker, in welchem der Strom erzeugt wird.

Wie schon erwähnt, unterscheiden wir verschiedene Stromarten, die auch alle bei Elektrostahlöfen in Anwendung kommen können.

1. Der Gleichstrom.

Der Gleichstrom durchfließt die Leitungen nur in einer Richtung. Um dies zu erreichen, erhält der Anker einen Kommutator oder Kollektor, dessen Segmente mit den Ankerspulen verbunden sind. Auf dem Kollektor ruhen Bürsten auf, von denen der erzeugte Strom entnommen wird und durch Leitungen dem Stromverbraucher (Elektrostahlofen) zugeführt werden kann.

Je nach dem Verwendungszweck unterscheidet man:

a) Hauptstromdynamos, bei welchen der ganze Strom den Anker und die Magnete hintereinander durchläuft, siehe Fig. 3 Dieselben kommen für

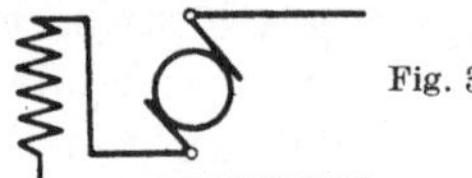

Fig. 3. Hauptstrom-
dynamo.

Elektrostahlöfen im allgemeinen nicht in Betracht, weil dieselben bei Entlastung durchgehen. Die Spannung steigt und fällt mit der Stromstärke.

b) Nebenschlußdynamos, bei welchen durch die Magnete zur Erregung nur ein Teilstrom fließt, siehe Fig. 4. Auch diese eignen sich nicht

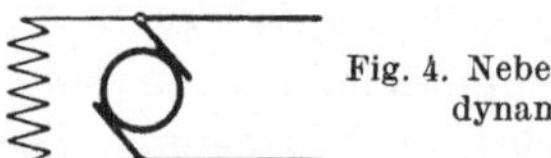

Fig. 4. Nebenschluß-
dynamo.

für unseren Zweck, weil sie keine Überlastungen und stärken Stromstöße vertragen können. Bei zunehmendem Strom fällt die Spannung etwas ab.

c) Compound- oder Verbunddynamos, bei welchen sowohl eine

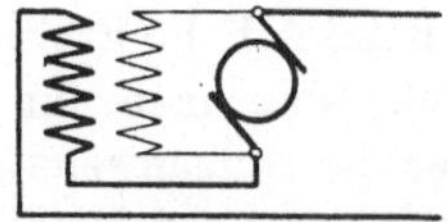

Fig. 5. Compound-
oder Verbunddynamo.

Haupt- als eine Nebenschlußwicklung vorhanden ist, siehe Fig. 5. Diese können für Elektrostahlöfen verwendet werden.

Bei schwankendem Betrieb, wie er bei Elektrostahlöfen vorliegt, rüstet man zur Vermeidung der Funkenbildung den Kollektor der Gleichstromdynamo mit Hilfspolen oder Wendepolen aus.

Die Allgemeine Elektrizitäts-Gesellschaft bringt für ihre Lichtbogen-Schweißeinrichtungen eine Gleichstromdynamo auf den Markt, die sie als Querfelddynamo bezeichnet und die Beachtung verdient. Die Verwendung einer solchen Maschine ist deshalb empfehlenswert, weil es bei der Schweißarbeit unvermeidlich ist, daß sich die Länge und damit der Widerstand des Lichtbogens beständig verändert. Beim Ziehen des Lichtbogens besonders, müssen Kohle- bzw. Metallelektrode mit dem Gußstück in Berührung gebracht werden, wobei ein Kurzschluß eintritt; andererseit erfolgt auch öfters ein plötzliches Abreißen des Lichtbogens bei größerer Entfernung desselben vom Schweißstück. Die Stromentnahme ist also starken Änderungen unterworfen, genau so wie bei Elektrostahlöfen.

Wird demnach der Strom einem Gleichstromnetze entnommen oder von einer Nebenschlußdynamo erzeugt, so schwankt die Stromstärke mit der Veränderung des Lichtbogenwiderstandes in weiten Grenzen und nimmt besonders bei Kurzschluß sehr hohe Werte an. Durch die hiermit verbundene ungleichmäßige Wärmeentwicklung im Lichtbogen, wird die Güte der Schweißung oder des Schmelzprozesses ungünstig beeinflußt. Vor allem aber wirken die unaufhörlich sich folgenden Kurzschlüsse so störend auf die stromerzeugende

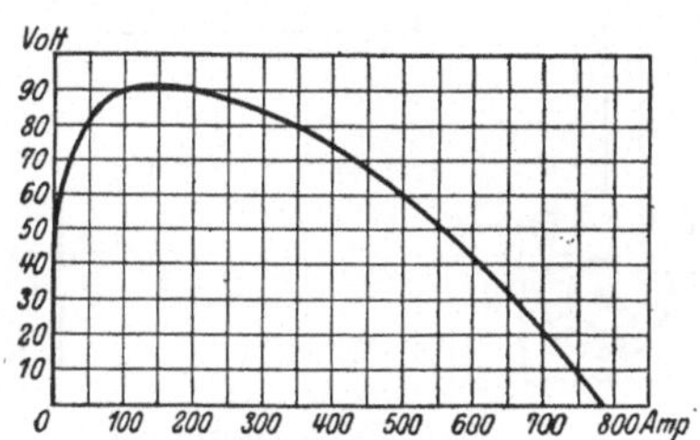

Fig. 6.
Charakteristik von einer AEG-Querfelddynamo.

Maschine zurück, daß sich ein Betrieb nur unter Einschaltung von Vorschaltwiderständen aufrecht erhalten läßt, die sehr viel der erzeugenden Energie nutzlos in Wärme umsetzen, also große Verluste mit sich bringen.

Alle diese Schwierigkeiten werden bei Anwendung der Querfelddynamo der AEG vermieden. Diese Maschine weist eine eigenartige Charakteristik auf, siehe Fig. 6. Die Maschine ist für eine Normalspannung von 65 Volt und für konstante Stromstärke gebaut. Bei Kurzschluß sinkt die Leistung ähnlich wie bei offenem Stromkreis fast auf Null; es findet also keine Energieentnahme statt, und die Querfelddynamo ist entlastet. Ein besonderer Vorteil bei der Benutzung dieser Dynamos besteht darin, daß der Lichtbogen viel stetiger gehalten werden kann als bei Benutzung gewöhnlicher Gleichstromquellen.

Die folgende Tabelle enthält nähere Angaben über die drei von der AEG ausgeführten Schweißdynamo-Typen für die Lichtbogenschweißung.

2*

Type	Leistung KW	Umdrehungen pro Min.	Spannung Volt	Stromstärke Ampere	Gewicht
REG 121	13	1450	65	200	500
REG 651	30	725	65	460	1250
REG 1001	52	585	65	800	2175

Wie aus der Tabelle zu entnehmen ist, baut die AEG. diese Dynamos für eine Leistung bis 52 kW. Es steht dem aber nichts im Wege, diese Maschinen auch für bedeutend größere Leistungen herzustellen, so daß sie sich auch ohne weiteres für Elektrostahlöfen verwenden lassen.

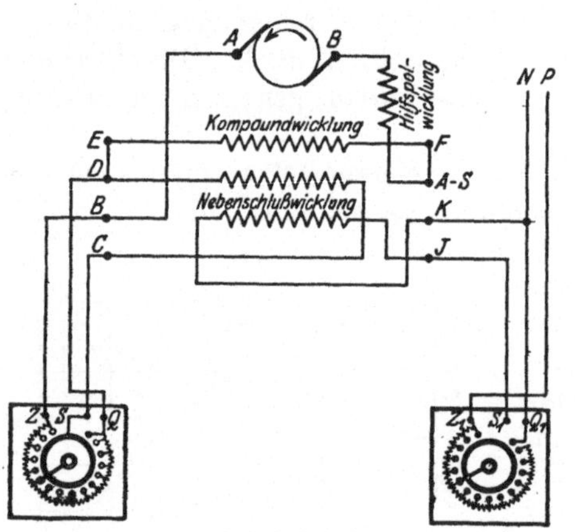

In neuerer Zeit baut die AEG. für die gleichen Zwecke eine weitere Spezialmaschine, und zwar nach dem Patent Krämer.

Das Schaltungsschema einer derartigen Maschine gibt Fig. 7. Wie daraus ersichtlich ist, erhält eine derartige Maschine drei Wicklungen, und zwar sind dies eine fremderregte, eine Gegenkompound- und eine eigenerregte Wicklung. Außer diesen drei Wicklungen, die sich auf den Erregerpolen befinden, hat die Maschine die zur Erzielung eines funkensicheren Ganges noch allgemein übliche Wendepolwicklung. Für die Verwendung einer derartigen Maschine ist zu beachten, daß eine Gleichstromquelle für die Fremderregung vorhanden sein muß. Die Wirkungsweise dieser Gleichstrommaschine in Krämerschaltung wird durch das Diagramm Fig. 8 erläutert.

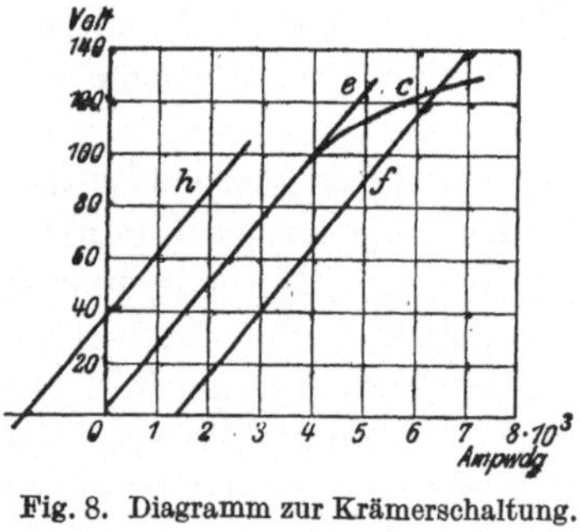

Fig. 7. Krämerschaltung.

Fig. 8. Diagramm zur Krämerschaltung.

Die Linie c stellt die Spannung in Abhängigkeit von der Summe der Amperewindungen dar. So ergibt sich z. B. bei 2000 Amperewindungen eine Ankerspannung von 50 Volt, bei 3000 Amperewindungen eine solche von 75 Volt und bei 6200 Amperewindungen eine Ankerspannung von 120 Volt. Diese Gesamtamperewindungen werden hervorgerufen durch die Summe von Eigen-, Fremd- und Hauptstromgegenerregung.

Denken wir uns anstatt der einen Welle zwei oder drei Wellen, so daß also von der Dynamomaschine zwei oder drei Wechselströme ausgehen, die um einen bestimmten Winkel gegeneinander verschoben sind, so haben wir einen zwei- oder dreiphasigen Wechselstrom bzw. Drehstrom vor uns.

Unter Fortfall des Kollektors kann man aus einem Gleichstrom- eine Wechselstromdynamo herstellen. Zur Entnahme des im Anker erzeugten Stromes wählt man einfache Schleifringe, auf denen Bürsten gleiten.

Bei Wechselstromdynamos steht im Gegensatz zu Gleichstrom der Anker still und die Feldmagnete rotieren. Letztere werden mit Gleichstrom erregt.

Bei Drehstrom kommen im allgemeinen zwei Schaltungen zur Anwendung, die Dreieckschaltung, Fig. 11, oder die Sternschaltung, Fig. 12. Von dem Mittelpunkt bei der letzten Schaltung, den man auch als Nullpunkt bezeichnet, kann ebenfalls eine Leitung, Fig. 13, ausgehen, die sog. Ausgleichsleitung.

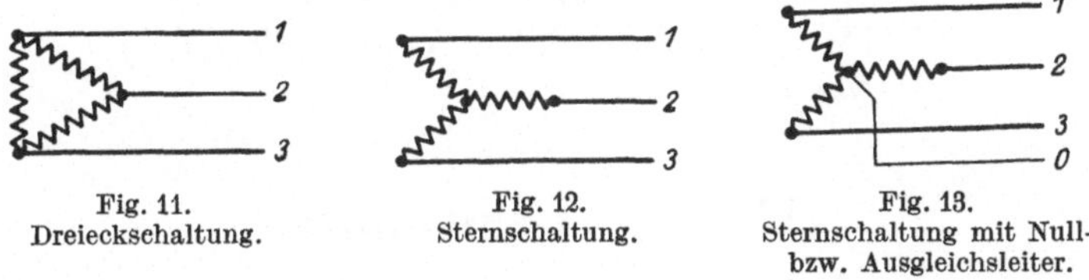

Fig. 11.
Dreieckschaltung.

Fig. 12.
Sternschaltung.

Fig. 13.
Sternschaltung mit Null-
bzw. Ausgleichsleiter.

Die zwischen der Nulleitung und den Hauptleitungen herrschende Spannung heißt Phasenspannung e, diejenige zwischen zwei Hauptleitungen Haupt- oder Netzspannung E. Letztere ist gleich der Phasenspannung mal 1,73, also:

$$E = \sqrt{3} \cdot e = 1{,}73 \cdot e \quad . \quad . \quad . \quad . \quad . \quad . \quad 24.$$

Bei Wechselstrom sind die Beziehungen zwischen Stromstärke und Spannung wie bei Gleichstrom dieselben, solange der Stromkreis induktionsfrei ist. Liegt aber eine Induktion in einem Stromkreis vor, so tritt eine Rückwirkung auf den Stromerzeuger ein, durch welchen die sog. Phasenverschiebung veranlaßt wird. Dieser hat auf die Leistung des Wechselstromes einen Einfluß und ist zu berücksichtigen. Bei Wechsel- oder Drehstrom-Elektrostahlöfen liegt immer eine mehr oder weniger große Phasenverschiebung vor. Bei Induktionsöfen kann diese so bedeutend sein, daß der Anschluß eines solchen Ofens an ein öffentliches Elektrizitätswerk nicht zugelassen wird.

Die elektrische Leistung eines Wechselstromes mit Induktion kann also nicht wie bei Gleichstrom einfach durch Multiplizieren der Stromstärke und Spannung nach Gl. 4:

$$N = J \cdot E$$

gefunden werden. Bei Wechselstrom würden wir durch Ablesen der Meßinstrumente nur die scheinbare Leistung erhalten.

Um die wirkliche Leistung zu bekommen, müssen wir die Phasen-verschiebung mit multiplizieren, also ist

$$N = E \cdot J \cdot \cos \varphi \quad \text{Watt.}$$

Den $\cos \varphi$ bezeichnet man auch als den Leistungsfaktor. Hat man neben einem Strom- und Spannungszeiger auch noch einen Leistungsmesser zur Verfügung, so kann man den $\cos \varphi$ unmittelbar bestimmen, und zwar ist:

$$\cos \varphi = \frac{N}{E \cdot J} \quad \ldots \ldots \ldots \ldots \quad 25.$$

Zur Bestimmung der Leistung für Drehstrom ist nach Gl. 6 noch $\sqrt{3}$ miteinzusetzen.

9. Beispiel. Die Klemmenspannung einer Wechselstrommaschine sei $E = 150$ Volt und die Stromstärke $J = 6500$ Ampere, der Leistungs-faktor $\cos \varphi$ sei für Vollast gleich 0,8.

Frage: Wie groß ist die scheinbare und wirkliche Leistung:

Lösung:　　　　$N_\mathrm{S} = 150 \cdot 6500 = 975\,000$ W

　　　　　　　$N_\mathrm{W} = 975\,000 \cdot 0,8 = 780\,000$ W

oder　　　　　$N_\mathrm{W} = 780$ kW.

III. Die Umwandler.

Die Umwandler werden verwendet, um:

1. Gleichstrom in Wechselstrom oder Wechselstrom in Gleichstrom umzuwandeln,
2. die Spannung von Wechselstrom zu erniedrigen oder zu erhöhen.

Die ersteren bezeichnet man auch als rotierende Umformer, die letzteren als Transformatoren.

1. Die Umformer.

Um Gleichstrom in Wechselstrom oder Drehstrom umzuwandeln (oder umgekehrt), muß man einen Elektromotor — Antriebsmaschine — mit der vorhandenen Stromart speisen und von ihm eine Dynamo für den zu erzeugenden Strom antreiben lassen. Die beiden Maschinen kuppelt man direkt und bezeichnet sie als Motorgenerator.

Für die Umformung stehen heute eine Reihe von Maschinenarten zur Verfügung, unter denen je nach den besonderen Betriebsbedingungen die Wahl zu treffen ist. Sehr häufig fällt die Entscheidung zugunsten des Einanker-Umformers aus, bei dem die Umformung in einer einzigen Maschine vor sich geht.

Für die Umformung von Drehstrom in Gleichstrom führt man u. a. den Kaskaden-Umformer aus, der in mancher Hinsicht die Eigen-schaften und Vorteile der übrigen Umformerarten vereinigt.

Der Kaskaden-Umformer ist außerordentlich überlastbar und für den Elektrostahlofenbetrieb besonders verwendbar.

2. Die Transformatoren.

Die Transformatoren nehmen im modernen Elektrostahlofenbau einen immer größeren Raum ein. Sie sind berufen hohe Spannungen, die zur Fortleitung des Wechsel- bzw. Drehstromes auf großen Entfernungen dienen, herunter zu transformieren, und zwar auf die für den Ofenbetrieb gewünschte Spannung.

Große Elektrizitätswerke oder Überlandzentralen sind heute in den meisten Fällen in der Lage, elektrische Energie wesentlich billiger zu erzeugen, als eine Stromerzeugeranlage, die z. B. nur zur Speisung eines Elektrostahlofens dient. Da aber der elektrische Strom der Betriebsstoff für den Elektrostahlofen ist, so hat man das größte Interesse daran, diesen so billig als eben möglich zu bekommen. Ob man den Strom bezieht oder selbst herstellt ist somit gleichgültig.

Zur Übertragung großer Strommengen wählt man aber zur Vermeidung großer Leitungsquerschnitte hohe Spannungen. Damit dieser an der Verbrauchsstelle verwendbar sind, transformiert man die hohen Spannungen herunter. Hierzu dienen ruhende Umformer, und zwar Transformatoren.

Diese haben zwei Drahtwicklungen, welche nebeneinander auf Eisenkerne angeordnet sind. Durch die eine Wicklung wird der hochgespannte Strom hindurchgeleitet, und die andere Wicklung gibt den Strom mit der gewünschten Niederspannung wieder her. Siehe auch unter I., Abschnitt 6: Die Induktion. Transformatoren werden mit Luft, Öl oder mit Öl und Wasser gekühlt.

Da nun, insbesondere bei Lichtbogen-Elektrostahlöfen, bedeutende Stromstöße auftreten, die sich auch auf den Transformator übertragen und aufgenommen werden müssen, so kommen hierfür Spezialkonstruktionen in Betracht, sog. Ofen-Transformatoren.

Sollen mehrere Transformatoren zusammen auf einen Ofen oder auf eine Ofengruppe arbeiten, so müssen dieselben folgende Bedingungen erfüllen:

    a. gleiches Übersetzungsverhältnis bei Leerlauf,

    b. gleiche Kurzschlußspannung,

    c. gleiche Schaltung (Stern- oder Dreieckschaltung).

Soll ein Transformator für mehrere Betriebspannungen eingerichtet sein, so daß man z. B. eine Lichtbogenspannung von 65, 70, 75, 80—100 Volt usw. wünscht, so werden vorteilhaft auf der Hochspannungsseite Anzapfungen angebracht.

Die Leistung bzw. Belastbarkeit der Transformatoren ist in kVA mit Angabe des Leistungsfaktors zu machen. Neben dem Wirkungsgrad sind noch die Leerlaufverluste eines Transformators von Interesse.

Die Firma Brown, Boveri & Co. zeigt nach ihren Listen den Rechnungsgang für den Wirkungsgrad und für die Spannungsänderung bei Transformatoren wie folgt:

Die Eisenverluste werden bei Leerlauf, die Kupferverluste bei Kurzschluß gemessen.

Die Berechnung des Wirkungsgrades für Voll- und Teilbelastungen bei $\cos \varphi < 1$ erfolgt nach folgender Formel:

Wirkungsgrad in Prozent =

$$100 - \frac{\text{Eisenverluste in } \%}{\cos \varphi} - \frac{\text{Kupferverluste in } \%}{\cos \varphi} =$$

$$100 - \frac{\text{Totalverluste in } \%}{\cos \varphi} \quad \ldots \ldots \quad 26.$$

Die Totalverluste bestehen aus den Eisen- und den Kupferverlusten. Die Eisenverluste werden in Watt angegeben, sie sind praktisch unabhängig von der Belastung und dem $\cos \varphi$.

Für die Umrechnung in Prozente gilt folgende Formel:

$$\frac{\text{Watt} \times 100}{1000 \times \text{kVA}}.$$

Die Kupferverluste sind, in Prozenten ausgedrückt, gleich der Ohmschen Spannungsänderung; in Watt ausgedrückt ändern sie sich bei $\cos \varphi < 1$ proportional den Quadraten der Belastbarkeit (kVA), in Prozenten, proportional den Belastbarkeiten (kVA).

Die Ohmsche (E_{ohm}) und die induktive (E_{ind}) Spannungsänderung und die Kurzschlußspannung (E_{max}) sind proportional der Belastbarkeit.

Die Spannungsänderung bei verschiedenen $\cos \varphi$ ergibt sich aus folgender Formel:

$$E_{\cos \varphi} = E_{\text{ind}} \times \sin \varphi + E_{\text{ohm}} \times \cos \varphi =$$

$$\sqrt{E^2_{\text{max}} - E^2_{\text{ohm}}} \times \sqrt{1 - \cos^2 \varphi} + E_{\text{ohm}} \times \cos \varphi \quad \ldots \quad 27.$$

10. Beispiel. Für einen Dreiphasentransformator von 80 kVA Belastbarkeit bei 10 000 Volt und Frequenz 50 finden wir nach Angaben der Firma Brown, Boveri & Co. für Vollast und $\cos \varphi = 1$ die folgenden Angaben:

     Wirkungsgrad 97,6 %,
     Spannungsänderung (E_{ohm}) 1,75 %,
     Kurzschlußspannung (E_{max}) 2,65 %,
     Eisenverluste 520 Watt.

In Prozente umgerechnet betragen die Eisenverluste

$$\frac{520 \times 100}{80 \times 1000} = 0,65 \%,$$

Kupferverluste $\dfrac{1,75 \times 80\,000}{100} = 1400 \text{ W.}$

Für Vollast und $\cos\varphi = 0{,}8$ ist dann der Wirkungsgrad

$$\eta = 100 - \left(\frac{0{,}65 + 1{,}75}{0{,}8}\right) = 100 - \frac{2{,}4}{0{,}8} = 100 - 3 = 97\,\%$$

und die Spannungsänderung:

$$E_{\cos\varphi} = \sqrt{2{,}65^2 - 1{,}75^2} \times \sqrt{1 - 0{,}8^2} + 1{,}75 \times 0{,}8 = 2{,}6\,\%.$$

Für Halblast und $\cos\varphi = 1$ beträgt der Wirkungsgrad:

$$\eta = 100 - \left(\frac{0{,}65}{0{,}5} + 1{,}75 \times 0{,}5\right) = 100 - (1{.}3 + 0{,}875) =$$
$$100 - 2{,}17 = 97{,}83\,\%,$$

und die Ohmsche Spannungsänderung ist:

$$0{,}5 \times 1{,}75 = 0{,}875\,\%$$

und die Kurzschlußspannung:

$$0{,}5 \times 2{,}65 = 1{,}325\,\%,$$

für Halblast und $\cos\varphi = 0{,}8$ beträgt der Wirkungsgrad:

$$\eta = 100 - \left(\frac{0{,}65}{0{,}5 \times 0{,}8} + \frac{0{,}875}{0{,}8}\right) = 100 - 2{,}72 = 97{,}28\,\%$$

und die Ohmsche Spannungsänderung

$$0{,}5 \times 2{,}6 = 1{,}3\,\%$$

und die Kurzschlußspannung

$$0{,}5 \times 2{,}65 = 1{,}325\,\%.$$

Für die Umrechnung von Transformatoren von 7,5 kVA an aufwärts, für andere Frequenzen gilt die folgende Tabelle:

Frequenz	Angenäherte Umrechnungsfaktoren für die			
	Belastbarkeit kVA	Spannung Volt	Kupferverluste Watt	Eisenverluste Watt
15	0,385	0,68	1,3	0,33
$16^2/_3$	0,402	0,7	1,23	0,36
25	0,575	0,78	1,18	0,52
30	0,67	0,84	1,15	0,615
40	0,845	0,92	1,08	0,805
42	0,875	0,94	1,06	0,845
45	0,92	0,96	1,04	0,905
50	1,0	1,0	1,0	1,0
60	1,1	1,0	0,975	1,07
61—100	1,1	1,0	0,975	1,07

Frequenz	Angenäherte Umrechnungsfaktoren für die		Übertemperatur	
	Spannungsänderung		Kupfer Grad C	Öl Grad C
	Ohmsche	Induktive %		
15	3,38			46
$16^2/_3$	3,06		60—70	46
25	2,05			47,5
30	1,72			48
40	1,28	wie bei Frequenz 50	(nach VDE zulässig 70)	48,5
42	1,21			49
45	1,13			50
50	1,0			50
60	0,885			50
61—100	0,885			50

Die Kurzschlußspannung bei Frequenz 50 ist:

$$E_{\max 50} = \sqrt{E^2_{\mathrm{ohm}\,50} + E^2_{\mathrm{ind}\,50}} \quad \ldots \ldots \quad 28.$$

Da die induktive Spannungsänderung für alle Frequenzen etwa gleich der bei Frequenz 50 ist, beträgt die Kurzschlußspannung für eine beliebige Frequenz

$$E_{\max F} = \sqrt{E^2_{\mathrm{ohm}\,F} + E^2_{\mathrm{ind}\,50}} \quad \ldots \ldots \quad 29.$$

Bei kleineren Typen sind Belastbarkeit und Spannung proportional der Frequenz.

11. Beispiel. Bei Frequenz 25 gelten für den angeführten Transformator nach Beispiel 10 die folgenden Angaben:

Belastbarkeit $80 \times 0,575 = 46$ kVA,

Höchst zulässige Spannung $10\,000 \times 0,78 = 7800$ Volt,

Eisenverluste $520 \times 0,520 = 270$ Watt,

Ohmsche Spannungsänderung $1,75 \times 2,05 = 3,58\ \%$,

Induktive Spannungsänderung $\sqrt{2,65^2 - 1,75^2} = 1,99\ \%$,

Kurzschlußspannung $\sqrt{1,99^2 + 3,58^2} = 4,1\ \%$,

Spannungsänderung bei Vollast und $\cos \varphi = 0,8$,

$$= \sqrt{4,1^2 - 1,75^2} \times \sqrt{1 - 0,8^2} + 3,58 \times 0,8 = 5,08\ \%.$$

Drückt man die Eisenverluste in Prozent der Belastbarkeit aus, $\dfrac{27 \times 100}{46\,000} = 0,59\ \%$, so ist der Wirkungsgrad bei Vollast und $\cos \varphi = 1$ gleich $100 - 0,59 - 3,58 = $ ca. $95,8\ \%$.

Die Übertemperatur im Öl wird hierbei $47,5^0$ C.

Die normalen Transformatoren sind Kerntransformatoren, deren Kerne in einer Ebene liegen. Die Kerntype besitzt gegenüber der Manteltype wesentliche Vorzüge. Die Spulen der Manteltype lassen sich nur schwer auswechseln, da hierzu ein vollständiges Auseinanderpacken der Kernbleche erforderlich wird. Ferner läßt sich die Isolation der Wicklung nicht so sicher ausführen wie bei der Kerntype, und die Überlastungsfähigkeit der Manteltype ist geringer, da die Wärmeableitung aus den Spulen nicht so schnell erfolgt. Für größere Leistungen, wie solche für Elektrostahlöfen im allgemeinen in Betracht kommen, und für höhere Spannungen ist daher der Kerntype unbedingt der Vorzug zu geben.

Für das aktive Eisen wird fast durchweg hochlegiertes Spezialblech mit niederen Verlustziffern verwendet. Kerne und Joche werden getrennt hergestellt und durch eine kräftige Preßkonstruktion zusammengehalten, die ein Brummen des Transformators verhindert. Nach Lösen der Preßbolzen sind die Joche bequem abzunehmen, und die Spulen sind dann zum Auswechseln frei zugänglich. Zwecks guter Wärmeableitung werden die Kerne mit größeren Eisenmassen vorteilhaft mit Ventilationsspalten hergestellt. Alle Schrauben und Muttern am aktiven Transformator sind gegen selbsttätiges Lösen zu sichern. Zum bequemen Ausheben des Transformators mit Ölkühlung aus dem Kasten sind besondere Ösen vorzusehen.

Die Wicklung der Transformatoren wird gewöhnlich unterteilt — d. h. Hochvolt- und Niedervolstspulen abwechselnd übereinander — ausgeführt. Diese Anordnung hat den Vorzug, daß die Spulen leicht ausgewechselt werden können und daß bei vorkommenden Stromstößen (Kurzschlüssen) nur eine Beanspruchung der Zugstangen stattfindet, eine mechanische Beschädigung der Spulen selbst aber nicht vorkommen kann. Die Isolation der Hochvoltwicklung von der Niedervoltwicklung erfolgt auch durch Isolationszylinder, die öl- und wärmebeständig sind. Bei dem Aufbau der Spulen und der Durchbildung der Rahmen ist besondere Sorgfalt auf gute Zirkulation des Öles zu verwenden. Bei Transformatoren mit natürlicher Luftkühlung werden die Wicklungen mit einem Spezialisolierlack behandelt, der das Eindringen von Feuchtigkeit verhindert.

Für Transformatoren mit natürlicher Luftkühlung wird verschiedentlich eine perforierte Schutzkappe mitgeliefert. Die Kasten der Öltransformatoren bestehen bei den kleineren Typen aus glattem Eisenblech, bei größeren Typen aus Wellblech mit Gußgrundplatte. Durch Anschläge bzw. Abstützungen ist der aktive Transformator gegen Verschieben zu sichern, so daß die erforderlichen Abstände zwischen Wicklung und Kastenwand gewahrt bleiben. Die an den Kasten angebrachten Ösen gestatten ein Transportieren der betriebsfertig mit Öl gefüllten Transformatoren. Große Transformatoren werden vorteilhaft mit Transportrollen versehen. Bei Transformatoren mit Wasserkühlung wird in den oberen Teil des Kastens eine aus Messing- oder Kupferrohr hergestellte Kühlschlange eingebaut. Diese zweite Kühlung ist bei Ofen-Transformatoren ganz besonders zu empfehlen.

Um den Eintritt von Wasser in die Ölfüllung unter allen Umständen zu vermeiden, müssen alle Flanschen der Kühlwasserleitungen außerhalb des Kastens angeordnet werden. Außerdem sind diejenigen Stellen der Kühlschlangen, an welchen innerhalb des Ölkastens ein Schwitzen der Temperaturdifferenzen eintreten kann, mit Wärmeisolation zu versehen. Sämtliche Transformatoren können bis zu den größten Leistungen, in sogenannter öldichter Ausführung, d. h. betriebsfertig mit Öl gefüllt, geliefert werden. Große Transformatoren werden zweckmäßig vor dem Transport nur zu $2/3$ mit Öl gefüllt, während der Rest gut ausgetrocknet, in separaten Eisenfässern zum Versand gelangt.

Fig. 14. Drehstrom-Öl-Transformator für Elektrostahlöfen mit Ölkasten und Wasserkühlung.

Transformatoren mit Luftkühlung sind dann zu wählen, wenn auf geringes Gewicht, geringen Spannungsabfall, Unabhängigkeit von Öl und bequeme Transportfähigkeit Wert gelegt wird.

Für geringe Leerlaufverluste und große Überlastungsfähigkeit ist stets der Transformator mit Ölkühlung vorzuziehen. Ein Transformator mit Öl- und Wasserkühlung kommt dann in Frage, wenn der billige Preis, das geringe Gewicht und der kleine Raumbedarf ausschlaggebend sind. Voraussetzung ist in diesem Falle das Vorhandensein von Kühlwasser und die Anwesenheit eines Wärters.

Die Verteilung der Einzelverluste kann bis zu einem gewissen Grade den Betriebsverhältnissen angepaßt werden. Besonders geringe Verluste bedingen die Wahl eines größeren Modelles, als es für die erforderliche Leistung und Spannung normal in Frage kommt. Diese größeren Modelle besitzen den Vorteil, daß die Überlastungsfähigkeit natürlich eine sehr große ist.

Drehstrom-Transformatoren werden normal stets auf der Hoch- und Niedervoltseite in Y, d. h. also in Stern geschaltet. Sollen die Transformatoren auf der Hochvoltseite in △, also in Dreieck geschaltet werden, so verringert sich die maximal zulässige Hochvoltspannung auf 60 % der für Stromschaltung geltenden oberen Spannungsgrenze.

Wo eine ungleiche sekundäre Belastung der einzelnen Phasen eines Drehstrom-Transformators längere Zeit vorkommen kann, empfiehlt es sich, eine gemischte Schaltung, also △Y anzuwenden, weil dadurch die Rückwirkung auf das Primärnetz gemildert wird. Allerdings muß dann die

Fig. 15. Drehstrom-Öl-Transformator für Elektrostahlöfen größerer Leistungen.

Leistung um 6—8 % verringert oder, falls dies noch zulässig, der Kupferverlust gegenüber der normalen Y Y Schaltung um ca. 15 % erhöht werden.

Soll die Spannung des Transformators geändert werden können, indem man z. B. verschiedene Lichtbogenspannungen in einem Elektrostahlofen wünscht, so können Anzapfungen auf der Primärseite vorgesehen werden.

Die für den Elektrostahlofenbetrieb in Betracht kommenden Transformatoren sind Spezialausführungen, die man auch als Ofentransformatoren bezeichnet. Dieselben müssen außer einer hohen Primärspannung, einer bedeutenden Sekundärstromstärke von 10000 Amp. und darüber

entsprechen, und besonders kurzschlußsicher gebaut sein. Die Figuren
14 und 15 zeigen einige Ausführungen dieser Spezialtransformatoren. Es
fallen hierbei besonders die starken Sekundärleitungen auf.

Die Figur 14 stellt einen Ofentransformator von den Bergmann Elek-
trizitäts-Werken A.-G. Berlin dar, dessen Sekundärwicklung für 8000 Amp.
bemessen ist. Ausgebildet ist derselbe für verschachtelten Anschluß der
Abführungsleitungen. Aus der Figur kann man deutlich ersehen, dar
die ebenfalls für Niederspannung bemessene Primärwicklung in Stern geschaltet ist, und daß die Teilspulen jeder einzelnen Phase in Parallelschaltung angeschlossen sind.

Die andere Figur 15 zeigt ebenfalls einen Ofentransformator der
Firma Bergmann Elektrizitäts-Werke A.-G. Berlin, außerhalb des Kastens.
Es handelt sich um einen Drehstrom-Öl-Transformator von 1500 kVA
Leistung und einem Übersetzungsverhältnis von 3000/118—170 Volt.
Mittels der Hochspannungsanzapfungen können folgende Sekundärspan-
nungen: 118—123,3—128—135,5—139,5—146—155—161,5 und 170 Volt
hergestellt werden. Um die Wicklungen ist ein Rohrsystem für eine
Wasserkühlung gelegt.

Die Klemmausführung dieser Starkstrom-Transformatoren ist so durch-
zubilden, daß ohne Schwierigkeit ein verschachteltes Verlegen der An-
schlußleitungen möglich ist.

IV. Die elektrischen Heizungsarten.

1. Allgemeines.

Mit welcher Heizung wir es bei einem Elektrostahlofen auch zu tun
haben mögen, immer haben wir unser größtes Augenmerk darauf zu richten,
daß die einem Ofen zugeführte Wärmemenge, in denkbar bester Weise
ausgenutzt wird. Die Wärmeverluste, welche durch Strahlung, Abkühlung, Fortleitung und dergleichen entstehen, müssen wir im weitesten
Maße zu vermeiden suchen. Dadurch, daß wir verschiedene Heizungsarten verfügbar haben, muß uns dieses leichter möglich sein, als bei
irgendeinem anderen, nicht elektrischen Schmelzverfahren. Es haben
sich daher auch eine ganze Reihe Ofenkonstruktionen entwickeln können,
auf die wir im einzelnen noch zu sprechen kommen. Welche Heizungs-
methode von den dreien, die wir nunmehr näher erklären wollen, als
die beste anzusprechen ist, kann nicht ohne weiteres gesagt werden. Das
eine können wir aber schon sagen, das Kombinieren mehrerer Heizungen
wird in den meisten Fällen den besten thermischen Wirkungsgrad liefern.
Man muß nämlich bedenken, daß in einem Elektrostahlofen nicht immer
eine Stahlsorte hergestellt wird. Infolgedessen braucht die eine Sorte
Stahl mehr Kalorien als die andere, oder mehr Aufmerksamkeit, oder
öfter die Beigabe von Zusätzen. Mit anderen Worten: Die Behandlung
der verschiedensten Stahlsorten ist immer wieder eine andere, so daß

es schwer halten wird, einen Elektrostahlofen zu finden, der in allen diesen Fällen am wirtschaftlichsten arbeitet.

Die elektrische Wärmequelle müssen wir in dem Herd des Elektroofens also so anordnen, daß die Wärme so weit als eben möglich ausgenutzt wird. Ferner ist danach zu trachten, daß die Wärmequelle stets mit ihrer höchsten, nach oben zulässigen Leistungsfähigkeit arbeitet, und dem Schmelzprodukt zugute kommt. Wir finden alsdann den thermischen Wirkungsgrad eines Elektrostahlofens wie folgt:

$$\eta = \frac{\text{ausgenutzte Wärmemenge}}{\text{erzeugte Wärmemenge}},$$

oder bezeichnen wir die ausgenutzte Wärmemenge mit Q_1 und die zugehörige Temperatur mit t_1, die erzeugte Wärmemenge mit Q_2 und die zugehörige Temperatur mit t_2, so ist der thermische Wirkungsgrad

$$\eta = \frac{Q_1}{Q_2} \quad \ldots \ldots \ldots \ldots \quad 30.$$

und nach Gl. 11

$$\eta = \frac{0,24 \cdot (J \cdot E \cdot t_1)}{0,24 \cdot (J \cdot E \cdot t_2)} \quad \ldots \ldots \ldots \quad 31.$$

Die Beheizungsintensität eines Elektrostahlofens kann man dadurch fördern, daß man entweder die Energiezufuhr vergrößert, oder das Schmelzprodukt auf seinen engsten Raum beschränkt, und die zugeführte Wärmemenge bis an ihre äußerste Grenze ausnutzt. Bei der Lichtbogenheizung erhöht man die Beheizungsintensität noch durch Erhöhung der Lichtbogenspannung.

Die Leistung eines Elektrostahlofens ist somit

$$N = \frac{\text{gesamter Stromverbrauch pro Charge}}{\text{durch Chargenzeit}}.$$

Unter dem Ausdruck »Charge« versteht man den Schmelzprozeß in einem Elektrostahlofen und unter Chargendauer die Zeit, die von der Beschickung an bis zur Beendigung des Schmelzprozesses benötigt worden ist. Der Stromverbrauch pro Charge ist also der Kilowattverbrauch für den ganzen Schmelzprozeß; bezeichnen wir ihn mit kW_{Ch} und die Chargendauer mit t_{Ch}, so ist:

$$N = \frac{kW_{Ch}}{t_{Ch}} \quad \ldots \ldots \ldots \ldots \quad 32.$$

Die Leistung des Elektrostahlofens ist für uns sehr wichtig; sie gibt uns diejenige Zahl an, wonach wir die Fähigkeit des Ofens beurteilen können. Sie stellt denselben Wert dar, wie die PS-Leistung bei einer Maschine. Wenn die Leistung z. B. eines 3 Tonnen-Elektrostahlofens, sagen wir, 600 kW beträgt, so darf dieser Wert nicht überschritten werden, wir haben dann die zulässige höchste Ausnützung. Auf Grund der Leistungsziffer baut sich die ganze Konstruktion eines Elektrostahlofens auf.

Die **Temperaturen**, die in einem Elektrostahlofen benötigt werden, betragen durchschnittlich 1600° C und mehr, je nach dem Schmelzprodukt. Auf jeden Fall muß die Temperatur im Herd so hoch sein, daß abzüglich aller Wärmeverluste, der Schmelzpunkt des beschickten Stoffes erreicht wird. Die folgende Tabelle zeigt uns für verschiedene Stoffe den Schmelzpunkt. Da der Schmelzpunkt verschiedener Körper, bei gleicher Gewichtsmenge sehr verschieden ist, so folgt hieraus, daß die Körper bei Temperaturzunahme verschieden große Wärmemengen aufnehmen.

Tabelle.

**Schmelzpunkt verschiedener Stoffe unter dem Drucke
von 760 Hg.**

Schweißeisen	1500—1600
Flußeisen	1350—1450
Stahl.	1300—1400
Eisenschlacke	1300—1450
Gußeisen, graues	1200
Gußeisen, weißes	1100
Nickel	1450
Chrom	1515
Mangan	1245
Kobalt	1500
Magnesium	635

2. Der elektrische Lichtbogen im allgemeinen.

Als im Jahre 1821 der Physiker Davy durch Zufall den elektrischen Lichtbogen feststellte, wird sich derselbe über die große Bedeutung desselben gewiß nicht klar gewesen sein. Der elektrische Lichtbogen fand zuerst seine praktische Bedeutung in Form einer merkwürdig schönen Lichtquelle, in dem sogenannten Bogenlicht. Wir wollen uns mit den Ursachen und Wirkungen des elektrischen Lichtbogens ein wenig näher beschäftigen.

Hält man an die Enden zweier Drähte ein paar Kohlenstäbe, führt einen kräftigen Strom hindurch, berührt die Pole einen Augenblick und entfernt sie dann bis zu einem gewissen Abstand voneinander, so entsteht zwischen den beiden Stäben ein hellglänzender, zischender Lichtstrahl, den wir als elektrischen Lichtbogen bezeichnen. Es erklärt sich die Erscheinung daraus, daß die Kohlen, solange sie sich noch berühren, durch dem Strom erwärmt und beim Entfernen voneinander zur Verdampfung gebracht werden. Infolge des Verbrennungsprozesses werden Kohlenpartikelchen frei, die sich den Elektrodenenden mitteilen. Auf diese Weise wird durch die trennende Luftschicht der Stromübergang ermittelt. Neben dem Verbrennungsvorgang haben wir es noch mit einem rein chemischen Vorgang zu tun, der, wenn auch für das Bogenlicht von weniger großer Bedeutung, so doch für den Elektrostahlofenprozeß von Wichtigkeit ist. Durch die Verbrennung beim Stromübergang bilden sich an den Enden der Kohlenelektroden glühende Gase: Kohlensäure, Kohlenoxyd, und außerdem Stickstoffverbindungen durch die vorhandene Luft, welche auf das Bad eines Stahlofens eventuell von Einfluß sein können.

Gehen wir in unseren Betrachtungen weiter, so müssen wir feststellen, daß der Übergangswiderstand sehr bedeutend ist, oder wenigstens sein kann. Zur Überwindung dieses großen Widerstandes ist ein relativ starker Strom nötig. Infolgedessen erhalten wir eine überaus kräftige Wärmeentwicklung, wie wir sie in ähnlicher Weise nicht kennen. Der Wärmeaustausch kann so intensiv gefördert werden, daß die den Lichtbogen bildenden Polenden, sowie die Luft zwischen diesen selbst, ins Glühen kommt.

Während wir den hohen Lichteffekt des elektrischen Lichtbogens für den Elektrostahlofen nicht verwenden können, suchen wir dagegen die überaus große Wärmequelle weitgehendst zu steigern, und so weit auszunutzen, als wir dies eben vermögen.

Die Fig. 16 zeigt ein Kohleelektrodenpaar, welches senkrecht übereinander steht und mit einer Gleichstromquelle verbunden, ist. Während nämlich bei Wechselstrom beide Kohlen gleichmäßig abbrennen, findet bei Gleichstrom eine ungleichmäßige Verbrennung der Elektronen statt; die positive Kohle brennt doppelt so schnell ab wie die negative, so daß die erstere den doppelten Querschnitt gegenüber der anderen erhält oder man muß die letztere noch einmal so lang nehmen. Die positive Kohle bildet einen Krater, während die negative sich zu einer Spitze ausbildet. Die verschiedenen Temperaturen eines Gleichstrom-Lichtbogens gehen aus der Fig. 16 eindeutig hervor. Dadurch, daß der Krater, also die positive Kohleelektrode

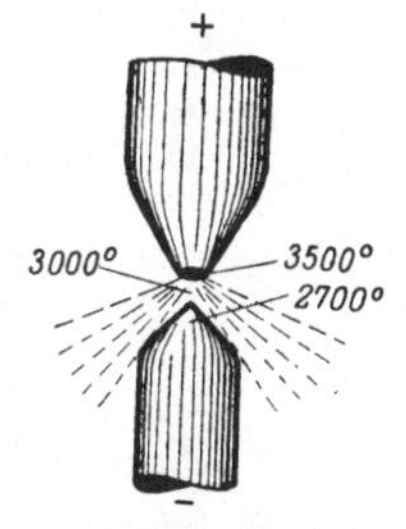

Fig. 16.
Gleichstrom-Lichtbogen.

einen Reflektor bildet, der die Wärme nach unten wirft, wird man bei einem Elektrostahlofen mit Gleichstrom hierauf Rücksicht nehmen. Bei Verwendung von Wechselstrom hat dies auf den Abbrand der Kohlen keinen Einfluß.

Die Kohlen brennen infolge des Zutritts von Sauerstoff der Luft ab. Damit der Lichtbogen möglichst gleichbleibend ist, wird eine der Elektroden entweder automatisch oder von Hand reguliert.

Die Kohlenelektroden werden fabrikmäßig in runder oder quadratischer Form aus Retortenkohlen hergestellt, die aus einer Mischung von Graphit, Teer und Ruß bestehen. Das Kohlengemisch wird unter einem Druck von 250 bis 400 Atmosphären zu homogenen Stäben gepreßt.

Die Leistung des elektrischen Lichtbogens, bzw. die von ihm verlangte Beheizungsintensität, hängt ab von der Stärke des Stromes, der durch die Elektroden hindurchgeht. Man ist also in der Lage, durch Verändern der Stromstärke auch die Leistung entweder zu vergrößern oder zu verringern, wobei auf den Querschnitt der Elektroden Rücksicht zu nehmen ist.

Aber auch durch die Veränderung des Lichtbogens kann man eine Leistungsänderung herbeiführen. Übersteigt jedoch die Entfernung der lichtbogenbildenden Elektroden eine bestimmte Größe, so vermag die zur Verfügung stehende Spannung den Strom über den zu lang gewordenen Lichtbogen nicht mehr hinüberzulassen; der Lichtbogen reißt dann ab und der Strom wird unterbrochen. Infolgedessen ist die Lichtbogenlänge mit der verfügbaren Spannung, die meistens konstant bleibt, in Übereinstimmung mit der Stromstärke zu bringen, die durch die Elektroden gehen soll. Sobald man die Lichtbogenlänge für den fraglichen Schmelzprozeß kennt, muß man bemüht bleiben, dieselbe konstant zu halten. Zu diesem Zweck baut man heute in die Leitungen, die zu den Lichtbogenelektroden führen, automatische Reguliervorrichtungen ein, die den Strom des Lichtbogens und diesen selbst, vollkommen gleichbleibend halten. Wir kommen in einem Sonderkapitel auf diese Einrichtungen noch zurück.

Nehmen wir aus der Tabelle den Schmelzpunkt für Schweißeisen heraus, und zwar mit 1600°, so ist in dem Elektrostahlofen eine Temperatur von 1600 bis 1800° erforderlich, um das Schweißeisen zum Schmelzen zu bringen. Der elektrische Lichtbogen hat aber, wie wir in Fig. 16 gesehen haben, die Eigenschaft, Temperaturen von 3000° im Lichtbogen zu erzeugen. Wir erhalten also weit höhere Temperaturen als wir wirklich brauchen. Infolgedessen vollzieht sich der Schmelzprozeß sehr schnell, was auf die Wirtschaftlichkeit eines Elektrostahlofens von Einfluß ist. Selbstredend werden die angegebenen Temperaturen nur in

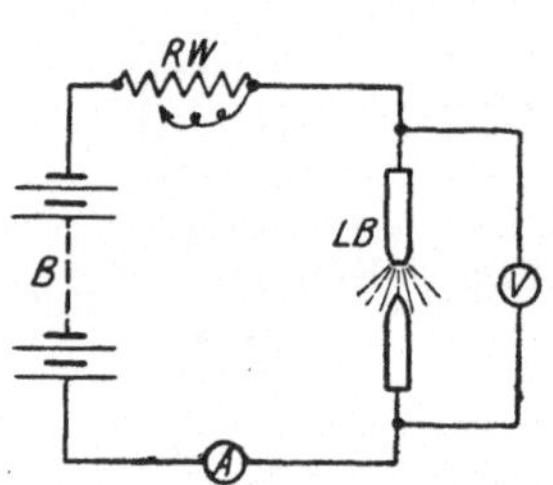

Fig. 17. Schaltungsschema.

dem Lichtbogen erzeugt. Die Temperaturen im Herd eines Lichtbogenofens sollen durchschnittlich aber nur etwa 1800° betragen. Höhere Temperaturen sind auch nicht erwünscht, da sie schädlich auf das Material einwirken können, weshalb hierauf zu achten ist.

Wir haben bisher als Elektrodenmaterial immer Kohle angenommen. Es ist nicht unbedingt notwendig, Elektroden aus Kohle zu verwenden. Wir könnten ebensogut Zink-, Eisen-, Quecksilber- oder Kupferelektroden wählen. Je leichter zerteilungsfähig aber die Substanz der Elektroden ist, ein um so besserer Lichtbogen wird gebildet. Schließlich ist es wichtig, daß die verbrannten Elektrodenstoffe das Bad nicht verunreinigen. Die größte Reinheit würde demnach erreicht werden, wenn man die Elektroden aus demselben Material herstellen würde, aus dem das zur Schmelzung kommende Produkt besteht.

Eine geeignete Gegenüberstellung sollen einige Aufnahmen statischer Charakteristiken von Kohlen- und Metallstiften kennzeichnen. Fig. 17

zeigt das Schaltungsschema, die Fig. 18 bis 21 die für die verschiedenen Belastungsfälle aus Stromstärke und Spannung gefundenen Kurven und schließlich Fig. 22 eine Zusammenstellung der einzelnen Charakteristiken.

Die aus den Charakteristiken sich ergebenden Werte sind Augenblickswerte, die beim Abreißen des Lichtbogens ermittelt wurden. Zinkelektroden eignen sich somit am wenigsten, Kohleelektroden, und zumal solche von großem Durchmesser, am besten. Man verwendet daher für Elektrostahlöfen ausschließlich Kohleelektroden.

Für die Lichtbogenheizung kann man alle Stromarten verwenden, und zwar Gleichstrom, als Wechsel- bzw. Drehstrom. Die Lichtbogen-

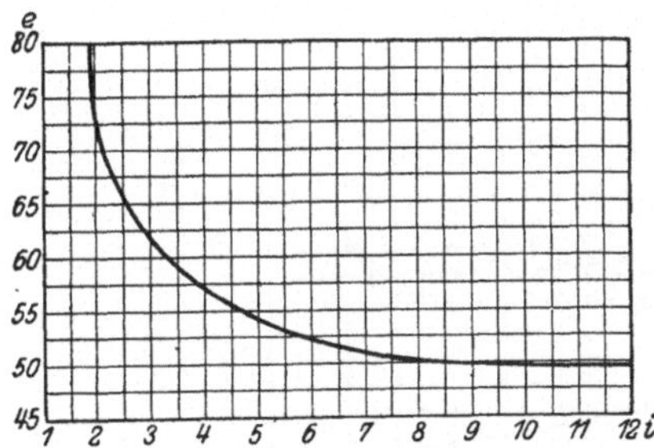

Fig. 18.
Charakteristik von dicken Kohlenelektroden.

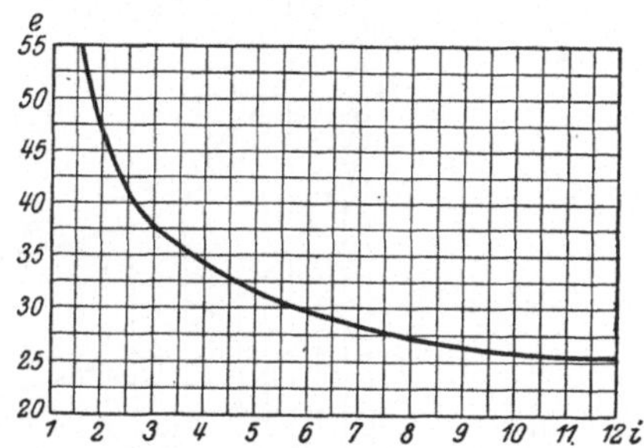

Fig. 19.
Charakteristik von dünnen Kohlenelektroden.

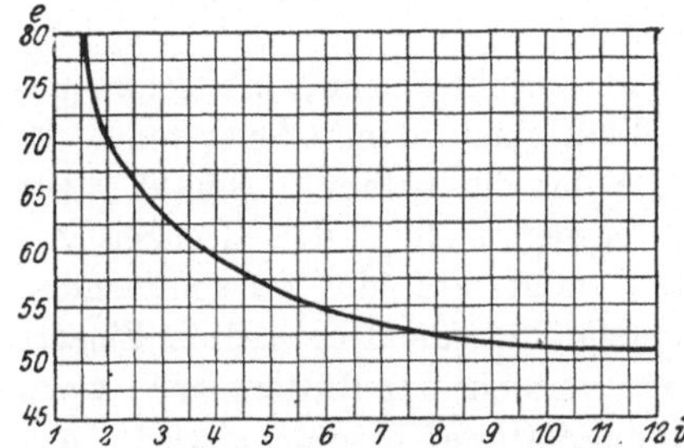

Fig. 20. Charakteristik von Zinkelektroden.

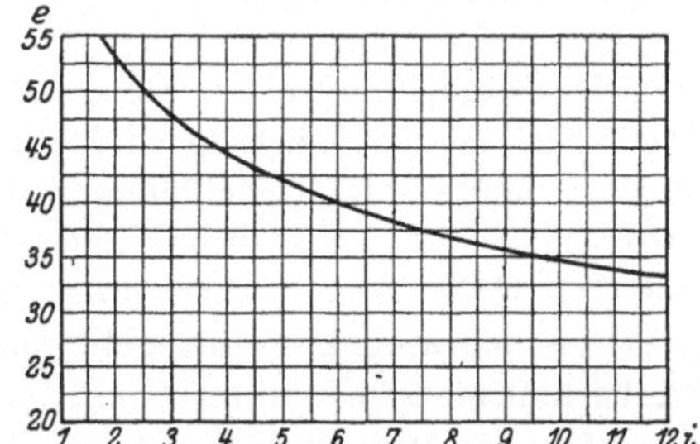

Fig. 21. Charakteristik von Kupferelektroden.

spannung bewegt sich in den Grenzen zwischen 50 bis 150 Volt. Bei sinkender Spannung werden die Lichtbögen entsprechend kürzer, und es findet eine mehr konzentrierte Wärmeentwicklung statt. Bie hohen Lichtbogenspannungen entstehen lange, unruhig arbeitende Lichtbögen. Versuche haben ergeben, daß eine günstige Spannung zwischen 50 und 60 Volt liegt. Da aber die Stromstärke umgekehrt proportional zur Spannung steigt, so ergeben sich für das Leitungsmaterial, sowie für die übrigen elektrischen Apparate so große Abmessungen, daß man meistens gezwungen ist, eine höhere Spannung zu wählen. Zu hohe Spannungen aber, z. B. bis 150 Volt, wie sie in Norwegen üblich sind, beanspruchen den mechanischen Teil eines Elektrostahlofens, die Ausmauerung usw. außerordentlich (öfteres Einstürzen des Deckels und dgl.). Auch wird eine viel größere Aufmerksamkeit von dem Bedienungspersonal verlangt, da ein Ofen mit hoher Spannung viel unruhiger arbeitet als einer mit niedriger Spannung. — Schließlich ist noch zu beachten, daß es bei hoher Spannung schwierig ist, die Elektroden vom Mauerwerk gut zu isolieren, zumal letzteres bei großer Wärme ein guter Leiter werden kann. Demzufolge können leicht Kurzschlüsse und vagabondierende Lichtbögen entstehen.

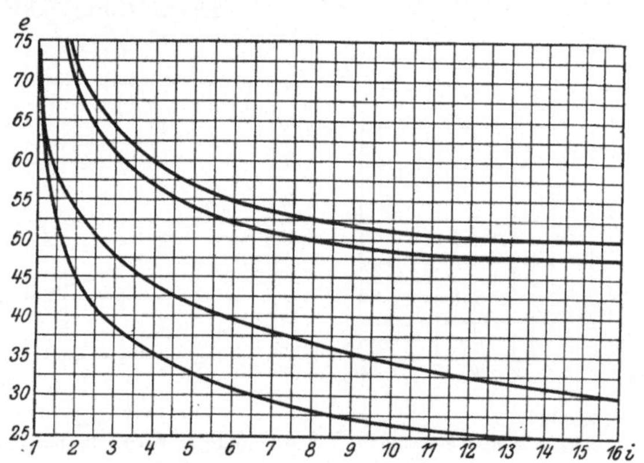

Fig. 22. Zusammenstellung der Charakteristiken von den Fig. 18 bis 21.

Die Stromstärke eines Elektrostahlofens richtet sich, wie schon gesagt, nach seiner Leistung und schließlich nach dem Ofensystem. Es werden heute Elektrostahlöfen von 0,5 bis 30 t Inhalt gebaut. Die Stromstärke für die Lichtbogenheizung bewegt sich in den Grenzen von 500 bis 15000 Amp. Hierbei ist noch nicht auf die vorkommenden Elektrodenkurzschlüsse Rücksicht genommen, die zumal bei kaltem Einsatz häufig auftreten. Unter kaltem Einsatz versteht der Hüttenmann, wenn der Ofen anstatt mit flüssigem mit kaltem Material beschickt wird. Aus diesen hohen Zahlen kann man ungefähr ersehen, in welchen großen Dimensionen die elektrische Ausrüstung, insbesondere das Leitungsmaterial, gewählt sein muß.

Die elektrische Lichtbogenheizung, welche für die Konstruktion der Elektrostahlöfen heute in Betracht kommt, wird eingeteilt in die direkte und indirekte bzw. Lichtbogenheizung und Lichtbogen-Widerstandsheizung. Nachstehend wollen wir die verschiedenen, praktisch erprobten Erhitzungsarten mittels Lichtbogen, getrennt beschreiben.

3. Die Lichtbogenheizung.

Ordnet man über dem Bad ein oder mehrere Elektrodenpaare in der Weise an, daß die Erhitzung des Schmelzgutes nur durch den, bzw.

durch die Lichtbögen erfolgt, so haben wir es mit der Lichtbogenheizung zu tun; siehe Fig. 23. Die Übertragung der Wärme auf den metallischen Einsatz erfolgt indirekt durch Strahlung. Man bezeichnet daher solche Öfen auch als Strahlungsöfen.

An Stelle von Kohleelektroden kann man auch jeden beliebigen anderen Widerstand, der von einem elektrischen Strom durchflossen wird, über dem Bad anordnen, sofern die von dem Widerstand ausgehende Wärme so groß ist, daß sie den Einsatz zum Schmelzen bringt.

Für die Lichtbogenheizung kann jede Stromart Verwendung finden. Bei Gleichstrom oder einphasigem Wechselstrom ordnet man ein Elektrodenpaar an. Bei Drehstrom wählt man drei Elektroden, bei besonders großen Öfen kann man auch noch mehr Elektroden nehmen.

Die Wirkungsweise dieser Lichtbogenheizung geht aus der Fig. 23 ohne weiteres hervor. Durch die Elektroden wird ein genügend starker Strom geleitet. Die Elektroden werden alsdann so weit heruntergelassen, daß die Elektrodenenden den metallischen Einsatz berühren. Hierbei wird der Stromkreis geschlossen, so daß die Elektroden nunmehr so hoch gehoben werden können, bis die gewünschte Lichtbogenlänge erreicht ist. Der Lichtbogen, der dafür sorgt, daß der Stromkreis geschlossen bleibt, bringt die Elektrodenenden so stark zum Glühen, daß die ausstrahlende Wärme das Einsatzmaterial zum Schmelzen bringt.

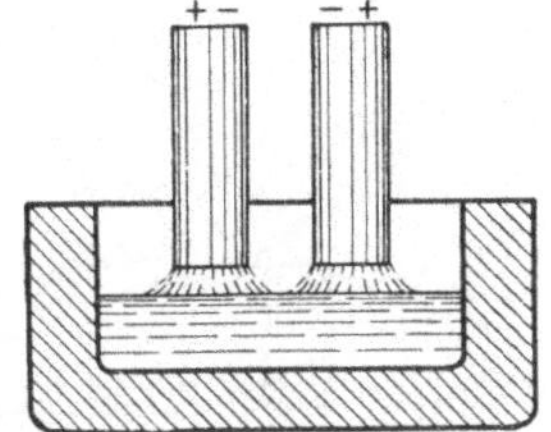

Fig. 23. Prinzip des indirekten Lichtbogenofens.

Die genannte Heizung, welche eine indirekte Lichtbogenheizung ist, weil die Erwärmung indirekt durch Strahlung erfolgt, eignet sich hauptsächlich für kleinere Ofeneinheiten. Sie ist jedoch für große Öfen eine unvorteilhafte Heizung. Dies liegt daran, daß der Lichtbogen nur an einer Stelle wirken kann, nicht aber an der ganzen Badoberfläche oder gar im Bade selbst. Je größer ein Ofen mit dieser Heizung ist, ein um so ungünstigeres Verhältnis muß eintreten.

Der Elektrostahlofen mit indirekter Lichtbogenheizung eignet sich somit, vermöge seines einfachen Aufbaues, besonders für kleine Ofeneinheiten.

Einen Nachteil hat diese Heizung noch, worauf hingewiesen sei, der darin besteht, daß infolge starker Stromstöße häufiger Deckeldurchbrüche eintreten. Die Stromstöße sind, zumal bei kaltem Einsatz, ganz erheblich und nicht zu vermeiden. Sie entstehen durch die immerwährende Veränderung des Lichtbogens, insbesondere beim Ansetzen des Ofens. In vielen Fällen handelt es sich um Elektrodenkurzschlüsse, die durch das Bilden des Lichtbogens entstehen. Die Stromstöße rufen nun nicht allein explosionsartige Erscheinungen im Herd hervor, wodurch ein häufiges Einstürzen des Ofendeckels eintritt, es erfolgen auch erhebliche

Stromstöße in das Leitungsnetz, was in manchen Fällen den Anschluß eines solchen Ofens an ein fremdes Netz ausschließt.

Man hat aber Öfen konstruiert, wonach diese Nachteile ausgeschaltet werden sollen. Um das Einstürzen des Deckels zu vermeiden, führt man z. B. beim Stassanoofen die Elektroden nicht von oben ein, sondern von den Seiten (Fig. 24). Dadurch wird der Deckel viel widerstandsfähiger; er kann gewölbter ausgeführt werden, und ferner findet keine Abschwächung mehr durch die Elektrodenöffnungen statt.

Wie aber schon gesagt, auch in dieser Ausführungsform wird sich der Ofen nur bei kleinen Einsätzen von 500 bis 2000 kg bewähren. Er eignet sich zum Einschmelzen von Schrott und dergleichen zur Herstellung von Stahlformguß für kleinere Maschinenfabriken.

Das Auftreten unliebsamer Stromstöße, hat man durch das Unterteilen der Elektroden zu beseitigen versucht. Es kommt hierfür insbesondere der Rennerfeltofen, siehe Fig. 25, in Betracht, der sich ebenfalls als kleinere Ofeneinheit bewährt hat. Durch den Ofenmantel werden von den Seiten zwei Elektroden horizontal in den Ofen eingeführt.

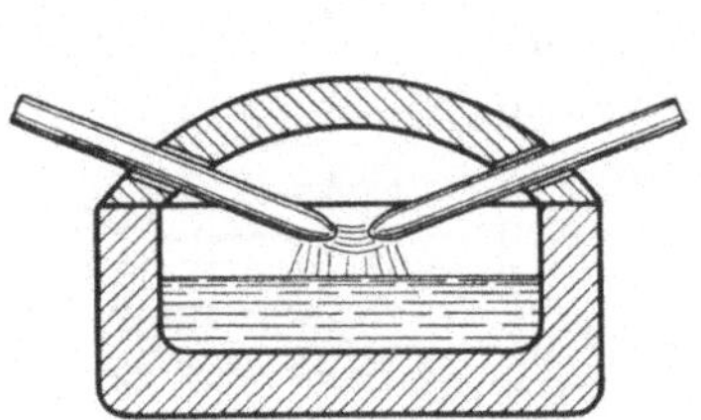

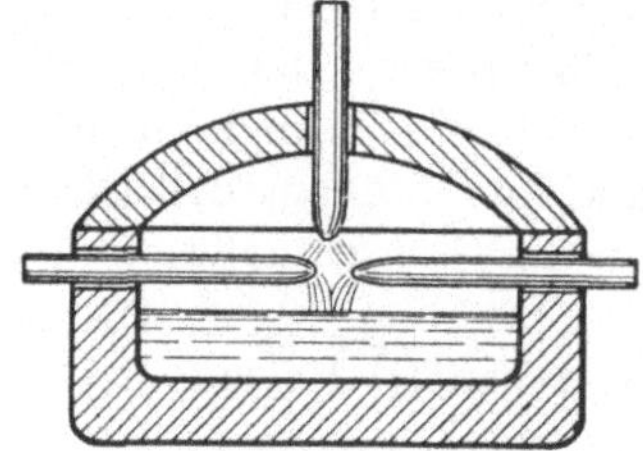

Fig. 24. Prinzip eines Strahlungsofens System Stassano.

Fig. 25. Prinzip eines Strahlungsofens System Rennerfelt.

Symmetrisch zwischen diese Seitenelektroden ist eine dritte Elektrode senkrecht zu denselben durch das Ofengewölbe eingeführt. Die Leistung für nur drei Elektroden dieses Ofens bleibt beschränkt; die Elektrodenquerschnitte erhalten bestimmte maximale Abmessungen. Für große Ofeneinheiten wird ein länglicher Ofenzylinder gewählt, der mit zwei, drei, vier usw. gleichen Elektrodensystemen ausgerüstet ist, wovon jedes System aus einer vertikalen und zwei horizontalen Elektroden besteht. Infolge der Unterteilung der Elektroden hat jedes System nur eine bestimmte Leistung aufzunehmen. Die Folge davon ist, daß die auftretenden Stromstöße nicht so heftig sind.

Die reine Lichtbogenheizung verwendet man vorzugsweise zum Einschmelzen von kaltem Einsatz. Sie bietet im Elektrostahlofenbau keine Konstruktionsschwierigkeiten, solange eben kleinere Öfen in Betracht kommen. Die Deckelgewölbe, die sonst gegen starke Stöße empfindlich sind, sind bei kleinen Öfen noch stabil genug, diese auszuhalten. Bei größeren Ofeneinheiten dagegen liegen die erwähnten Bedenken vor.

Da die Erwärmung bei den genannten Öfen nur durch Strahlung erfolgt, so findet vorläufig nur an der Oberfläche des Bades eine Schmelzung statt. Das Material auf dem Boden dagegen bleibt anfangs noch kalt. Sobald das Bad oben genügend durchgearbeittet ist, geht die Schmelzung immer tiefer vor sich. Es ist somit bei den Strahlungsöfen ganz besonders darauf zu achten, daß Wärmeverluste vermieden werden. Die Wärmestrahlung muß sich ganz auf das Schmelzprodukt konzentrieren können. Man kann das u. a. dadurch erreichen, daß man über den Elektroden geeignete Reflektoren anbringt, die die Wärme auf das Heizgut zentrieren. Ferner erreicht man allenfalls durch magnetische Wirkungen eine Ablenkung des Lichtbogens, so daß sich durch geeignete Anordnung von Blasmagneten eine Zentrierung der Wärmestrahlen auf das Bad herbeiführen läßt.

Um eine vollständige und zugleich gleichmäßige Erwärmung der Badoberfläche zu erreichen, ordnet man nach Fig. 26 eine Reihe Elektroden an, die je nachdem parallel, hintereinander, oder gemischt geschaltet werden können. Hierbei bietet aber die Deckelkonstruktion gewisse Schwierigkeiten. Diese kann man dadurch vermeiden, daß man die Elektroden anstatt zu unterteilen, aus einem Körper herstellt. Eine solche mehrfache Elektrode[1]) kann man dadurch erhalten, daß man mehrere Elektroden nebeneinanderstellt, und durch eine feuerfeste Masse gut isoliert, so daß das Ganze einen einzigen Block darstellt. Hiernach wird die Möglichkeit geschaffen, im Deckel mit einer Durchlaßöffnung auszukommen.

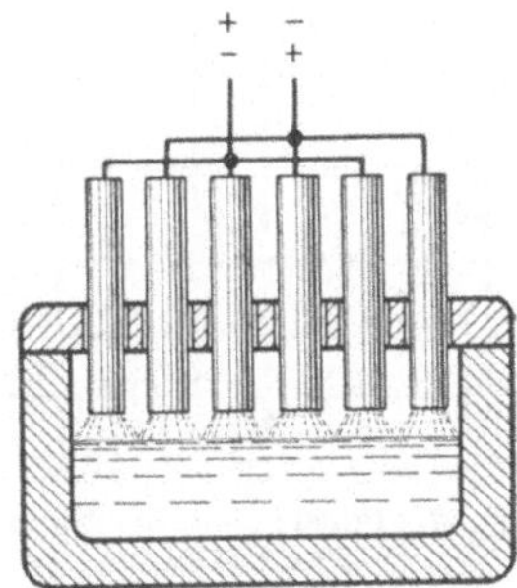

Fig. 26. Lichtbogenofen mit vielen Elektroden.

Es wurde schon erwähnt, daß für die Lichtbogenheizung jede Stromart Verwendung finden kann. Man ist selbst in der Lage verschiedene Stromarten in einem Ofen anzuwenden. Hierauf beruht z. B. das Siemens-Verfahren[1]), das darin besteht, daß ein Elektrodensystem mit Wechselstrom, und ein anderes mit Gleichstrom gespeist wird. Die Verbindung dieser beiden Systeme bezweckt, das Schmelzprodukt durch Wechselstrom in flüssigen Zustand zu versetzen und durch Gleichstrom zu reduzieren.

Beachtenswert ist noch bei den indirekten Lichtbogenöfen, daß der Stromübergang nur am Lichtbogen, nicht aber durch das Metallbad erfolgt. Es geht somit nicht, wie leicht angenommen werden kann, ein Teil des Stromes durch die Badoberfläche. Um diesen Zweck aber zu erreichen, den Strom durch das ganze Bad leiten zu können, findet die sogenannte Lichtbogen-Widerstandsheizung Anwendung, die im nächsten Kapitel behandelt werden soll.

---

1) Franz. Pat. Nr. 446069.

4. Die Lichtbogen-Widerstandsheizung.

Diese Heizung erreicht man dadurch, daß man über dem Bad eine oder mehrere Elektroden anordnet und die Elektroden der entgegengesetzten Polarität der Phase durch sogenannte Bodenelektroden unter dem Bad anbringt; siehe Fig. 27. Ferner erhält man eine Lichtbogen-Widerstandsheizung, wenn man mehrere Elektroden in die auf dem Bad schwimmende Schlackenschicht eintauchen läßt, so daß der Strom durch dieselbe hindurch fließen muß. Die Wärmeintensität erfolgt durch einen oder mehrere Lichtbögen, weiter durch das Eindringen des Stromes in das Bad. Nach Fig. 27 erhält die Lichtbogenelektrode die eine Polarität, und die Bodenelektrode die andere. Es werden also nicht allein Lichtbogenwirkungen erzeugt, sondern der Strom durchfließt auch das Bad selbst, um Wärmewirkungen hervorzurufen. Wir haben also neben

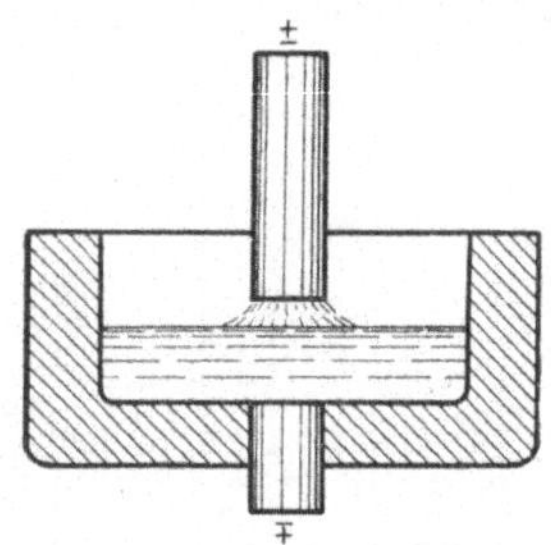

Fig. 27. Prinzip eines Lichtbogen-Widerstandsofens.

der Lichtbogenheizung noch eine Widerstandsheizung. Den Widerstand bildet das Schmelzgut selbst, sofern letzteres den Strom leitet. Dies trifft für jeden Elektrostahlofen zu.

Die Lichtbogen-Widerstandsheizung wird auch als direkte Lichtbogenheizung bezeichnet. Die Lichtbogenheizung als solche, haben wir im vorhergehenden Kapitel eingehend besprochen. Es interessiert uns nun noch die Widerstandsheizung. Diese findet im besonderen im nächsten Abschnitt Erwähnung.

Die Lichtbogenheizung in Verbindung mit der Widerstandsheizung hat den Vorteil, daß die Beheizung des Schmelzeinsatzes nicht nur an der Oberfläche erfolgt, sondern der Strom muß auch das Bad bis in die Tiefe durchfließen. Hierauf beruhen die Systeme u. a. von Heroult, Girod, Nathusius und dgl. Die Elektrostahlöfen, welche mit dieser kombinierten Heizung ausgerüstet sind, eignen sich zur Verarbeitung von kaltem und flüssigem Einsatz, mit darauffolgender Raffination. Da die schnelle Abkühlung des Bades durch die Widerstandsheizung verhindert werden soll, so lassen sich diese Öfen auch in größeren Einheiten ausführen.

Soll eine besonders hohe Wärmeintensität mittels der Lichtbogen-Widerstandsheizung erreicht werden, so bringt der Ingenieur Russ einen Elektrostahlofen nach Fig. 28 in Vorschlag. Die regelbare Lichtbogenelektrode von geringem Durchmesser wird durch den Deckel des Ofens geführt. Dieser Elektrodenschaft, der aus jedem beliebigen Material gewählt werden kann, ist an seinem unteren Ende mit einer runden flachen Kohleelektrode verbunden. Diese Kohleelektrode besitzt den annähernden Durch-

---

[1]) D. R. P. Nr. 150262.

messer des runden Ofenherdes. Der von dem Elektrodenteller und dem Schmelzgut gebildete Lichtbogen wirkt derartig, daß die ganze Badoberfläche allseitig gleichmäßig erwärmt wird. Die Wärmeverluste sind überaus gering, da nur die Elektrodenzuführung von geringem Durchmesser durch den Ofendeckel geführt ist, so daß die aufsteigende Wärme fast gar nicht entweichen kann. Um ein gleichmäßiges Abbrennen der Lichtbogenelektrode zu erreichen, kann dieselbe eventuell drehbar angebracht werden. Es ist danach eine weitere Möglichkeit vorhanden, das Bad während des Raffinationsprozesses gut zu durchmischen. Für kleinere Ofeneinheiten wird der beschriebene Elektrostahlofen sich ohne weiteres ausführen lassen.

Eine weitere kombinierte Lichtbogen-Widerstandsheizung erreicht man dadurch, daß man die Enden der Kohleelektroden in die Schlackenschicht des Bades eintauchen läßt, ähnlich wie die Fig. 29 zeigt. Die Lichtbogen sind also gezwungen, sich auf das Schmelzgut zu richten und in die Oberfläche desselben hineinzublasen. Sofern nun noch die Schlackenschicht gut leitet, wird weiter der Strom gezwungen, die Schlackenschicht, und ferner, die Badoberfläche zu durchfließen; es finden also wiederum neben Lichtbogenwirkungen, Widerstandserwärmungen statt. Die ganze Schlackenschicht wird ferner gut durchhitzt und reaktionsfähig gemacht. Infolge der teilweisen direkten Beheizung des Bades ergibt sich ein rein metallurgischer bzw. wärmetechnischer Vorteil.

Diese Lichtbogen-Widerstandsheizung nach Fig. 29 wird u. a. bei dem Elektrostahlofen System Heroult angewendet.

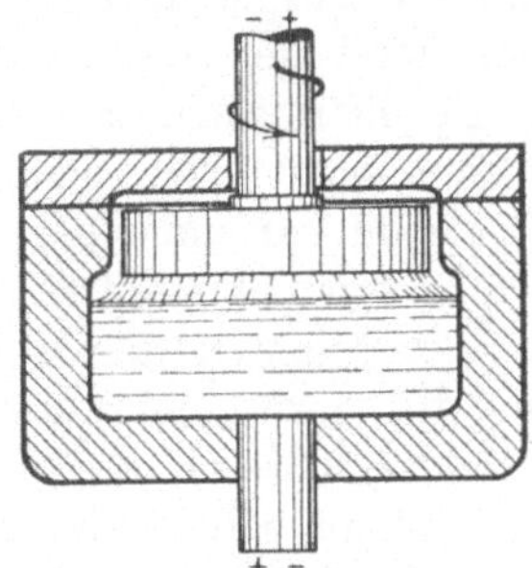

Fig. 28. Ofen nach Vorschlägen des Ingenieurs Russ.

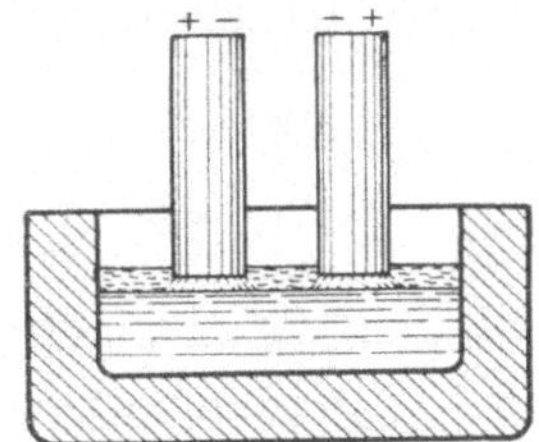

Fig. 29. Prinzip des Heroultofens.

Es wurde schon verschiedentlich darauf hingewiesen, daß durch die Veränderung des Lichtbogens bei der Lichtbogenheizung, Schwankungen auftreten, die den Ofenbetrieb ungünstig beeinflussen. Man ist bestrebt diesen Übelstand dadurch abzustellen, indem man sogenannte Elektroden-Reguliervorrichtungen anwendet, die die Lichtbögen möglichst annähernd konstant halten. Der Lichtbogenofen bietet große Vorteile, doch sein unruhiger Gang ist ein Nachteil, und bei der Wahl eines Ofensystems von ausschlaggebender Bedeutung.

Zur Vermeidung großer Stromstöße in einem Drehstromnetz, sei auf folgendes Verfahren hingewiesen: Befindet sich ein Drehstrom-Lichtbogenofen in Betrieb, so sind die drei Phasen wegen der Verschiedenheit bzw. des beständigen Schwankens der Lichtbogenwiderstände, wegen der ungleichmäßigen Oberfläche und der dadurch bedingten ständigen Änderung des Abstandes der Badoberfläche, von den Elektroden fast niemals gleichmäßig belastet. Man vermeidet dies beispielsweise dadurch, daß man statt drei Elektroden noch eine vierte Elektrode im Deckel des Ofens einführt. Die drei ersten Elektroden stehen mit den drei Phasen einer Drehstromquelle in Verbindung. Die Verkettung der drei Phasen erfolgt in Sternschaltung. Mit dem von dem Nullpunkt der Sternschaltung ausgehenden Nulleiter, der bekanntlich bei gleichmäßiger Belastung der drei Phasen keinen Strom führt, ist die vierte Elektrode verbunden.

Der Abstand der Elektroden von der Badoberfläche, wird entsprechend der Phasenspannung und der verketteten Spannung geregelt. Wird also der Lichtbogenwiderstand einer der drei Phasen vermindert, so tritt eine Ungleichförmigkeit in der Nulleiterelektrode ein, bzw. es wird der sich daraus ergebende, unausgeglichene Stromüberschuß durch die Nulleiterelektrode aufgenommen. Auf diese Weise wird ein ruhiges Arbeiten des Ofens erreicht werden.

Ein Nachteil dieses Verfahrens ist, daß eine weitere Deckelöffnung für die vierte Elektrode entsteht, so daß der Deckel um ein weiteres geschwächt wird.

Sodann soll noch ein Verfahren zur Stabilisierung[1]) von Wechselstrom-Flammenbogen bei Elektrostahlöfen Erwähnung finden. Um einen, mittels Wechselstrom erzeugten, elektrischen Lichtbogen zu stabilisieren, schaltet man eine Selbstinduktionsspule in Reihe ein. Die Spule besteht meistens aus einem eisernen Kern, der mit einer Wicklung umgeben ist.

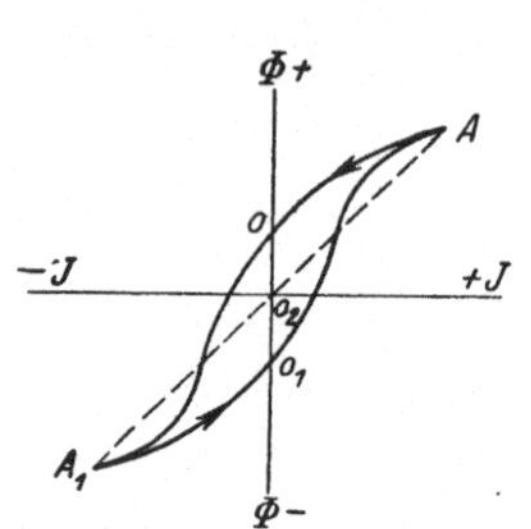

Fig. 30. Magnetisierungszyklus.

Die Stabilisierung des Lichtbogens besteht darin, daß die Selbstinduktionsspule mit dem eisernen Kern, durch eine Spule ohne eisernen Kern ersetzt wird. Die gut zu isolierende Wicklung, muß infolge der großen Stromstärken mit einer Ölkühlung versehen werden. Man wird im Betriebe feststellen, daß Spulen ohne Eisen bei gleicher Impedanz eine größere Stabilisierung der Lichtbogen herbeiführen, als Spulen mit eisernem Kern. Den Grund dafür kann man sich wie folgt erklären:

Der Magnetisierungszyklus bei einer Spule mit Eisen ist in Fig. 30 dargestellt. Die Stromstärke J ist auf der Abszissenachse aufgetragen und der magnetische Kraftfluß Φ des eisernen Kernes auf der Ordinate. In jedem Augenblick wird die von der Selbstinduktion herrührende elektromotorische Kraft, welche die Hauptursache der Stabilität des Flammenbogens ist, der Geschwindigkeit, mit der sich der Kraftfluß ändert, proportional sein. Nun ist augenscheinlich diese Geschwindigkeit durchschnittlich am geringsten (besonders wenn das Eisen eine merkbare Koerzitivkraft besitzt) gerade während der Phase, wo sich die Strom-

---

[1]) D. R. P. Nr. 262874.

stärke bis Null vermindert, d. h. während der für die Stabilität des Flammenbogens ungünstigsten Zeit (also auf den Kurven $A—O$ und $A^1—O^1$).

Wird im Gegenteil, eine Selbstinduktionsspule ohne Eisen verwendet, dann wird innerhalb der für die Stromstärke oben angegebenen Grenzen die Kraftflußvariation durch die punktierte gerade Linie $A—O^2—A^1$ dargestellt, woraus hervorgeht, daß während der ganzen Periode, welche der Verminderung der Stromstärke entspricht (d. h. während der Stabilität des Flammenbogens nachteiligen Periode), die Geschwindigkeit, mit der sich der Kraftfluß ändert, und folglich auch die elektromotorische Kraft der Selbstinduktion durchschnittlich größer ist als im vorhergehenden Falle. Die Stabilität des Flammenbogens wird also durch die Verwendung einer Spule ohne Eisen wesentlich vergrößert. Das Verfahren kommt aber nur für Wechsel- bzw. Drehstromöfen in Betracht.

Wir kommen nunmehr zu der zweiten Hauptgruppe unserer Heizungsarten, und zwar zu der reinen Widerstandsheizung. In Verbindung mit der Lichtbogenheizung haben wir schon die Widerstandsheizung bringen können, doch soll letztere noch im nächsten Kapitel eingehend beleuchtet werden.

Vorher sei aber die Lichtbogenheizung in bezug auf ihre Vor- und Nachteile kurz zusammengefaßt:

Die Lichtbogenheizungen lassen die denkbar beste Regulierbarkeit der Beheizung für das Schmelzprodukt zu. Durch sie erreicht man heiße und reaktionsfähige Schlackenmengen, je nachdem wie sie von dem Hüttenfachmann gebraucht werden. Der Oxydations- und Desoxydationsprozeß vollzieht sich in einem Lichtbogenofen außerordentlich. günstig. Nachteilig ist die Lichtbogenheizung infolge der auftretenden Stromstöße, die sich selbst bei bester Regulierung und Wartung des Ofens werden nie ganz beseitigen lassen. Auch die häufigen Deckeldurchbrüche, bzw. das damit verbundene öftere neue Zustellen der Lichtbogenöfen, ist als ein Nachteil anzusprechen. Ebenso die Wärmeverluste, die durch die Deckelöffnungen infolge der Elektrodendurchführung entstehen, beeinflussen die Heizung ungünstig.

5. Die Widerstandsheizung.

Wird ein Leiter von einem kräftigen Strom durchflossen, so kann der Leiter nach dem Jouleschen Gesetz erhitzt oder zum Leuchten oder gar zum Schmelzen gebracht werden. Wir haben das verkörperte, praktische Beispiel jeden Tag vor uns, es ist dies die Glühlampe. Dieselbe besteht aus einem Kohlen- oder Metallfaden, der in ein luftleeres Glasgefäß eingeschlossen ist. Unter der Einwirkung des elektrischen Stromes wird der Faden, der einen sehr hohen Widerstand hat, bis zur Weißglut erhitzt. Dadurch, daß dem Faden, den man in einen luftleeren Raum einschließt, kein Sauerstoff durch die Luft zugeführt werden kann, wird eine vorzeitige Zerstörung der Glühlampe vermieden.

Wenn ein elektrischer Strom durch einen Leiter fließt, so wächst die in ihm erzeugte Wärmemenge Q mit dem Quadrate der Stromstärke J und mit dem Widerstand R des Leiters. Es ist also:

$$Q = J^2 \cdot R \quad \ldots \ldots \ldots \ldots \quad 33.$$

Soll die Erwärmung in einem Leiter gering sein, so können wir sagen: Bei gleicher Stromstärke ist die Erwärmung eines Leiters um so kleiner, je kleiner der Widerstand desselben ist. So ist z. B. der Widerstand bei Kupfer bedeutend kleiner als bei Eisen. Andererseits, soll die Erwärmung in einem Leiter eine gute sein, wie z. B. bei einer Glühlampe, oder wie in unserem Falle bei zu schmelzendem Eisen oder Stahl, so sagen wir: Bei gleicher Stromstärke ist die Erwärmung eines Leiters um so größer, je größer der Widerstand des Leitungsmaterials ist. Auf Seite 11 hat uns die Tabelle bereits gezeigt, daß der spezifische Widerstand für Kupfer $= 0,018$ ist und für Eisen $= 0,10 - 0,12$. Demnach ist der Widerstand, den ein elektrischer Strom dem Eisen entgegengesetzt, etwa 8 mal größer als beim Kupfer. Bei gleicher Stromstärke ist somit auch die Erwärmung in einem Eisenbad um das 8 fache besser als in einem Kupferbad von gleichem Inhalt.

Wir können hieraus folgern, daß sich in einem Eisen- oder Stahlbad unter der Einwirkung eines kräftigen elektrischen Stromes, Temperaturen erzeugen lassen, die so bedeutend sein können, daß das Bad anfängt zu glühen und schließlich sogar zu schmelzen. Hierunter verstehen wir eben die Widerstandsheizung.

Der Widerstand eines zu schmelzenden Materials ist nun nicht allein maßgebend für die Temperaturzunahme. Je geringer vielmehr die Masse ist, die erwärmt werden soll, um so leichter und schneller wird die Temperatur steigen. Die Wärmeintensität ist demnach in einem Stahlbad um so größer, je geringer die Masse oder vielmehr je kleiner der Querschnitt ist. Wir sehen das am besten an der Glühlampe; je dünner ihr Faden ist, um so leichter kann er zum Glühen gebracht werden. Wir können uns das noch folgendermaßen klar machen: Denken wir uns nach Fig. 31 einen Eisendraht, der in der Mitte umgebogen und an seinen Enden mit zwei Kupferdrähten verbunden sei.

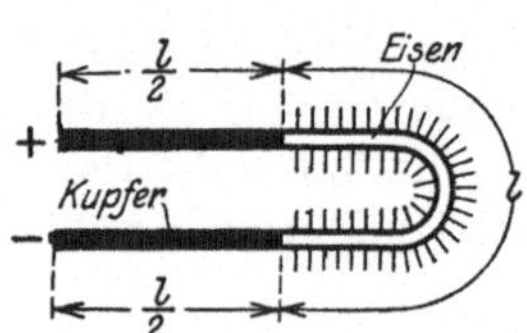

Fig. 31. Prinzip der direkten Widerstandsheizung.

Die Kupferenden sind an einer Stromquelle angeschlossen, so daß durch das System ein kräftiger elektrischer Strom fließt. Wenn nun die Kupferdrähte und der Eisendraht einen Querschnitt haben, so hat der Strom verschiedene Widerstände zu überwinden und es ergeben sich für die beiden Metalle verschiedene Wärmezustände.

Die Stromstärke und Spannung ist in beiden Leitern konstant, die Widerstände dagegen sind verschieden. Es ist somit die entwickelte Wärmemenge im Kupfer:

$$Q_{\mathrm{Cu}} = J^2 \cdot R_{\mathrm{Cu}}$$

und die im Eisen:

$$Q_{Fe} = J^2 \cdot R_{Fe} \,.$$

Bei gleichem Leitungsquerschnitt und bei gleicher Länge wird also der Eisendraht, infolge seines höheren Widerstandes, viel eher zum Glühen oder Schmelzen gebracht, als der Kupferdraht.

Bei der Lichtbogenheizung sind wir in bezug auf das ruhige Arbeiten des Lichtbogens an eine bestimmte Spannung gebunden. Im allgemeinen soll dieselbe nicht über 100 Volt gewählt werden. Bei der Widerstandsheizung ist die Einhaltung der Spannung in diesen Grenzen nicht nötig. Die Spannungszunahme kann ohne weiteres erfolgen; ein unruhiger Ofenbetrieb wird dadurch nicht herbeigeführt. Je höher die Spannung gewählt werden kann, um so kleiner ist der für das Schmelzgut erforderliche Strom.

12. Beispiel. Nehmen wir an, ein Stahlbad soll durch eine Widerstandsheizung zum Schmelzen gebracht werden und diese habe einen Widerstand von 0,05 Ohm, die Spannung sei 100 Volt, dann beträgt die Stromstärke

$$J = \frac{E}{R} = \frac{100}{0,05} = 2000 \text{ Amp.}$$

Der Versuch habe aber ergeben, daß das Bad bei dieser Stromstärke nur erst warm wird. Da der Widerstand konstant ist, so muß die Stromstärke entsprechend höher gewählt werden. Man erreicht dies beispielsweise durch Spannungszunahme. Wenn letztere nunmehr 200 Volt gewählt wird, so erhalten wir die doppelte Stromstärke, also

$$J = \frac{200}{0,05} = 4000 \text{ Amp.}$$

Die Wärmemenge wächst mit dem Quadrate der Stromstärke, sie nimmt demnach von

$$Q = 2000^2 \cdot 0,05 = 200\,000 \text{ cal.}$$

um

$$Q = 4000^2 \cdot 0,05 = 800\,000 \text{ cal.}$$

zu.

Die Spannung darf wiederum aber auch bei der Widerstandsheizung nicht zu groß gewählt werden, da sich für die gute Isolierung, die mit der höheren Spannung notwendig ist, Schwierigkeiten ergeben. Bei einem Elektrostahlofen ist es wichtig, das Bedienungspersonal vor Spannungen zu schützen, die für dasselbe eventuell gefährlich werden können. Also sind der Widerstandsheizung bei der Wahl der Spannung nach oben ebenfalls bestimmte Grenzen gesetzt.

Wir kommen nunmehr auf einige Systeme der Widerstandsheizungen zu sprechen. Eine haben wir in Verbindung mit der Lichtbogenheizung nach den Fig. 27 bis 29 bereits kennen gelernt.

Die direkte Widerstandsheizung ist eine der ältesten, sie bedingt, daß das Bad aus einem leitenden Material besteht. Bei einem Eisen- oder Stahlbad ist das immer der Fall. Während man bei schlecht leitendem Material zu hohen unzulässigen Spannungen greifen müßte, ergeben sich bei gut leitendem Material außerordentlich große Stromstärken, zur Erreichung der gewünschten Schmelztemperaturen. In dem Falle müssen wir danach trachten, den Widerstand zu vergrößern, indem wir sagen: Der Widerstand eines Leiters ist gleich seinem spezifischen Widerstand, multipliziert mit seiner Länge, dividiert durch seinen Querschnitt, siehe Gl. 12.

Ein Elektrostahlofen mit direkter Widerstandsheizung ist in Fig. 32 dargestellt. Der Herd des Ofens besteht aus einem langen, schlangenförmigen Kanal der an seinen beiden Enden, mit einer Stromquelle verbunden wird. Die Beschickung des Ofens, d. h. also, das zu schmelzende Gut muß mit größter Sorgfalt in den Kanal gebracht werden. Sobald ein genügend starker Strom in den Ofen eingeleitet wird, geht der Schmelzprozeß vor sich. Es leuchtet jedoch ein, daß das zu schmelzende Gut so miteinander verbunden sein muß, daß

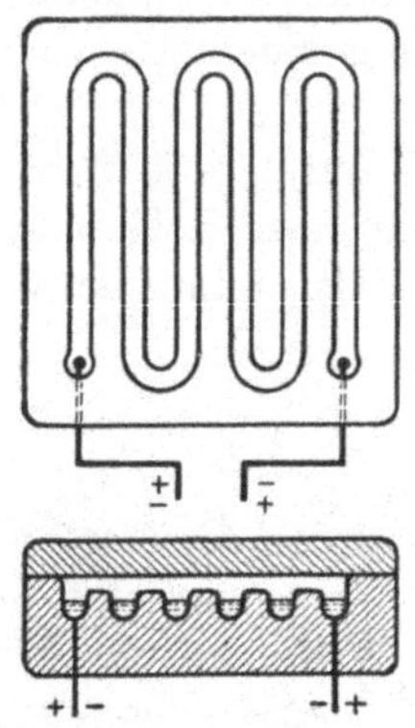

Fig. 32.   Prinzip eines Ofens mit direkter Widerstandsheizung und langen schlangenförmigen Kanälen.

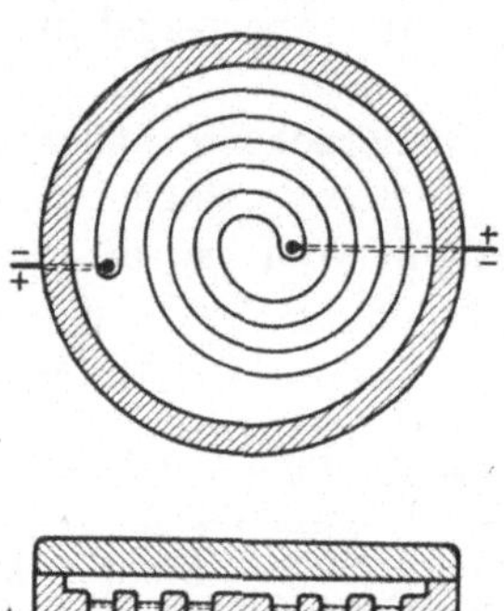

Fig. 34.   Prinzip eines direkten Widerstandsofens mit spiralförmig verlaufendem Kanal.

Fig. 33. Verbesserungsvorschlag eines Kanalquerschnittes.

ein guter Stromfluß zustande kommt. Das Material muß also fein zerkleinert sein und ein inniges leitendes Gefüge haben. Bei kaltem Einsatz lassen sich die gestellten Anforderungen nicht genügend erreichen. Das Material ist von der Luft mit einer Oxydschicht überzogen, so daß der Stromdurchgang erschwert wird. Ein weiterer Nachteil dieser Widerstandsheizung ist, daß die Badoberfläche im Vergleich zum Badquerschnitt zu groß ist, wodurch bedeutende Wärmeverluste entstehen. Nach der Fig. 33 könnte man das dadurch etwas zu vermeiden suchen, daß man den Kanalquerschnitt oben enger macht. Doch auch das genügt nicht, um die großen Wärmeverluste zu vermeiden. Eine weitere ähnliche Form eines solchen Widerstandsofens ist in Fig. 34 dargestellt.

Die direkte Widerstandsheizung hat sich in der oben gedachten Anordnung, wonach also das zu schmelzende Material selbst als Widerstand dient, für die Elektrostahlschmelzung nicht bewährt. Die vielfach unternommenen Versuche sind ergebnislos geblieben.

Die Widerstandsheizung in der eben besprochenen Weise kann dagegen gut als Hilfsheizung dienen. Ferner kann sie dazu beitragen, die Stromstöße, die bei der Lichtbogenheizung auftreten, zu vermindern. Wir denken uns die Widerstandsheizung mit einer Lichtbogenheizung in Verbindung gebracht, ähnlich wie die Fig. 35 zeigt. Die kombinierte Heizung besteht aus einer Heizschlange, die spiralförmig in das Herdfutter, also um das Bad gelegt ist. Durch den Widerstandskörper wird parallel mit der Lichtbogenheizung ein Strom geleitet. Die in der Widerstandsheizung erzeugte Wärme soll ebenfalls auf das Schmelzgut übertragen werden. Nehmen wir an, es stehe ein Strom J von 6000 Amp. zur Verfügung. Die Lichtbogenheizung beanspruche hiervon einen Strom von $i_1 = 4000$ Amp. und der Rest werde von der Widerstandsheizung gebraucht, also $i_2 = 2000$ Amp. Wenn plötzlich infolge des unruhigen Arbeitens der Lichtbogen ein starker Stromstoß oder gar ein Elektrodenkurzschluß auftritt — wie das unvermeidlich ist — der etwa 6000 Amp. betragen würde, so gibt die Widerstandsheizung in dem Augenblick ihren verfügbaren Strom von 2000 Amp. her. Die Folge davon ist, daß ein Stromstoß auf das Netz vermieden wird. Hieraus folgt, daß sich die Widerstandsheizung zum Ausgleichen von Stromstößen sehr wohl

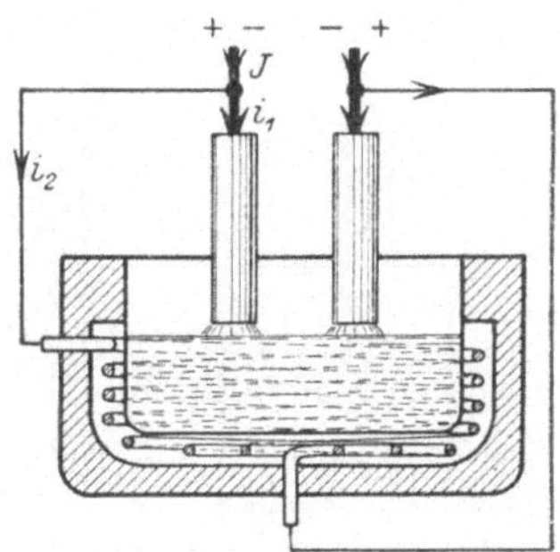

Fig. 35. Kombinierter Lichtbogen- und Widerstandsofen mit Stromverzweigung.

eignet, andererseits ist sie in der Lage, den Herd vorzuwärmen, oder das an der Badoberfläche weggeschmolzene Material, welches sich auf dem Boden des Herdes ansammelt, warm zu halten.

Da nun aber die Stromstöße in einem Lichtbogen sehr verschieden sind, und um damit nicht jedesmal den ganzen Strom der Widerstandsheizung entziehen zu müssen, zumal an den Stellen, wo man ihn mit dem Fortschreiten des Schmelzprozesses gut gebrauchen könnte, empfiehlt sich, anstatt der in Fig. 35 gezeigten geschlossenen Heizspirale, eine Anzahl Heizringe anzuordnen, die unabhängig voneinander in das Herdfutter eingebaut werden. Die Heizringe sind an einer Stelle untereinander zu verbinden und an den einen Pol der Stromquelle zu legen. An der gegenüberliegenden Stelle führt man jedesmal eine Anzapfung heraus und erhält so viele, als Heizringe vorhanden sind. Diese Anzapfungen werden zu einem Regulierapparat geleitet, der wiederum mit dem anderen Pol der Stromquelle verbunden ist. Der Regulierapparat hat einmal die Aufgabe, den Lichtbogenstrom konstant zu halten und das andere Mal, ihm nur dann, und nur so viel Strom aus der Widerstandsheizung zuzuführen, als die Lichtbogenheizung unbedingt benötigt. Man wird vorteilhaft die untersten Heizringe immer, oder wenigstens am längsten eingeschaltet lassen, damit das flüssige Material, welches sich doch zuerst am Boden ansammelt, von der Widerstandsheizung warm gehalten wird.

Die Heizung läßt sich für Gleichstrom wie auch für Drehstrom verwenden. Im letzteren Falle kann man für die Herstellung des Zweiphasenstromes aus dem Dreiphasenstrom einen Autotransformator einbauen, unter Anwendung der Scottschen Schaltung.

Die Bodenheizung kann vollständig unabhängig von der Lichtbogenheizung arbeiten. Soll der Herd des Ofens vorgewärmt werden, oder soll z. B. das Schmelzprodukt nur heiß gehalten werden, so genügt hierzu die Bodenheizung; die Lichtbogenheizung kann ausgeschaltet bleiben. Infolge des unabhängigen Arbeitens beider Heizungen ist es ferner möglich, verschiedene Strom- und Spannungsverhältnisse zu bilden.

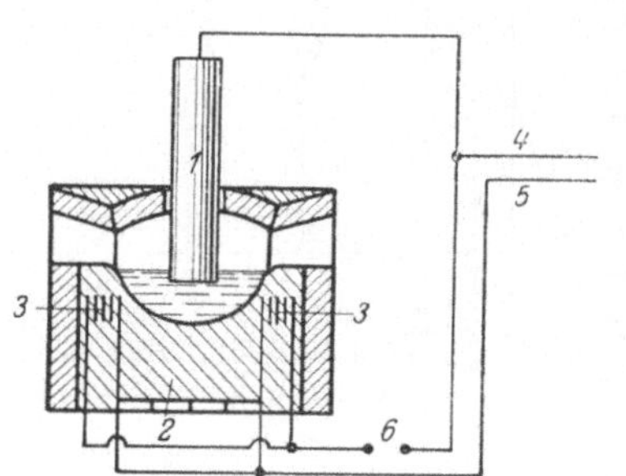

Fig. 36. Lichtbogen- und Widerstandsofen
mit im Herd eingebaute Heizstäbe.

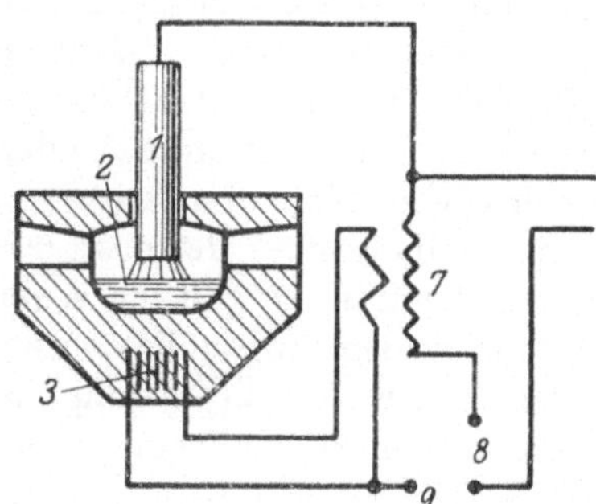

Fig. 37. Lichtbogen- und Widerstandsofen
mit im Bodenstromkreis eingebauten Transformator.

Statt der Heizringe kann man auch wechselweise Metallstäbe[1]) in das Herdfutter einbauen. Die wechselweise Anordnung der Stäbe geschieht, um Selbstentzündungen zu vermeiden. Das Herdfutter stellt man vorzugsweise aus Magnesia her. Fig. 36 stellt die allgemeine Einrichtung eines derartigen Ofens dar; 1 zeigt die bewegliche, obere Elektrode; 2 den Herd; 3 die Einrichtung der Heizwiderstände; 4 und 5 die Stromzuführungsleiter. Bei gehobener Elektrode, verbindet eine Brücke 6 den Endpunkt der Widerstände 3 mit dem Stab oder der Leitung 4. Auf diese Weise wird der Herd gleichmäßig zunehmend erhitzt. Nachdem die Temperatur eine genügende Höhe erreicht hat, wird die Elektrode heruntergelassen und so die Verbindung bei 6 unterbrochen. Gleichzeitig wird dadurch das Anfeuern des Ofens bewirkt. Unter gewöhnlichen Verhältnissen behält das Herdfutter, welches in den Strom-

---

1) Engl. Pat. Nr. 22777.

kreis eingebaut ist, eine hohe Temperatur und folglich — durch die Übertragung der Hitze (nach der durch das Joule-Gesetz bestimmten Hitzewirkung) — auch seine Leitungsfähigkeit.

Da die Heizwiderstände nur einen niedrig gespannten Strom erfordern, so ist es am zweckmäßigsten, einen Transformator 7 nach Fig. 37 mittels Brücke 8 für Heizzwecke in den Stromkreis einzubauen. Bei hochgehobener Brücke bei 9 tritt das Anheizen des Ofens ein.

Die Phönix-Aktien-Gesellschaft für Bergbau in Hörde hat sich eine Schaltung[1]) nach Fig. 38 für elektrische Mehrphasenstromöfen patentieren lassen, auf die wir noch eingehen wollen. Der Ofen beruht auf einem Kombinationsverfahren, indem mit der Lichtbogenheizung eine Induktions- und Widerstandsheizung verbunden sind.

Bei der vorliegenden Ofenkonstruktion wird neben den Wärmemengen, welche durch die oberen und unteren Elektroden direkt dem Schmelzgut zugeführt werden, durch die Anordnung des Stromverlaufes ein starkes magnetisches Drehfeld innerhalb des Herdes hervorgerufen. Die Anordnung und Schaltung der Elektroden ist aus dem Schaltungsschema und dem Spannungsdiagramm der Fig. 38 ersichtlich. Wie aus der Zeichnung hervorgeht, handelt es sich um einen Drehstromofen.

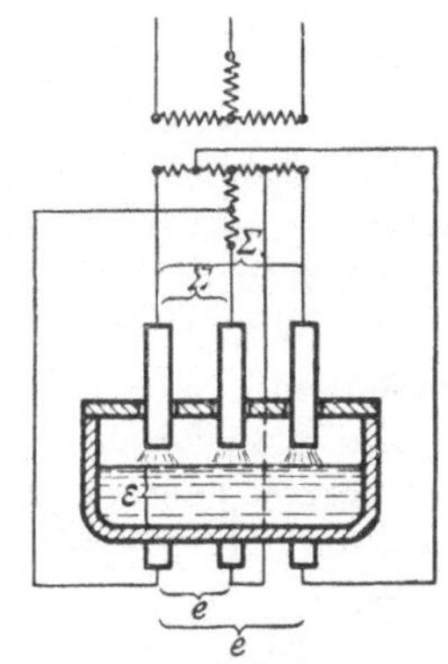
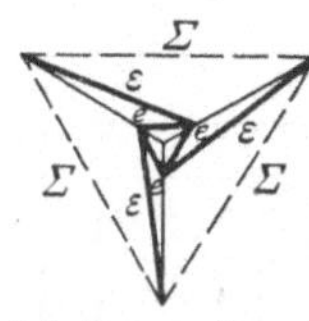

Fig. 38. Schaltung eines Lichtbogenofens mit Induktions- und Widerstandsheizung, nebst Spannungsdiagramm.

Zur Erzielung einer möglichst hohen Lichtbogenspannung E bei niedriger Phasenspannung, kann man noch die Elektrode in dem Schmelzgut, gegenüber den Elektroden in der Herdwandung, um eine Phase im Drehsinne des Magnetfeldes versetzen. Bei dieser Anordnung und Schaltung bleibt der Stromverlauf in jeder Elektrode fast unabhängig von dem Stromverlauf in den anderen Teilen, da die Elektroden über dem Schmelzgut weder parallel noch hintereinander geschaltet sind.

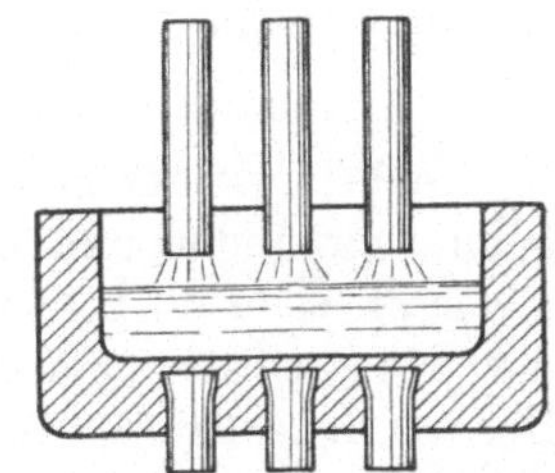

Fig. 39. Prinzip eines Lichtbogen-Widerstandsofens mit stromleitendem Boden.

Die Widerstandsheizung muß nicht unbedingt aus einem guten Leiter bestehen. Wir können auch Leiter II. Klasse verwenden. Hierauf beruht zum Teil der Nathusiusofen. Während Girod seine Bodenelektroden in das Bad hineinragen läßt, um einen Stromdurchgang durch das Bad zu er-

---

[1]) D. R. P. Nr. 249081.

zielen, bettet Nathusius seine Bodenelektroden nur in das Herdfutter ein, siehe Fig. 39. Letzteres besteht aus einem stromleitenden Material, z. B. Dolomit, Magnesit und dgl., welches mit zunehmender Erwärmung in seiner Leitfähigkeit zunimmt. Der Strom wird also von dem Leiter II. Klasse aufgenommen; das Herdutter wird erwärmt, so daß die Wäme dem Schmelzprodukt zugute kommt.

6. Die Induktionsheizung.

Die Induktionsheizung ist eine direkte Heizung, ähnlich wie die Widerstandsheizung, die bedingt, daß das Schmelzprodukt aus einem stromleitenden Material besteht.

Die Wirkungsweise der Induktionsheizung können wir uns wie folgt vorstellen:

Ein Transformator dient dazu, eine hohe Spannung in eine niedrige umzuformen oder umgekehrt, ferner zur Umformung bedeutender Sekundärstromstärken. Letztere kommen für die Induktionsheizung besonders in Frage.

Ein Transformator nach Fig. 40 besteht aus zwei voneinander isolierten Spulen, die auf einen geschlossenen Eisenkörper aufgewickelt sind.

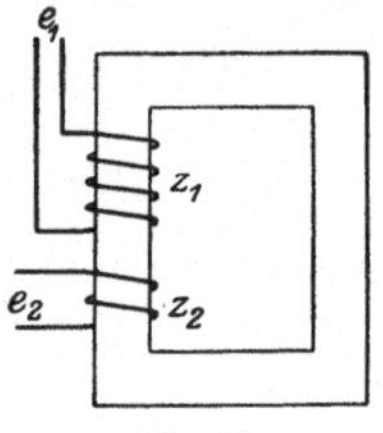

Fig. 40.
Transformator «leer».

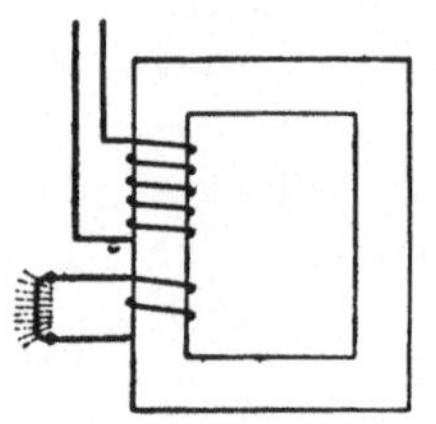

Fig. 41. Transformator mit geschlossenem Sekundärstromkreis.

Die eine Spule — primäre — erhält ihren Strom aus einer Wechselstrom-Erzeugermaschine, die andere Spule — sekundäre — ist dagegen in der Lage, Strom abzugeben. Der Eisenkern wird aus Blechen, die mit Silicium legiert sind, zusammengesetzt, damit die auftretenden Wirbelstromverluste verringert werden.

Denken wir uns nun nach Fig. 40 die primäre Spule mit einer Stromquelle verbunden und die sekundäre Spule offen, dann läuft der Transformator »leer«. Die Primärwicklung stellt eine Drosselspule dar, in der eine elektromotorische Kraft der Selbstinduktion induziert wird. Der erzeugte Kraftlinienfluß schneidet nun nicht nur durch die primäre Wicklung, sondern auch durch die Sekundärwicklung, so daß also auch in dieser eine elektromotorische Kraft erzeugt wird.

Bezeichnen wir die primäre Windungszahl mit Z_1 und die sekundäre mit Z_2, die Primärspannung mit e_1 und die Sekundärspannung mit e_2, so erhalten wir für den Transformator die Beziehung für Leerlauf:

$$e_2 : e_1 = Z_2 : Z_1 \quad . \quad . \quad . \quad . \quad . \quad . \quad . \quad 34.$$

Gehen wir in unseren Betrachtungen weiter und schließen den sekundären Stromkreis durch einen Eisendraht kurz, ähnlich wie die Fig. 41 zeigt, so wird der Draht von spezifisch hohem Widerstand infolge der elektromotorischen Kraft der Selbstinduktion zum Glühen, und schließlich zum Schmelzen gebracht.

Diesen Vorgang nützt man im Elektrostahlofenbau aus, indem man statt einer aus mehreren Windungen bestehenden Sekundärwicklung eine einzige Windung b verwendet in Form einer Schmelzrinne, siehe Fig. 42. Diese Sekundärwicklung ist von vornherein kurzgeschlossen, d. h. das stromleitende, zu schmelzende Material wird, sobald die primäre Spule a von einem Wechselstrom erregt wird, von einem so starken Strom durchflossen, daß das Schmelzgut im Innern der Rinne anfängt, sich zu erwärmen. Ist der Strom stark genug, so kann man, wie bei der Widerstandsheizung, das Schmelzprodukt bis zur Weißglut erhitzen und schließlich zum Schmelzen bringen. Das ist das Prinzip der Induktionsheizung.

Es erscheint auffällig, daß die primäre Wicklung nicht dicht an dem sekundären Stromkreis zu liegen braucht. Hierbei handelt es sich aber nur darum, den Spannungsverlust durch die Selbstinduktion in der Hauptsache zu überwinden, und dies erreichen wir dadurch, daß wir den nutzbaren Kraftlinienfluß mittels eines großen Eisenquerschnittes sehr groß machen.

Die Induktionsheizung eignet sich hauptsächlich für die Raffination von flüssigem Metall, insbesondere also zum Raffinieren von Eisen und Stahl. Das Material wird meistens im vorgeschmolzenen Zustand dem Induktionsofen zugeführt und unterzieht sich das Metall der soge-

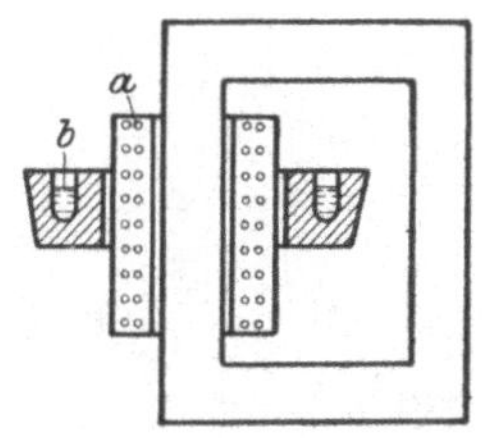

Fig. 42.
Prinzip eines Induktionsofens.

nannten Nachraffination zur Erzeugung von bestem Elektrostahl. Mit der Induktionsheizung sind auch Versuche gemacht worden, Erze direkt zu verarbeiten.

Die Induktionsheizung bietet große Vorteile, insbesondere den des ruhigen Ofenbetriebes. Sie hat jedoch auch Nachteile, die darin bestehen, daß man nur auf eine Stromart — Wechselstrom — angewiesen ist. Ferner ist die große Phasenverschiebung als ein Nachteil anzusprechen. Letztere wird um so größer, je größer der von dem Ofenring umschlossene Flächeninhalt, oder je kleiner die Spannung in der Schmelzrinne ist. Viele Elektrizitätswerke oder Überlandzentralen lassen den Anschluß von Induktionsöfen an ihr Netz wegen der zu großen Phasenverschiebung nicht zu. Man ist in dem Falle darauf angewiesen, sich einen eigenen Maschinensatz für den Ofen anzuschaffen.

Grönwall[1]) versucht den Übelstand der großen Phasenverschiebung durch eine besondere Anordnung der Ofenrinne zu vermeiden. Die Schmelzrinne 1 setzt sich nach Fig. 43 aus einem den Eisenkern des Transformators 2 fast vollständig eng umschließenden Kanal und aus einer ösenförmigen Rinnenausbuchtung 3 zusammen, die schließlich an

---

[1]) D. R. P. Nr. 210984.

ihrem Ende zusammenläuft. Die primäre Wicklung ist in *4* um den Kern des Transformators angeordnet. Die lange Schmelzrinne hat selbstverständlich einen viel höheren Widerstand und somit eine kleinere, also nicht so ungünstige Phasenverschiebung. Die Anordnung hat jedoch den Nachteil großer Wärmeverluste.

Die große Phasenverschiebung bei der Induktionsheizung rührt im allgemeinen von den bedeutenden magnetischen Streuungen her. Mit zunehmendem Phasenverschiebungswinkel wächst die benötigte Energieaufnahme, so daß große und teure Maschinensätze notwendig werden.

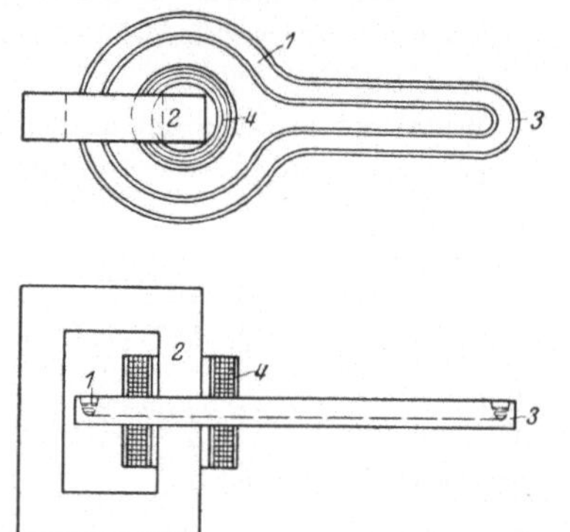

Fig. 43. Prinzip eines Grönwallofens.

Diesen Nachteil sucht man eben auf jede erdenkbare Weise, durch geeignetere Anordnung der Schmelzrinne (sekundären Stromkreis) zu beseitigen. Wir werden in dem Kapitel, in dem die Induktionsöfen eingehend beschrieben sind, hierauf noch besonders eingehen.

Es sei noch erwähnt, daß die Induktionsheizung mit einer anderen, z. B. Lichtbogenheizung, kombiniert werden kann.

Eine interessante Bewegungserscheinung tritt bei der Induktionsheizung auf, auf die noch hingewiesen werden muß. Infolge der magnetischen Einwirkungen stellt sich nämlich die Badoberfläche des Schmelzproduktes nicht horizontal ein, sondern das flüssige Material wird, wie die Fig. 44 zeigt, nach außen hingetrieben. Diese Schiefstellung des Bades beweist uns, daß innerhalb des Bades Kräfte hervorgerufen werden müssen. In der Tat ist dies auch der Fall. Es finden Bewegungen in der Pfeilrichtung statt, die den

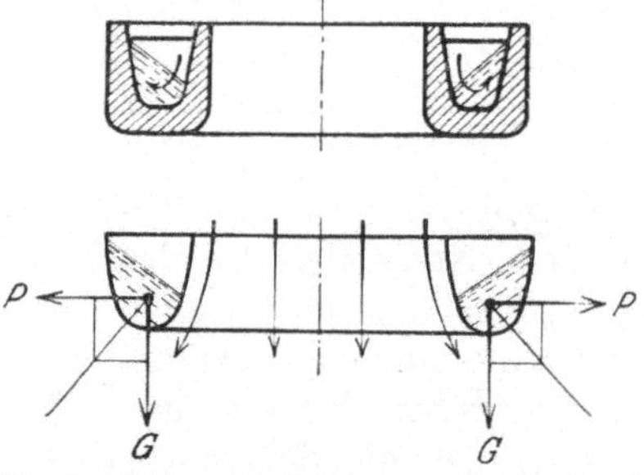

Fig. 44. Strömungserscheinungen in der Herdrinne eines Induktionsofens.

Vorteil der innigen Durchmischung des Bades haben, ohne irgendwelche mechanischen Hilfsmittel. Vom metallurgischen Standpunkt aus ist eine gute Durcharbeitung des Schmelzgutes von Vorteil, man erreicht dadurch ein homogenes Material.

Die geschilderte Bewegung bei der Induktionsheizung ist aber nur so lange als Vorteil zu bewerten, solange die Ofeneinheiten nicht zu groß sind. Bei großen Induktionsöfen wirken die Bewegungskräfte derartig heftig auf das feuerfeste Material, bzw. auf die Schmelzrinnenausmauerung, daß diese zerstört werden kann.

Nachdem wir die für Elektrostahlöfen in Betracht kommenden elektrischen Heizungen behandelt haben, kommen wir nun auf die Ofensysteme selbst zu sprechen.

Die hier in Betracht kommenden Systeme bezeichnen wir nach den Männern, die sie am erfolgreichsten ausgebaut haben. Da diese Öfen auf elektrischen Wärmewirkungen beruhen, so sprechen wir von elektrothermischen Öfen, im Gegensatz zu den elektrolytischen Öfen. Letztere sind vorläufig als noch im Versuchsstadium befindlich zu betrachten, so daß wir auf diese nicht weiter eingehen wollen.

V. Die Elektrostahlöfen.

a) Die Lichtbogenöfen.

1. Der Stassanoofen.

Der Stassanoofen[1]) ist ein reiner Lichtbogenofen, dessen Lichtbögen durch seitlich eingeführte Elektroden gebildet werden. Die Patentschrift lautet: Vorliegende Erfindung bezieht sich auf einen drehbaren elektrischen Ofen, welcher sich von den bekannten Öfen dieser Art dadurch unterscheidet, daß die Drehachse des Ofens und der zu demselben in unveränderlicher Lage befindlichen Bestandteile, wie Elektroden, Kühleinrichtungen und Druckzylinder, für die Bewegung der Elektroden in einer schrägen, von der Senkrechten etwas abweichenden Richtung steht, so daß infolge der Drehung des Ofens, die auf dem senkrecht zur Drehachse liegenden Boden befindliche Beschickung unausgesetzt von den höher liegenden Stellen desselben nach den niedriger liegenden geleitet, und dadurch in mehrfachen Richtungen durchgearbeitet wird.

Dieses Durchrühren der Beschickung ist zufolge der verschiedenen, ununterbrochen wechselnden Tiefen derselben über einem schrägstehenden Boden wesentlich anders als bei dem in der Deutschen Patentschrift Nr. 114028 beschriebenen Schmelztiegel, wo das Gut sich in einer wagerecht gelagerten und um ihre wagerechte Achse drehbaren Trommel befindet.

Die Anordnung des Stassanoofens ist aus der Fig. 45 ersichtlich.

Der aus einem Eisenblechzylinder bestehende Mantel des Ofens wird von einer Kugelkalotte überdeckt und ruht auf einer Platte, deren Drehachse in einem Spurlager läuft. Ein Getriebe greift in den im Umfange der Tragplatte angeordneten Zahnkranz ein. Da die Drehachse des Ofens etwas gegen die Senkrechte geneigt steht, so ist behufs Drehung desselben um seinen Drehzapfen, die Unterstützung durch Rollen geboten, die auf Schienen laufen.

---

[1]) D. R. P. Nr. 144156.

Die Ebene der bezüglichen Lauffläche steht senkrecht auf der Ofendrehachse, ist also gegen die Wagenachse entsprechend geneigt. Der Boden oder die Sohle des Ofens gerät dabei in eine so geneigte Lage, daß die in Fluß befindliche Beschickung während der Drehung unausgesetzt von den höher liegenden nach den tiefer liegenden Stellen fließt und dadurch in umfassender Weise durchgearbeitet wird.

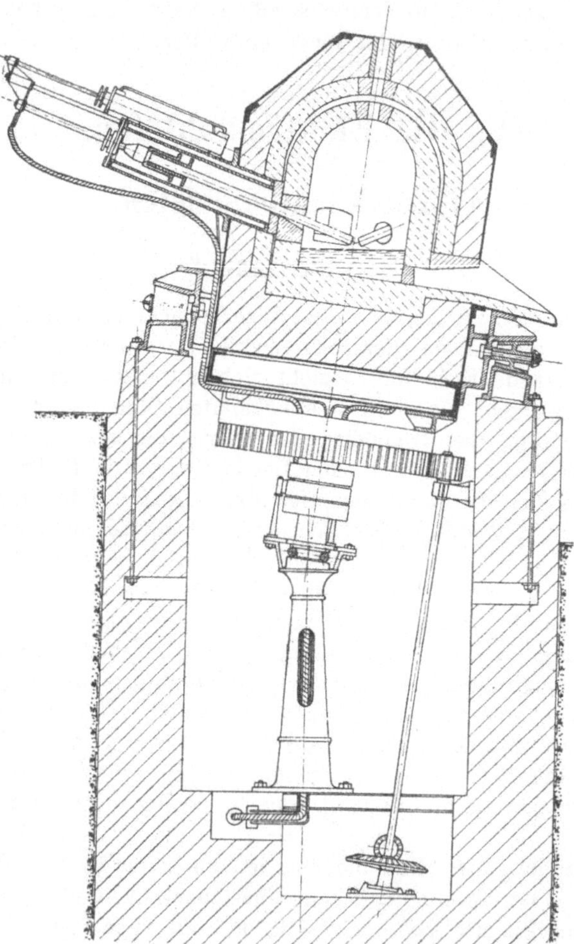

Fig. 45. Schnitt durch einen Stassanoofen.

Der innen mit feuerfestem Stoff ausgekleidete Schmelzraum des Ofens ist mit einem Abzugskanal versehen, durch welchen die Reaktionsgase entweichen können.

Die Elektrodendurchführungen sind beim Stassanoofen besonders gut durchgebildet. Dies läßt sich insofern leicht erreichen, als beim Stas-

sanoofen Elektroden mit verhältnismäßig kleinen Querschnitten in Frage
kommen. Die Elektroden werden durch doppelwandige Zylinder in den
Herd geführt. In dem von beiden Wänden gebildeten Zwischenraum
kreist Wasser, um die Temperatur der Elektroden an den Durchführun-
gen niedrig zu halten. Stassano verwendet neuerdings eine hydraulische
Antriebsvorrichtung[1] für die Regulierung der Elektroden, bei welcher
das Kühlwasser als Druckmittel benutzt wird. Hierbei sitzt die Elektrode an ihrem hinteren Ende in einer metallenen Muffe. An letztere
ist eine Antriebsstange angeschlossen, die von einem Doppelzylinder umgeben ist. In dem Raum, der durch den Doppelzylinder gebildet wird,
befindet sich ein ringförmiger Kolben, der durch geeignete Gestänge mit
der Antriebsstange in Verbindung steht. In dem Ringraum ist ein un-
unterbrochener Wasserlauf vorgesehen, der derart geregelt wird, daß er
zum Antrieb der Elektrode dienen kann. Es kann also nach der einen
oder anderen Richtung eine Bewegung des Kolbens bewirkt werden. Die
Elektrodenregulierung beim Stassanoofen erfolgt also von Hand, unter
Anwendung von jedem verfügbaren Druckwasser. Irgendwelche auto-
matischen Reguliervorrichtungen fallen hierbei fort.

Beim Stassanoofen hat sich nun herausgestellt, daß die besprochene
Anordnung der Schwingvorrichtung Nachteile hat, die darin bestehen,
daß die bewegten Teile das gesamte Gewicht des Ofens und des Schmelzgutes aufzunehmen haben. Hierdurch entstehen große Reibungen und
rasche Abnutzung der Teile. Stassano bringt nach einer späteren Patentschrift[2] bei seinem Ofen ein Kardangelenk in Vorschlag, welches in
einem feststehenden Gestell aufgehängt wird, während seine geometrische
Achse durch ein sich drehendes Organ in Drehung versetzt wird. Der
Aufbau des Ofens ist hierbei folgender:

An zwei einander diametral gegenüberliegenden Punkten des Ofen-
mantels, sind zwei Zapfen befestigt, die in Lagern gelagert sind. Die
Lager sind wiederum an einem Ring befestigt, der den Ofenmantel um-
faßt. In einem Winkel von 90° sind an dem Ring ebenfalls zwei Zapfen angebracht, die in Stützlagern ruhen. Der Ofen ist also derart aufgehängt, daß seine senkrechte Achse jede Neigung in bezug auf die
Senkrechte einnehmen kann. Bringt man unter dem Boden des Ofens
noch einen Zapfen an, dessen Ende in einen Ausschnitt greift, so kann
man eine Drehbewegung herbeiführen, die bewirkt, daß die Achse des
Ofens einen Kegel mit kreisförmiger Grundfläche beschreibt. Auf diese
Weise wird ebenfalls ein gutes Umrühren der flüssigen Masse erreicht.

Da der Stassanoofen eine Drehbewegung ausübt, bietet die Stromzuführung zu den Elektroden einige Schwierigkeiten. Der Strom wird
von außen kräftigen Schleifringen zugeführt, die mit dem festen Teil
des Ofens verbunden sind. Alsdann wird der Strom durch Bürsten,

---

[1] D. R. P. Nr. 247465.
[2] D. R. P. Nr. 252173.

die mit dem beweglichen Teil in Verbindung stehen, von den Schleifringen abgenommen.

Der Stassanoofen kommt für Einphasenwechselstrom, wie auch für Drehstrom in Betracht. Im ersten Falle ordnet man zwei Elektroden an, die sich einander gegenüber stehen. Im zweiten Falle wählt man drei Elektroden, die in einem Winkel von 120° in das Ofeninnere eingeführt werden.

Die Zustellung des Stassanoofens erfolgt neuerdings aus Dolomit. Die Kugelkalotte dagegen wird aus Magnesitsteinen hergestellt um eine möglichst große Haltbarkeit zu erzielen.

Der Stassanoofen wird hauptsächlich zum Einschmelzen von Schrott und dgl. benutzt. Auch arbeitet man bei ihm mit flüssigem Einsatz. Doch die in dem Ofen zu behandelnden Metalle und Zusätze müssen, je nach ihrer Beschaffenheit und je nachdem es sich um eine Reduktion, oder eine Raffination handelt, geeignet vorbereitet werden, ehe man sie der Einwirkung des Ofens unterwirft.

2. Der Mönkemöllerofen[1]).

Der Mönkemöllerofen ist dem Stassanoofen nachgebildet und soll der Vollständigkeit halber kurz noch aufgeführt werden. Auch bei diesem sind die Elektroden von den Seiten in das Ofeninnere geführt. Beim Mönkemöllerofen fehlt jedoch die schwingende Anordnung des Herdes, so daß eine Durchmischung des flüssigen Materials auf mechanischem Wege nicht möglich ist. Der Ofen ist dafür auf einer Kppvorrichtung gelagert, damit ein rasches Entleeren desselben herbeigeführt werden kann.

Der Mönkemöllerofen ist ebenfalls ein Strahlungsofen und seine Lichtbogenheizung ein indirekte Heizung.

Er dient, wie der Stassanoofen, zur Herstellung von Stahl und Temperguß und hochwertigem Stahl und stellt ferner die Type eines elektrischen Ofens in modifizierter Form nach Moissan dar. Er ist überall da zu verwenden, wo es sich darum handelt, schnell Stahl und Temperguß in Mengen, für die ein Converter- oder Martinofen zu groß wäre, zu erzeugen, wie z. B in Schiffswerften, Eisenbahnwerkstätten, Maschinenfabriken und Reparaturwerkstätten. Auch wo es darauf ankommt, hochwertigen Stahlguß herzustellen, ist er der gegebene hüttenmännische Apparat, der sich in der Praxis bereits gut eingeführt hat. In dem Aufbau dieses Strahlungsofens sind die Anordnungen, die an anderen Strahlungsöfen vorhanden sind, wie z. B. das Rotieren des Ofens um seine vertikale Achse, vermieden worden. Es werden durch dieses Rotieren, bekanntlich komplizierte Antriebsmechanismen, Stromkühlwasser- und Druckwasserzuführungen bedingt.

---

[1]) Siehe auch Aufsatz des Verfassers im Helios Nr. 35, XXII. Jahrg.

Die Elektroden werden durch von außen angebrachte Vorrichtungen reguliert. Der Mönkemöllerofen wird für Drehstrom mit drei Elektroden ausgeführt, die in einem Winkel von je 120° versetzt sind. Auch kann der Ofen für Gleich- und Wechselstrom Verwendung finden, mit dem Unterschied, daß zwei oder mehr Elektroden paarweise angeordnet werden. Bemerkenswert ist, daß die Größe des Ofens prinzipiellen Bedenken nicht unterworfen ist.

Die folgende Fig. 46 zeigt die Ansicht eines Drehstrom-Mönkemöllerofens. Man sieht die kräftige Konstruktion der Elektrodenzuführung, ferner die Druckwasserzylinder die an dem Ofenmantel angebracht sind.

Fig. 46. Ansicht eines Drehstrom-Mönkemöllerofens.

Das Kippen des Ofens erfolgt unter Benutzung einer kreisförmigen Rollenkippbahn. Der Antrieb der Kippwerkeinrichtung wird bei den Öfen, die in Größen von 0,5—3 t gebaut werden, elektrisch betätigt, bei dem 0,5 t-Ofen kann er auch von Hand erfolgen.

Tabelle II gibt die wesentlichsten Daten über Fassungsvermögen, Kraftaufnahme, Spannung, Leistungsfaktor, Kraftverbrauch pro Tonne erzeugten Stahles und Zustellungsdaten dieser Ofentype bekannt.

Tabelle II.

Größe in t	Kraftaufnahme kW	Spannung	Transformator		cos φ	kWh pro t	Zustellung			
							hält Chargen		kostet Mark	
			kW	kVA			Herd	Gewölbe	Herd	Gewölbe
0,5	135	105—110—115	200	225	0,9	1050	120	60	260	90
1,0	200	110—115—120	300	335	0,9	1000	120	60	320	110
1,5	266	115—220—125	400	445	0,9	975	120	60	380	130
2,0	333	120—125—130	500	555	0,9	950	120	60	420	150
2,5	360	125—130—135	550	615	0,9	925	120	60	460	170

Die Öfen können an jedes Drehstromnetz von gebräuchlicher Frequenz angeschlossen werden. Die Fig. 47 zeigt ein allgemeines Schaltbild für den Anschluß eines Mönkemöllerofens an ein Drehstromnetz.

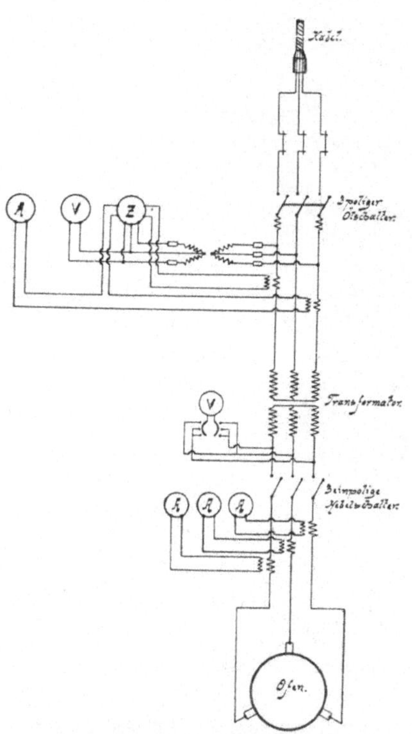

Fig. 47. Schaltungsschema eines Drehstrom-Mönkemöllerofens.

Das alleinige Recht der Lizenzvergebung für diese Öfen liegt in den Händen der Gesellschaft für Elektrostahlanlagen m. b. H., Siemensstadt bei Berlin. Die Lieferung der elektrischen Ausrüstung dieser Ofenanlagen erfolgt durch die Siemens & Halske Akt.-Ges., Wernerwerk, Siemensstadt bei Berlin.

Etwas Neues bietet die Einstellvorrichtung [1]) beim Mönkemöllerofen. Die Patentschrift sagt hierzu: Gegenüber den bisher bekannten Einstellvorrichtungen elektrischer Schmelzöfen, mit allseitig verstellbaren Elektroden, kennzeichnet sich die Erfindung dadurch, daß der das freie äußere Ende einer Elektrode, bzw. deren Vorschubstange tragende Elektrodenschuh, an einem mittels eines Handhebels in wagerechter Richtung verschiebbaren Kreuzkopf senkrecht einstellbar angelenkt ist.

Vorteilhaft wird dabei das zwischen Kreuzkopf und Elektrodenschuh vorgesehene Gelenk als Exzenter ausgebildet, der mittels eines feststellbaren Hebels gedreht werden kann.

---

[1]) D. R. P. Nr. 262193.

Die Elektrode wird in einer Fassung befestigt. Die Fassung sitzt wiederum vorn an dem, dem Ofen zugerichteten Ende der Vorschubstange. Letztere wird von einem hydraulischen Zylinder durch eine Kolbenstange und einen Kolbenstangenkopf bewegt.

Fig. 48. Ansicht einer Elektrostahlofenanlage bestehend aus zwei Mönkemölleröfen von je 3 Tonnen Inhalt.

Bei der Vorrichtung ist nun besonders Wert auf die genaue Einstellung der Elektroden gelegt. Dies wird dadurch erreicht, daß die Vorschubstangen, an der sich die Elektrode befindet, auf Rollen geführt sind, die sich in einem angebauten Rahmen befinden. Der Rahmen ist mit Zapfen versehen und in dem Gestell für die Elektrodenführung drehbar angebracht. Die Elektrode kann infolgedessen mit der Vorschubstange nach allen Richtungen geschwenkt, gleichzeitig aber auch in einer dazu rechtwinkligen Ebene zwischen den Rollen pendelnd bewegt werden.

Durch einen einfachen Hebelgriff können die Elektroden allseitig in die gewünschte Lage eingestellt werden, ein Vorteil, der bei dieser Art Strahlungsöfen nicht zu unterschätzen ist.

Zuletzt sei in Fig. 48 noch ein interessantes Bild gezeigt, welches zwei Mönkemölleröfen von je 3 Tonnen Inhalt im Betrieb darstellt.

3. Der Rennerfeltofen.

Der Rennerfeltofen[1]) ist ebenfalls ein Lichtbogen-Strahlungsofen. Er unterscheidet sich von den anderen Öfen mit indirekter Lichtbogenheizung dadurch, daß das Lichtbogenfeld vertikal ist. Dies wird durch die dritte, von oben in den Schmelzofen eingeführte Elektrode erreicht. Das Prinzip der Rennerfeltheizung geht aus der früheren Fig. 25 hervor.

Eigenartig für den Rennerfeltofen ist, daß die Spitzen der horizontalen Elektroden auch in vertikaler Richtung beweglich sein können, entweder durch Parallelverschiebung derselben, oder durch radielle Bewegung in vertikaler Ebene. Hierdurch wird die Möglichkeit erzielt, die Lichtbögen höher oder niedriger zu placieren, was mehrere Vorteile mit sich bringt, besonders beim Schmelzen von Beschickungen, die viel Platz beanspruchen, z. B. von Schrott, Eisenschwamm u. dgl.

Der Ofen ist zylinderförmig mit horizontaler Achse. Die beiden Seiten, die den Zylinder abschließen, sind flach und können die zu Kühlkästen ausgebildeten Elektrodenhalter tragen.

In diesen Haltern werden Elektroden durch die Seitenwände horizontal in den Ofen eingeführt. Symmetrisch zwischen diese Seitenelektroden ist eine dritte Elektrode, senkrecht zu denselben und symmetrisch, durch das Ofengewölbe eingesenkt. Die Proportionen des Ofens werden in der Regel so gewählt, daß der Durchmesser ungefähr gleich der Länge des Zylinders wird, um dadurch zu erreichen, daß die wärmeausstrahlende Mantelfläche möglichst klein wird, im Verhältnis zum Schmelzraum des Ofens. Um den Einbau des Mauerwerkes im Ofenmantel zu erleichtern, ist derselbe in zwei Hälften geteilt, wovon die obere das Gewölbe ist, welches auch die vertikale Elektrode trägt.

Um das Abstechen von Schlacke und Stahl zu erleichtern, ist der Ofen auf Rollen gesetzt, die ein bequemes Kippen gestatten. Dies kann bei kleineren Typen mit Handkraft, bei größeren dagegen durch hydraulischen oder anderen Motorantrieb bewirkt werden.

---

[1]) D. R. P. Nr. 268317.

Fig. 49 zeigt einen vertikalen Längsschnitt durch einen Rennerfeltofen, mit den horizontalen, durch die Seitenwände geführten Elektroden. Bei

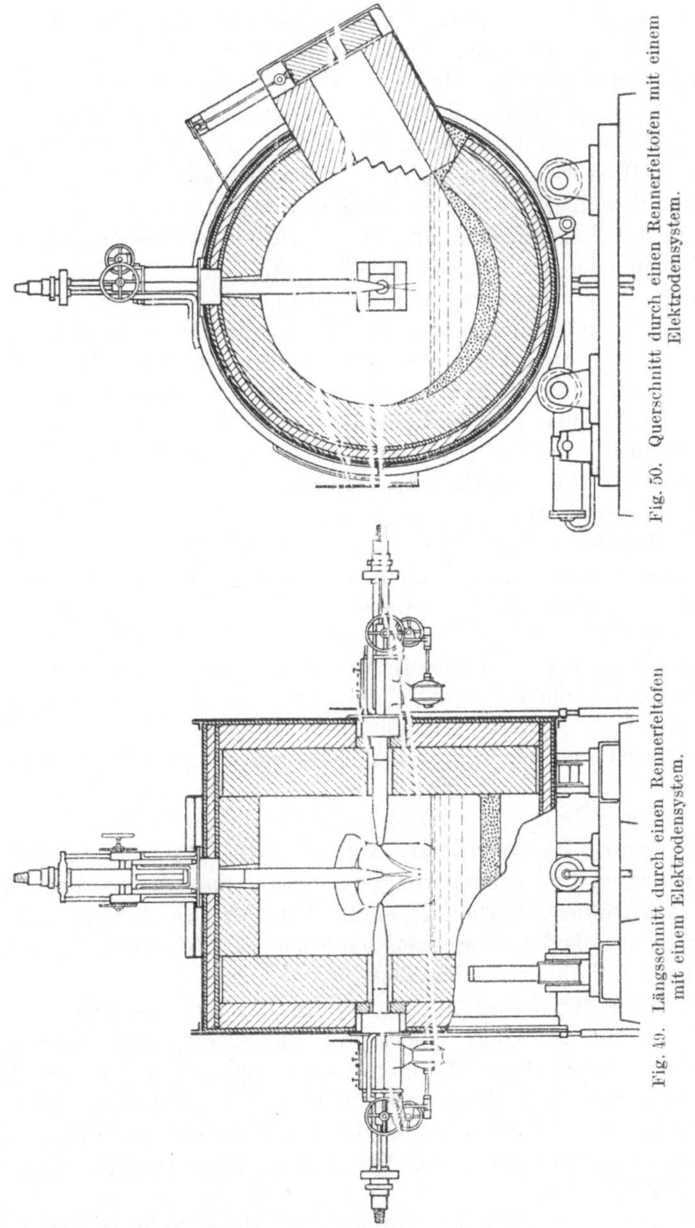

der hier dargestellten Anordnung, ist die Bewegung der Elektroden nur in horizontaler Richtung möglich.

Fig. 50 zeigt einen Querschnitt von demselben Ofen.

Das Ofengewölbe bei dem Rennerfeltofen besitzt eine charakteristische Form. Wie sich in der Praxis schon oft herausgestellt hat, ist gewöhnlich bei elektrischen Öfen das Gewölbe derjenige Teil, der am schwächsten ist und der somit am ehesten erneuert werden muß. Dies beruht meistens darauf, daß das Gewölbe in der Regel zu niedrig und mit zu großem Wölbungsradius gebaut ist. Dadurch wird die Entfernung zwischen Gewölbe und Lichtbogen zu gering und das Gewölbe überhitzt. Diese Verhältnisse werden noch ungünstiger dadurch, daß die geringe Höhe des Gewölbes die Verwendung von gewöhnlichem Silikaziegel bedingt, dessen Schmelzpunkt ca. 1830° ist, ein Schmelzpunkt, der weit unter demjenigen des Magnesitziegels liegt.

Bei Verwendung eines verhältnismäßig hohen Gewölbes, wie beim System Rennerfelt, kann das Gewölbe ohne Nachteil aus Magnesit ausgeführt werden, weil ein eventuelles Schwinden des Ziegels, das vorkommen kann, wenn derselbe aus ungenügend sintergebranntem Gestein gepreßt ist, keinen großen Einfluß auf die Haltbarkeit des Gewölbes hat. Bei der Form, die gewöhnlich bei Silikagewölbe vorkommt, würde ein Schwinden des Ziegels eine Deformation oder sogar Einsturz des Gewölbes zufolge haben.

Die zylindrische Form des Gewölbes bietet ferner den Vorteil, daß die Wärme, welche von den Lichtbögen nach oben strahlt, zum großen Teile von der Innenfläche des Gewölbes, die bei der obwaltenden hohen Ofentemperatur mehr oder weniger spiegelnd wirkt, wieder nach unten zurückgeworfen wird. Durch diese Reflexionswirkung kann die Temperatur an der Badefläche eventuell gesteigert werden. Man hat bei kleinen zylinderförmigen Martinöfen nachweisen können, daß man auf Grund zylindrischer Gewölbeform im Bade eine um etwa 100° höhere Temperatur erzielt als in einem Ofen mit flachem Gewölbe[1]). Die von der zylindrischen Fläche nach unten reflektierte Wärme wird gleichmäßig über die ganze Badeoberfläche verteilt und trägt dadurch zu einer gleichmäßigeren und schnelleren Schmelzung und Raffinierung bei.

Ein konstruktiver Vorteil ist auch, daß Gewölbe, Wände und Boden unmerklich ineinander übergehen ohne schroffe Änderung, in Größe und Richtung der Wölbungsradien dieser Teile.

Was das Material betrifft, welches für das Mauerwerk in elektrischen Stahlschmelzöfen in Frage kommt, so ist es aus guten Gründen sehr zweifelhaft, ob es denn überhaupt zweckmäßig ist, für das Gewölbe Silikaziegel oder sonstiges saures Material zu verwenden, und es ist somit nicht nur vom Gesichtspunkte der fast unübertreffbaren Feuerfestigkeit, weswegen man dem Magnesitziegel für Gewölbe den Vorzug geben muß.

Die im Ofen gewöhnlich vorhandene Atmosphäre ist nämlich mit

---

[1]) S. »Stahl und Eisen« 1912, S. 1990.

basischen Dämpfen gesättigt, die durch partielle Verdampfung sowohl der basischen Schlacke, als auch der Beschickung unmittelbar unter den Lichtbögen entstanden sind. Diese basischen Dämpfe von Kalzium und Eisen u. dgl. greifen den Silikaziegel an und erzeugen dabei leichtschmelzende Silikate von Kalzium und Eisen die ins Bad hinuntertropfen, was zerstörend auf das Gewölbe wirkt. Ein anderer Nachteil ist, daß die unumgänglich basische Schlackendecke durch den Kieselsäuregehalt verändert wird, den die Schlacke durch die genannte Tropfung aufnimmt. Es ist aber bekanntlich eine Grundbedingung für erfolgreiche Entschwefelung, eine heiße, stark basische Schlacke mit der Beschickung in Reaktion zu bringen.

Daher muß es als irrationell bezeichnet werden, für das Mauerwerk ein Material zu verwenden, welches aus erwähnten Ursachen dem gewünschtem Ziele entgegen wirkt.

Aus diesen Gründen dürfte es unbedingt zu empfehlen sein, in solchen Öfen hochbasische Gewölbe aus Magnesit zu verwenden, und eine Gewölbeform zu wählen, die von einer unerheblichen Schwindung des Ziegels unbeeinflußt bleibt.

Fig. 51.
Ansicht eines Rennerfeltofens von 1250 kg Fassungsvermögen.

Bei Verwendung von Magnesit ist der Umstand in Betracht zu ziehen, daß dies Material die Wärme mehr als zweimal so gut wie Silika leitet. Eine wärmeisolierende Schicht außerhalb des Magnesitziegels ist deshalb vorzusehen, wozu gewöhnliche Schamotteziegel abwechselnd mit Asbestpappe oder Asbestwolle geeignet sind.

Die vorstehende Fig. 51 zeigt die Ansicht eines Rennerfeldtofens zum Umschmelzen von Ferromangan. Dieser Ofen ist für 1250 kg Inhalt gebaut.

Die Elektroden sollten beim Rennerfeldtofen, wie auch bei jedem anderen Elektrostahlofen am besten aus künstlichem, auf elektrischem Wege hergestellten Graphit sein. Solche Elektroden haben eine sehr große Leitfähigkeit, weshalb der Querschnitt erheblich kleiner gewählt werden kann als bei Verwendung von Kohleelektroden. Es ist angängig, eine Graphitelektrode bis zu 70 Amp. pro qcm zu belasten, ohne daß Überhitzung in der Elektrode oder im umgebenden Mauerwerk entsteht. Dies Resultat ist in einem Rennerfeltofen für 75 kW. festgestellt worden, der mit 3 Elektroden von je 32 mm Durchmesser ausgerüstet ist. Die Mittelelektrode dieses Ofens wurde ohne Nachteil mit 570 Amp., d. h. 71 Amp. pro qcm belastet, trotz der in der Elektrode vorhandenen Schraubenverbindung. Bei Elektroden von größerem Querschnitt ist eine niedrigere spezifische Belastung zu empfehlen, denn die Homogenität und die übrigen physikalischen Eigenschaften sind bei steigenden Dimensionen herabgemindert. Eine Elektrode von 100 mm Durchmesser soll daher mit nicht mehr als 30 bis 35 Amp. pro qcm belastet werden, d. h. insgesamt mit ca. 2400 Amp. Falls das Elektrodensystem dabei mit einer Spannung von 125 Volt arbeitet, entstehen 2 Lichtbögen von je 300 kW., und bei Anbringung von 2 solchen Elektrodensystemen in einem Ofen, was sich bei System Rennerfelt leicht anordnen läßt, kann man dem Ofen 1200 kW. zuführen. Bei Verwendung dieses Ofens zur Raffinierung von in der Bessemerbirne vorgefrischtem Stahl können mit der genannten Energie 50000 Tonnen pro Jahr (6000 Arbeitsstunden) verarbeitet werden. Dies ist ein bedeutendes Quantum trotz der kleinen Elektrodendimensionen.

Die Verwendung von Graphitelektroden bietet auch andere Vorteile. Die Kühlkästen werden kleiner, die Anlagekosten geringer, und es ist leichter, gute Abdichtung gegen die Luft zu erzielen, was wichtig ist, um unnötigen Luftzug durch den Schmelzraum zu verhindern. Derartiger Luftzug, falls nicht beseitigt, verursacht Abkühlung des Schmelzraumes und starken Abbrand der Elektroden.

Elektroden kleinen Querschnittes besitzen ferner, an und für sich, eine größere spezifische Festigkeit in mechanischer Hinsicht, sowie größere Widerstandsfähigkeit gegen die starken Temperaturschwankungen, denen sie bei plötzlicher Einführung in den heißen Schmelzraum ausgesetzt werden. Elektroden aus genanntem Material können leicht auf der Drehbank bearbeitet und mit Gewinde versehen werden, mit denen sie während des Betriebes, ohne irgend eine Unterbrechung, aneinandergefügt werden.

Zur Erwärmung des Ofens kann Strom jeder Art verwendet werden, sowohl Gleich- wie Wechselstrom, und ganz gleichgültig von welcher Periodenzahl. In dem Elektrodendiagramm Fig. 52 wird gezeigt, wie der Ofen an ein Dreiphasennetz angeschlossen wird. In einem Stahlwerk ist meist Dreiphasenstrom von wenigstens 380 Volt vorhanden. Die Spannung, welche sich für einen Rennerfelt-Lichtbogenofen am meisten eignet, ist 100 bis 110 Volt und bis zu 50 Volt herunter. Bei sinkender Spannung werden die Lichtbogen entsprechend kürzer, und eine mehr konzentrierte Wärmeentwicklung wird erzielt. Für einen gewissen Kraftverbrauch steigt außerdem die Stromstärke umgekehrt proportional zur Spannung, was Vergrößerung der Dimensionen sämtlicher elektrischen

Teile notwendig macht. Es ist deshalb zu empfehlen, mit möglichst hoher Spannung zu arbeiten. Da es aber bei hoher Spannung schwierig ist, die Elektroden vom Mauerwerk effektiv zu isolieren. — weil letzteres bei großer Wärme eine verhältnismäßig guter Leiter wird —, können leicht Kurzschlüsse und vagabondierende Lichtbögen entstehen, schon bei Verwendung von z. B. 150 Volt.

Bei dem Rennerfeltofen, wie bei allen anderen auch, empfiehlt sich daher die Verwendung von Transformatoren zur Erzielung der best geeigneten Spannung. Bei der Transformierung kann man mit großem Vorteil die sog. Scottsche Schaltung verwenden, wodurch Dreiphasenstrom in verketteten Zweiphasenstrom umgewandelt wird.

Durch diese Schaltung erreicht man, daß die Energieregulierung nur an den beiden Seitenelektroden zu erfolgen braucht, statt der sonst bei Dreiphasenöfen immer erforderlichen Regulierung sämtlicher drei Elektroden, sofern der Kraftverbrauch auf die Zweige des Kraftnetzes gleich verteilt werden soll.

Wie aus dem Diagramm Fig. 52 ersichtlich, werden die beiden Seitenelektroden an das eine Ende jeder Phase angeschlossen, während die Mittetelektrode mit dem gemeinsamen Vereinigungspunkt der miteinander zusammgeschalteten Phasen verbunden wird. Die Größe des Stromes, welcher die Mittelelektrode durchfließt, ist gleich $\sqrt{2} \times$ des Stromes der einen Phase, falls dieselben gleichbelastet sind.

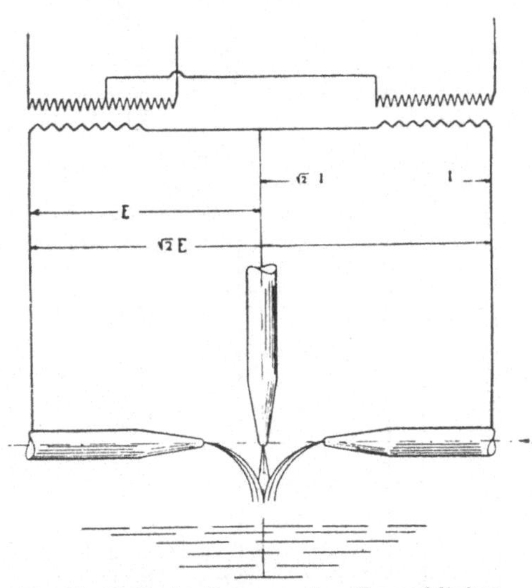

Fig. 52. Elektrodendiagramm eines Rennerfeltofens.

Die Spannung zwischen den beiden Seitenelektroden ist gleich $\sqrt{2} \times$ der Spannung zwischen der einen Seitenelektrode und der Mittelelektrode.

Die Lichtbögen haben beim Rennerfeltofen eine besonders charakteristische Form, wie die Fig. 52 andeutet. Von jeder Seitenelektrode springt ein sich nach unten senkender Lichtbogen hervor, und von dem Punkte, wo sich dieselben vereinigen, steigt ein Bogen zu der Mittelelektrode empor.

Es macht ungefähr den Eindruck, als ob ein Elektromagnet im Ofen angebracht wäre und mit seinem Kraftfeld die Lichtbögen nach unten dirigierte. Die Erklärung dafür dürfte sein, daß die Wirkungen auf die Lichtbögen — d. h. Strombahnen von Entladungen —, welche durch die Ströme in den horizontalen Elektroden verursacht werden, einander ausgleichen, während die Einwirkung der vertikalen Strombahn nicht neutralisiert wird sondern ein Kraftfeld erzeugt, welches die horizontalen Bögen nach unten zwingt. Diese Ablenkung kann als eine an und für sich sehr eigenartige Erscheinung in einem Lichtbogenofen bezeichnet werden und hat eine sehr vorteilhafte Wirkung auf die Arbeit des Ofens.

In Fig. 53 stellt das Schaltungsschema eines Rennerfeldtofens für den Anschluß an ein Drehstromnetz dar. Es bedeutet darin:

L = Hochspannungszuleitungen,
E = Elektroden,
V = Voltmeter,
A = Amperemeter,
kW = Kilowattmesser,
kWh = Elektrizitätszähler.

1 = Hochspannungs-Ölschalter mit Zeitauslösung,
2 = Drosselspulen,
3 = Trennschalter,
4 = Ofentransformator,
5 = Spannungserhöher,
6 = Umschalter,
7 = Kurzschließer,
8 = Stromtransformetor.

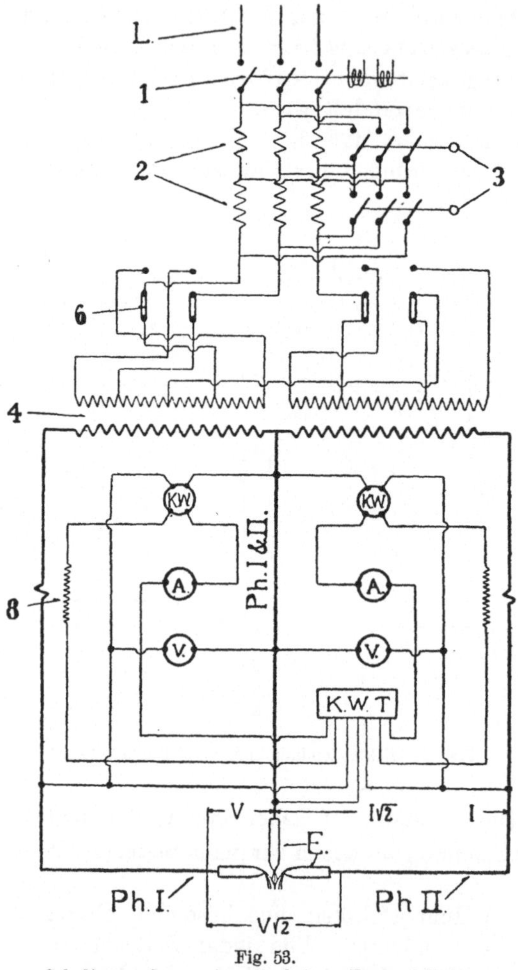

Fig. 53.
Schaltungsschema eines Drehstrom-Rennerfeltofens.

Vorstehende Beschreibungen und Ausführungen beziehen sich zum großen Teile auf Öfen von kleinerer oder mittlerer Größe, die meistenteils zur Produktion von Stahl durch Schmelzung von kalter Beschickung verwendet werden.

Es ist indessen eine bekannte Tatsache, daß Bessemer- und Siemens-Martin-Stahl erheblich verbessert werden kann durch eine nachträgliche kurze Behandlung in elektrischen Öfen. Die Verbesserung besteht darin, daß der Gehalt an Schwefel, Phosphor, und anderen, für die Stahlqualität schädlichen, z. B. oxydischen Stoffen, vermindert wird. Die neutrale oder sogar reduzierende, durch elektrische Lichtbögen hoch geheizte Atmosphäre, gestattet eine vollständige Entgasung und Desoxydation der Beschickung in sehr großen Quantitäten und in bequemer Weise, was nur bei dem modernen elektrischem Ofen von praktischer Konstruktion möglich ist.

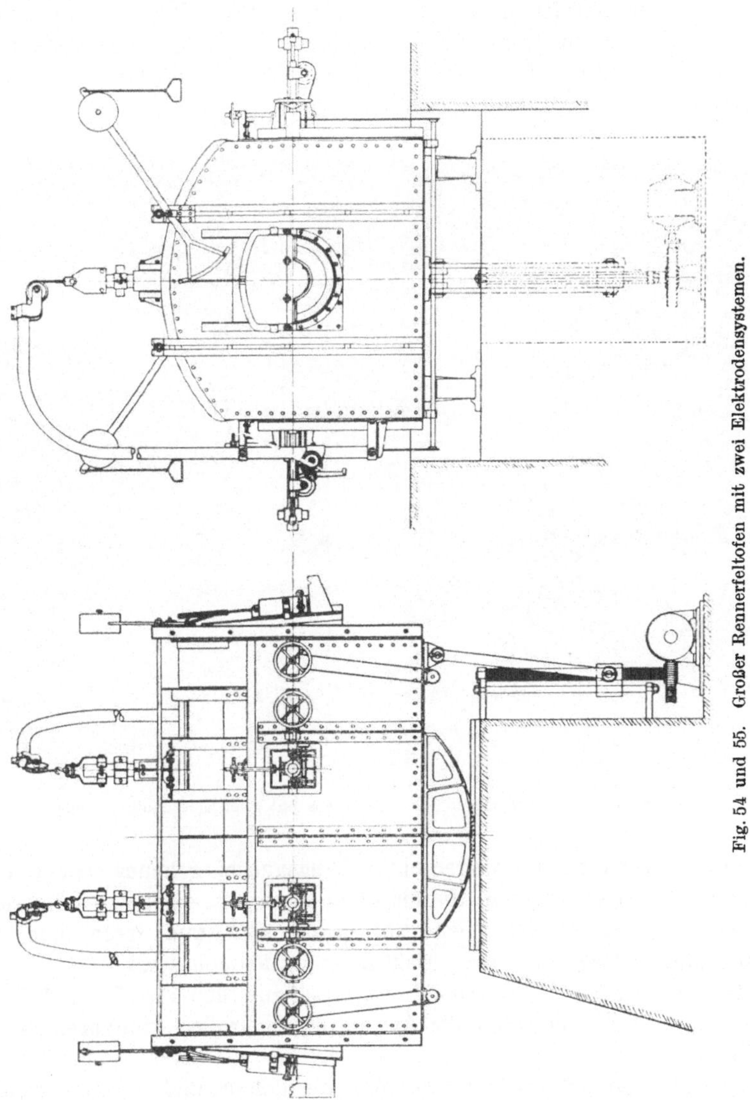

Fig. 54 und 55. Großer Rennerfeltofen mit zwei Elektrodensystemen.

Um die Kosten des Großbetriebes für solche elektrische Behandlung zu beschränken, sollten die einzelnen Öfen möglichst groß sein, am besten für 25 t und mehr, und die Behandlung sollte nur so lange dauern, als für die Vollziehung der chemischen Reaktion zwischen Stahl und Raffinationsschlacke bzw. für die Entgasung erforderlich ist. Zur Erreichung dieses Zweckes muß der Ofen große Energieaufnahme, sowie gleichmäßige Wärmeverteilung über die ganze Oberfläche der flüssigen Beschickung gestatten.

Der Rennerfeltofen in der bisher dargestellten Weise eignet sich jedoch für den Großbetrieb nicht. Es kommt vielmehr eine andere patentierte Ausführungsform in Betracht[1]). Der Patentanspruch hiervon lautet:

Fig. 56. Ansicht eines großen Rennerfeltofens mit zwei Elektrodensystemen.

»Lichtbogenofen mit wagerechter Längsachse, gekennzeichnet durch mehrere Elektrodensysteme, die hintereinander in je einer, zur Längsachse des Ofens rechtwinkligen Ebene angeordnet sind, und deren jedes sich in bekannter Weise aus drei Elektroden zusammensetzt.«

Die Grundzüge dieser Ausführung sind aus den Fig. 54 und 55 ersichtlich. Die Fig. 56 zeigt die Ansicht dieses großen, kippbaren Rennerfeldtofens.

Der Ofen ist als ein länglicher Zylinder gebaut und mit zwei gleichen Elektrodensystemen ausgerüstet, jedes bestehend aus 1 vertikalen und 2 horizontalen Elektroden, durch welche dem Schmelzraum die Wärme

---

[1]) D. R. P. Nr. 277972.

in derselben Weise zugeführt wird, wie bei den früher beschriebenen kleineren Typen. Durch die entstehenden, gleichmäßig verteilten vier Lichtbögen wird die Wärme über den ganzen Schmelzraum verbreitet.

Der Rennerfeltofen wird von der Firma Aktiebolaget Elektriska Ugnar, Stockholm C. gebaut und in den Handel gebracht. Die Vertretung für Deutschland liegt in den Händen der Firma Poetter, G. m. b. H. Düsseldorf.

4. Der Strahlungsofen in Form einer Birne.

Ähnlich wie der Rennerfeltofen ist ein elektrischer, durch Lichtbogenbestrahlung betriebener Ofen, in Gestalt einer um ihre Schwingungszapfen drehbaren, geschlossenen Birne der Firma Ramòn Chavarria-Contardo in Sèvres durch Patent[1]) geschützt worden.

Dieser Ofen ist dadurch gekennzeichnet, daß die Elektroden durch hohle Schwingungszapfen hindurch geführt sind und in den Herd hineinragen. Die Schwingungszapfen dienen gleichzeitig dazu, den Ofen zu lagern, und ruhen auf einem geeigneten Ständer. Die Elektroden sind derart durch die Zapfen, bzw. stopfbüchsenartigen Abkühlungsmuffen hindurchgeführt, daß letztere das Vorrücken und Zurückziehen der Elektroden, ebenso wie das Drehen der Zapfen um die Elektroden ermöglichen. Durch diesen hermetischen Abschluß wird ferner die Zufuhr von Luft verhindert.

Das Vorteilhafte an dem Ofen ist, daß die geschlossene Birne eventuell aus dem Ständer herausgenommen werden kann. Ein Umgießen des flüssigen Einsatzes in Pfannen kann man dadurch verhindern, daß man die Birne selbst als Gießpfanne ausbildet. Die Vorteile, die ein solcher Ofen mit sich bringt, sind leicht einzusehen. Es werden vor allen Dingen erhebliche Wärmeverluste, die sonst durch das Umgießen entstehen, vermieden. Man ist ferner in der Lage, aus dem Ofen schnell jede gewünschte Menge des flüssigen Einsatzes zu entnehmen, ohne den Schmelzprozeß lange unterbrechen zu müssen. Demzufolge kann man mit einer Charge, durch Raffination, bzw. Reduktion, mehrere Stahlsorten herstellen. Selbstredend gehört hierzu eine außergewöhnlich geschickte Behandlung. Jedenfalls aber sind mit einem derartigen Ofen unzweifelhaft Vorteile verbunden, die ein großer unhandlicher Ofen nicht besitzt. Es kommt somit der beschriebene Ofen nur für kleine Einheiten in Betracht.

In Deutschland hat man über den Ofen der genannten Firma wenig erfahren, auch selbst in Frankreich ist nichts Nennenswertes über denselben bekannt geworden. Im übrigen gehört für die richtige konstruktive Durchbildung dieses Ofens eine besondere Erfahrung. Insbesondere bedingen die Elektrodenführungen und ihre Reguliervorrichtungen eigens hierfür geschaffene Konstruktionen.

Es wird angebracht sein, an dieser Stelle eine Anregung nach der Richtung hin zu geben, auch kleine besonders durchgebildete Ofen-

---

[1]) D. R. P. Nr. 127 700.

einheiten zu bauen. Sie empfehlen sich für kleinere Maschinenfabriken usw., die rasch selbst ihren Bedarf an Stahlformguß im Elektrsotahlofen herstellen wollen.

Ein weiterer Strahlungsofen in Form einer Birne, ist der von v. Toussaint Levoz in Stenay[1]). Es handelt sich hier um einen kippbaren, elektrischen Ofen zur Stahlerzeugung, welcher aus zwei, im oberen Teile miteinander verbundenen Abteilungen besteht, in denen nacheinander das Frischen, Desoxydieren und Kohlen des Eisens stattfinden soll. Man bezweckt den Betrieb dieser Ofenart dadurch technisch vorteilhafter zu gestalten, daß man die beim Frischen durch die Oxydation freiwerdende Wärme zum Einschmelzen der für die folgende Charge erforderlichen Eisen- oder Stahlabfälle verwertet. Dies soll dadurch erreicht werden, daß nur der eigentliche Herd mit einer elektrischen Lichtbogenheizung ausgerüstet wird. Über diesem Herd ist durch Verbindung eines engen Kanals eine zweite Kammer angebracht, in die die freiwerdende Wärme eingeleitet wird. Der Ofen ist mittels Zapfen drehbar gelagert, so daß er wie die Bessemerbirne gekippt werden kann.

b) Die Widerstands-Rinnenöfen.

1. Der Rombacherofen.

Die Widerstands-Rinnenöfen beruhen auf dem bereits eingangs erwähnten Glühlampenprinzip. Bekanntlich wird durch den Leuchtfaden bei einer Glühlampe ein Strom geleitet, der so stark ist, daß sich der Faden bis zur Weißglut erhitzt. Falls man nur eine etwas größere Spannung durch den Leuchtfaden der Lampe führt, erfolgt ein sofortiges Zerschmelzen des Fadens. Wählt man an Stelle des Leuchtdrahtes eine enge Rinne, in die man Roheisen oder dgl. einbringt, und verbindet die Enden des Metalles mit einer entsprechend starken Stromquelle, so kann das Roheisen zum Schmelzen gebracht werden. Unter Beigabe von Zusätzen kann dessen Umwandlung in Schmiedeeisen, Stahl und dgl. herbeigeführt werden. Hierauf beruht der Rombacherofen[2]). Siehe auch Fig. 32—34.

Dieser Ofen besteht aus einer Anzahl von Kanälen, die aus feuerfestem Material hergestellt sind. An ihren Enden sind sie mit geeigneten Stromzuführungen versehen. Sobald die Kanäle mit Eisen beschickt sind, stellt sich eine leitende Verbindung zwischen den Stromzuführungen ein. Der elektrische Strom fließt durch die hintereinander geschalteten Kanäle, wodurch das Eisen nach und nach die zur Reaktion mit den Zuschlägen nötige Temperatur erreicht. In denjenigen der Kanäle, wo am wenigsten von der Beschickung hinein kann, und das Schmelzgut daher den geringsten Querschnitt hat, ist die Hitze am größten, und dort wird der

---

[1]) D. R. P. Nr. 219 710.
[2]) D. R. P. Nr. 195 817.

Schmelzprozeß zuerst beendigt. Nach dem Abziehen der Schlacke wird das Metall aus dem Abstichloch herausgelassen. Die Abstichlöcher sind in einer gewissen Höhe von der Rinnensohle angebracht, so daß auch nach dem Abstechen noch so viel Eisen im Kanal bleibt, um den Stromdurchgang zu ermöglichen.

Als Betriebsstrom kann sowohl Gleichstrom wie Wechselstrom oder Drehstrom angewendet werden.

Nach einem späteren Patent[1]) sollen die erheblichen Verluste sowohl an elektrischer Energie wie an Wärme, durch den in Windungen verlaufenden rinnenartigen Herd gemildert werden, indem das in den Rinnen befindliche Metall der Wirkung aller drei Phasen des Drehstromes ausgesetzt wird. Es soll dabei die Dreieck- oder Sternschaltung zur Anwendung kommen. In beiden Fällen entstehen im Metallbache drei Stromkreise, die aber zusammen nur drei, statt sechs Stromzuführungen aufweisen. Durch diese Anwendung des Drehstromes bei Rinnenöfen wird bewirkt, daß, ohne den Umfang der einzelnen Elektroden-Stromzuführungen zu vergrößern, vielmehr Energie dem Ofen zugeführt werden kann, oder aber, daß bei gleichbleibenden Energiemengen die Abmessungen der einzelnen Elektroden und Zuleitungen im Vergleich zu z. B. zweipoligen Öfen, wesentlich geringer ausfallen.

Auf Grund des bekannten Satzes für Drehstrom, daß die Leistung N das Produkt ist aus Spannung E und Stromstärke J, ferner dem Leistungsfaktor $\cos \varphi$ und der $\sqrt{3}$, also

$$N = E \cdot J \cdot \cos \varphi \cdot \sqrt{3},$$

läßt sich leicht nachweisen, daß man zur Erzielung gleicher Leistung und bei gleicher Phasenspannung bei Drehstrom mit $\sqrt{3} = 1{,}73$ mal geringeren Stromstärken als sonst auskommt. Demzufolge werden die in den Eisenmassen auftretenden Energieverluste, durch Selbstinduktion, Wirbelströme, Schirmwirkungen, deren Intensität mit der Stromstärke fällt und wächst, bedeutend verringert.

Der Rombacherofen nach der bisher beschriebenen Weise hat den großen Nachteil, daß nur einer der Bestandteile, entweder das Metall allein oder aber nur die Schlackenschicht der direkten Wirkung des Heizstromes ausgesetzt ist. Es fehlt hier an einer Überhitzung die bewirkt, daß durch die Wärmeableitung der ganze Schmelzeinsatz genügend durchgewärmt wird. Da der Strom nur durch das Metallbad geht, so wird auch dieser nur erhitzt, während durch die Schlackenschicht, infolge ihrer geringen elektrischen Leitfähigkeit, nur ein geringer Strom geleitet werden kann, erfolgt nur so viel Wärmeübertragung an die Schlackendecke, als das Bad ihr abgibt. Die Folge ist, daß die Schlackenschicht nur ungenügend erhitzt wird, so daß man mit nur reinem wenig verschlackenden Einsatz arbeiten kann.

---

[1]) D. R. P. Nr. 216944.

Um diesen Nachteil zu beseitigen, hat man versucht, den Rombacher-Ofen ähnlich wie einen Herdofen mit Gas- und Flammenbogenheizung auszubilden[1]). Das Metallbad wird wieder in einen Rinnenofen als Heizwiderstand eingeschaltet und zur Erhitzung der Schlackendecke gelangt eine Flammenbogenheizung zur Anwendung.

Die folgende Fig. 57 zeigt einen solchen Rombacher-Ofen. Dieser hat einen rinnenförmigen Herd b mit dem Abstichloch c und an den beiden Rinnenenden d die Stromzuführungen l_1 und l_2, welche die Stromphase 1 und 2 von den entsprechenden f_1 und f_2 dem als Heizwiderstand eingeschalteten Metallbad zuführen. Die an den Transformator f_3 angeschlossene, dritte Stromphase des Drehstromes, dient zur Erzeugung eines oder mehrerer Lichtbogen, zwischen der Elektrode g und dem Metallbad, bzw. der Schlackendecke k. Wie die Figur zeigt, ist in der Zuleitung des Lichtbogenstromkreises noch eine Drosselspule i eingebaut, die zur Schonung des Transformators dient, um die im Lichtbogen auftretenden Stromstöße abzudrosseln.

Es soll noch ein dichtender Überzug für das basische Futter von dem Rombacherofen Erwähnung finden, der sich dadurch kennzeichnet, daß die Oberschicht des basischen Futters (Magnesit) mit kieselsäurereichen Flußmitteln (Wasserglas) versetzt ist. Die Patentschrift[2]) sagt hierzu folgendes:

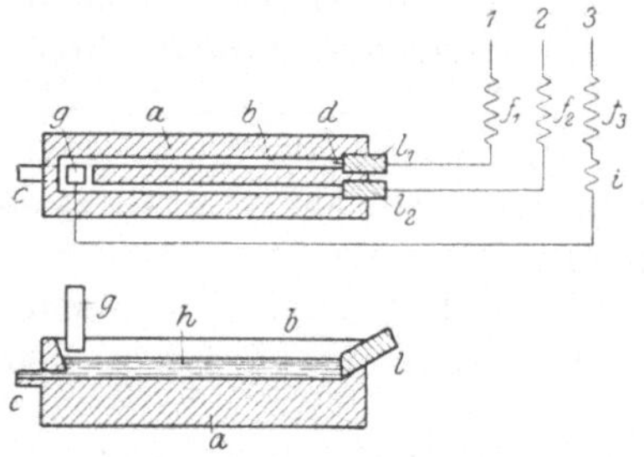

Fig. 57. Prinzip des Rombacher-Rinnen-Widerstandsofens.

Die Rinnenöfen weisen gemeinschaftlich das Merkmal auf, daß sie vor der Inbetriebsetzung nur sehr schwierig, oder überhaupt nicht genügend stark vorgewärmt werden können. Im allgemeinen begnügt man sich damit, den mit Magnesit oder Dolomit ausgestampften Ofen leicht zu trocknen, dann ein der Form des Ofens entsprechendes Fassonstück aus Eisen, oder (bei geradlinigen Öfen) Eisenknüppel, hereinzulegen und durch diese Beschickung allmählich stärker werdenden elektrischen Strom durchzuschicken, oder darin zu induzieren. Bei der Temperatur von etwa 1200—1300° beginnt das Eisen zu schmelzen. Bei dieser Temperatur ist aber die Ausfütterung des Ofens noch lange nicht gesintert und daher recht porös. Je höher nun die Temperatur steigt, desto dünnflüssiger wird das Metallbad und durchdringt die ganze Ofenausfütterung.

Bricht man in einem solchen Ofen die Ofenausfütterung aus, so erscheint sie mit ganz dünnen Metalladern gänzlich durchzogen, und dies ist der Grund, weshalb die genannten Ofensysteme an ungenügender Haltbarkeit der Ofenzustellung, häufigen Störungen durch Kurzschluß, und abnormen Stromverlusten leiden.

---

[1]) D. R. P. Nr. 221758.
[2]) D. R. P. Nr. 242692.

Bei anderen metallurgischen Öfen hat man versucht, um ähnlichen Mißständen abzuhelfen, die inneren Wandungen der Öfen mit Kochsalz zu bestreuen und auf diese Weise, wie es auch bei Töpferwaren geschieht, beim starken Anheizen einen Glasuranflug zu erzeugen. Eine solche fast unendlich dünne Schutzschicht kann jedoch dem Angriff von geschmolzenen Metallmassen nicht widerstehen, ganz abgesehen davon, daß eine solche Maßnahme nur bei saurer Ausfütterung ausführbar ist. Ebensowenig hat der Vorschlag, die Ofenwandungen von innen mit Asbestpappe zu bekleben, Eingang in die Praxis gefunden.

Nach der Erfindung wird nun in der Weise gearbeitet, daß, nachdem die neue Ofenzustellung nahezu fertiggestellt ist, diejenigen Teile der Rinnen bzw. des Herdes, die mit dem Metallbade in direkte Berührung gelangen, mit einer, einige Zentimeter starken Schicht einer leichter sinternden Masse ausgefüttert werden.

Wird der Ofen z. B. aus Magnesit gestampft, so werden die obersten 5—6 cm mit einer Masse, bestehend aus Magnesit mit etwas Wasserglas verrührt, ausgestampft. Gute Resultate bekommt man z. B., wenn man käufliche Wasserglaslösung etwa 1 : 20 verdünnt und mit so viel von dieser Lösung das Magnesitpulver verrührt, daß die Masse sich eben zusammenballen und stampfen läßt.

Bis jetzt hat man bekanntlich aufs sorgfältigste vermieden, bei Verarbeitung von Magnesit, kieselsäurereiche Materialien zu verwenden; so z. B. wird bei sachgemäßem Vermauern der Magnesitsteine nie Schamottemörtel, sondern meistens Teer mit Magnesitmehl, mitunter Kalkmilch oder Magnesiumchlorid benutzt, da schon der kieselsäurehaltige Mörtel (Schamottemehl) mit Magnesit leicht schmelzbare Flüsse ergibt.

Dadurch nun, daß der für die Oberfläche der Wandungen bestimmten Magnesitstampfmasse gewisse Mengen Wasserglas, wie oben beschrieben, beigemengt werden, wird bei langsamer Erwärmung, noch ·bevor das Eisenbad gar zu dünnflüssig geworden ist, ein dichter Schutzüberzug der Ofenzustellung erzielt, und zwar von einer genügenden Stärke, um längere Zeit dem Druck des flüssigen Metalls widerstehen zu können. Während dieser Zeit werden während der fortschreitenden Erhitzung und Wärmefortpflanzung auch die tiefer liegenden feuerfesten Schichten der Zustellung dicht gebrannt.

Diese Maßnahmen sind gerade bei rinnenartigen Öfen (Widerstandsöfen, Induktionsöfen und ihre Kombinationen) von Bedeutung, weil diese bekanntlich infolge ihrer Abmessungen und Bauart eine intensive Vorwärmung vor der Inbetriebsetzung, wie es z. B. bei Martinöfen mittels Gas oder bei Konvertern und elektrischen Herdöfen mittels Koks möglich ist, völlig ausschließen. Aus demselben Grunde, der Undurchführbarkeit einer intensiven Vorwärmung, bleibt bei rinnenartigen Öfen die sonst mitunter zur Erzielung eines dichteren Herdes stattfindende Beimengung, von basischer, sehr strengflüssiger Schlacke zu der Stampfmasse ohne Erfolg.

Statt des Wasserglases kann man auch andere kieselsäurereiche Flußmittel anwenden. Die geeignetsten Mengen des zuzusetzenden Flußmittels können durch Vorversuche bzw. Sinterungs-Temperaturbestimmungen leicht herausgefunden werden.

Diese Arbeitsweise läßt sich ohne weiteres auch bei saurer Ausfütterung unter Zuhilfenahme eines für diese geeigneten keramischen Flußmittels anwenden.

Bei dem ersten Anheizen empfiehlt es sich, eine möglichst schwer schmelzbare Beschickung, also z. B. Knüppel oder Fassonstücke aus möglichst weichem Eisen, auch dann zu nehmen, wenn der Ofen zum Umschmelzen der verhältnismäßig leicht schmelzenden Legierungen bestimmt ist.

Schließlich soll noch der Rombacherofen nach neueren Erfahrungen[1]) zum Umschmelzen von Ferromangan und ähnlichen Legierungen mit übersichtlicher Schmelzbadoberfläche und mit von oben hineinragender Elektrode beschrieben werden.

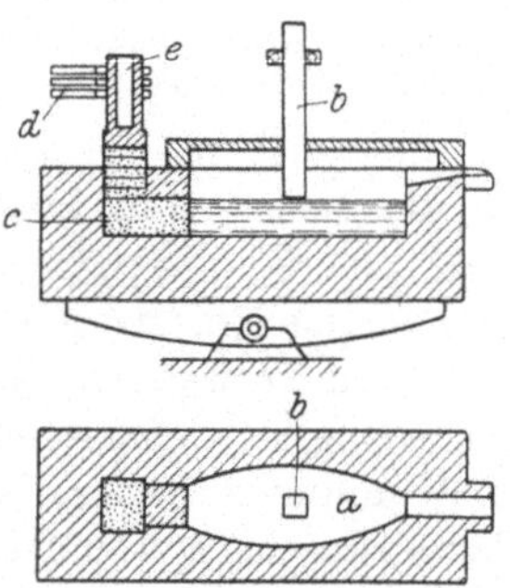

Fig. 58. Prinzip des RombacherOfens mit Lichtbogen- und Widerstandsheizung.

Bei dieser Ofenkonstruktion ist man von der einen Betrachtung ausgegangen, daß, wenn man Ferromangan in einem der bekannten Lichtbogenöfen schmilzt, durch Verbrennung und Verdampfung des Mangans, erhebliche Manganverluste entstehen, die die Stahlraffination unwirtschaftlich machen.

Bekanntlich beträgt bei den gewöhnlichen Lichtbogenöfen der Spannungsabfall zwischen Elektrode und dem Bad etwa 45—75 Volt. Wenn man aber die Kohleelektrode so weit herunterläßt, daß sie die Badoberfläche berührt, der Spannungsabfall nur noch etwa 16—18 Volt beträgt, und die elektromotorische Gegenkraft des Lichtbogens etwa 30 Volt ist, so erhält man eine ausreichende Erwärmung des Schmelzbades ohne große Manganverluste.

Die Fig. 58 veranschaulicht einen solchen Rombacherofen. Derselbe ist wie ein gewöhnlicher Lichtbogenofen ausgebildet. Es ist jedoch zu beachten, daß der Spannungsabfall die oben angegebenen Grenzen nicht übersteigt. Bei Wechselstrom bzw. Drehstrom erreicht man das einfach dadurch, das man den Transformator mit verschiedenen Anzapfungen ausbildet und durch hochspannungsseitiges Umschalten die jeweilig gewünschte Spannung erhält.

Wie die Figur zeigt, ist der Herd a eiförmig ausgebildet. Die Erhitzung des Bades erfolgt durch die Elektrode b und dem an dem einen Ende der Rinne befindlichen Klotze c aus Kohle, Graphit oder dgl.

---

[1]) D. R. P. 285 956.

Von dem Transformator führen biegsame Kupferbänder d als Stromzuführung zu dem mit Wasser gekühlten Metallkörper e und dem Klotz c.
Die andere Stromzuleitung wird in ähnlicher Weise an die Elektrode b
herangeführt. Der abgebildete Ofen wird mit dem einphasigen Wechselstrom betrieben. Selbstredend kann auch jede andere Stromart gewählt
werden. Es ist dann nur darauf zu achten, daß die erwähnte Spannungsdifferenz zwischen jeder Elektrode und dem Bad eingehalten wird. Bei
einem Drehstromofen z. B. mit drei Elektroden beträgt, bei der gleichen
Arbeitsweise die Spannung zwischen je zwei Sekundärklemmen des Transformators, sofern mit einem Spannungsabfall von etwa 20 Volt gearbeitet
werden soll,

$$20 \cdot \sqrt{3} = 20 \cdot 1{,}73 = 34{,}8 \text{ Volt.}$$

Bei einer Spannung von nicht über 30 Volt und Annäherung der
Elektroden bis annähernd an die Badoberfläche, soll eine zum Um-
schmelzen und Flüssighalten von Ferromangan und der sich bildenden
Schlacke genügende Wärmezufuhr erreicht werden.

Bei der letzthin geschilderten Beheizungsweise, welche äußerlich an
die Lichtbogenheizung erinnert, handelt es sich in Wirklichkeit um eine
Widerstandsheizung, wonach der Strom durch das Metallbad fließt.

Von Nachteil ist der Rombacherofen aus dem Grunde, weil infolge
der rinnnenartigen Anordnung des Herdes, im Verhältnis zum Einsatz,
große Wärmeverluste und demzufolge Energieverluste entstehen.

Der Rombacherofen wird von den Rombacher Hüttenwerken in
Rombach, Lothr. hergestellt, bzw. von der Gesellschaft für Elektrostahlanlagen m. b. H. Siemensstadt bei Berlin.

Die Rombacher Hüttenwerke bauen jedoch einen Ofen, der sich,
wenn auch nicht für die Stahlraffination, so doch als sogenannter Roh-
eisenmischer[1] eignet. Bekanntlich ist zur Warmhaltung der Roheisen-
mischer nur eine geringe Temperatursteigerung des Mischerinhaltes
erforderlich. Im anderen Falle muß die verhältnismäßig geringe Wärmezufuhr sich auf eine erhebliche Oberfläche des Mischerbades verteilen.
Aus diesen Gründen, eignet sich die Heizung durch gewöhnliche Lichtbogen nicht, da dieselben eine zu intensive Hitze entwickeln, die auf
die enge, beschränkte Oberfläche von nachteiligem Einfluß ist.

Bei diesem Rombacherofen handelt es sich somit nicht um eine reine
Widerstandsheizung, sondern es wirkt in Verbindung mit dieser, die
Lichtbogenheizung, auf die wir eigentlich erst im nächsten Abschnitt zu
sprechen kommen.

Während sich der reine Widerstandsofen, trotz vieler Versuche, hat
nicht einführen lassen, findet der Rombacherofen in Verbindung mit der
Lichtbogenheizung praktische Verwendung.

Der fragliche Ofen erfordert jedoch nicht einen ausgebildeten Lichtbogen von bekanntem Spannungsabfall, sondern es findet eine Art Über-

---

[1] D. R. P. Nr. 247230.

gangswiderstandsheizung statt, siehe Fig. 59. Die Heizung kommt dadurch zustande, daß die Elektroden direkt in das Mischerbad getaucht werden.

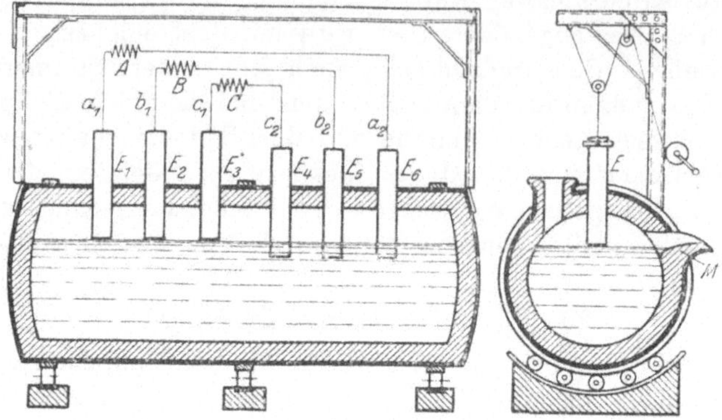

Fig. 59. Prinzip des Roheisenmischers der Rombacher Hüttenwerkes.

Nach der Fig. 59 handelt es sich um einen mit Drehstrom betriebenen Ofen, der mit sechs Elektroden E_1 bis E_6 ausgebildet ist. Die Elektroden sind mit den Enden der Sekundärwicklung $A\,B\,C$ des Transformators verbunden. Der Mischer M ist zylinderförmig ausgebildet.

Fig. 60. Ansicht des Rombacher-Lichtbogenofens.

Bei normalem Lichtbogen beträgt der Spannungsabfall etwa 45 bis 100 Volt. Nach dem vorliegenden Rombachschen Verfahren beträgt jedoch der Spannungsabfall zwischen Elektrode und Bad nur etwa 16 bis 20 Volt.

Das Verfahren ist nun folgendes:

Die Elektroden $E_4\,E_5\,E_6$ sind in das Bad versenkt, so daß die Sekundärklemmen $c_2\,b_2\,a_2$ des Transformators infolge des Metallbades kurz geschlossen sind. Wir haben hier nichts anderes als einen Sternpunkt eines Transformators vor uns, der in Sternschaltung geschaltet ist

Ein Heizeffekt kann in den Elektroden $E_4\,E_5\,E_6$ nur dann auftreten, und zwar auch dann nur in sehr geringem Maße, wenn in den anderen Elektroden $E_1\,E_2\,E_3$ verschiedene Belastungen der einzelnen Phasen bestehen. Da die letzte Elektrodengruppe über dem Bad steht, findet eine intensive Lichtbogenbeheizung statt; wir haben hier volle Phasenspannung. Läßt man nun abwechselnd die beiden Elektrodengruppen $E_1\,E_2\,E_3$ und $E_4\,E_5\,E_6$ in das Bad eintauchen, während die andere hochgezogen ist, so erfolgt eine verschiedene Beheizung des Mischers M.

Ein Rombacherofen zum Schmelzen von Mangan ist in der folgenden Fig. 60 dargestellt. Es fällt hier insbesondere die abweichende Form des Schmelzherdes auf. Im Übrigen ist der Ofen außerordentlich einfach, dabei aber sinnreich durchgebildet. Insbesondere sind komplizierte Kippmechanismen vermieden worden. Auch ist die Elektrodenaufhängung kräftig ausgeführt.

2. Der Ginofen.

Auch hier haben wir es mit einem Rinnenofen zu tun, der zum Frischen von Roheisen oder zur Erzeugung von Stahl dient, in dem ebenfalls die Erhitzung des Metallbades, wie in der vorbeschriebenen Weise, durch dessen Leitfähigkeit beim Stromdurchgang bewirkt wird.

Bei dem von Gustave Gin, Paris[1]), zur Ausführung kommenden Ofen handelt es sich darum, daß die Sohle des Ofens auf einem Wagen ruht und mit einer gewundenen Rinne ausgebildet ist, in der das Schmelzprodukt Aufnahme findet; siehe Fig. 61. Die Rinne kann selbstredend auch jede beliebige andere Form erhalten, doch ist durch die hin- und hergewundene Rinnenanordnung bezweckt worden, trotz der großen Rinnenlänge einen geringen Raumbedarf zu erhalten. Ferner erreicht man durch die größere Länge der Schmelzrinne einen höheren Widerstand in dem Metallbad.

Wie die Fig. 61 zeigt, sind die Stromzuführungen g von außen an den Wagen zu den Stahlblöcken b geführt, die den Strom durch das Metallbad weiterleiten. Der Querschnitt dieser Polstücke b ist so reichlich zu bemessen, daß der hindurchgeführte Strom keine zu hohe Temperatur annehmen kann, so daß die Stahlblöcke verschmelzen könnten. Im übrigen ist auf eine gute Kühlung durch einen geeigneten Wasserlauf Rücksicht zu nehmen. Daher sind die Polstücke besonders ausgebildet, sie bestehen aus dem bereits erwähnten Stahlblock mit einer sich nach der Rinne öffnenden Vertiefung. Zum Anschluß der Strom-

---

1) D. R. P. Nr. 148253.

zuführungen dient ein senkrechter Fortsatz, der durch das Wagengestell, bzw. durch die Ofensohle hindurchgeht. Wie ersichtlich ist, sind die Stahlblöcke ausgebohrt, so daß dieselben durch einen Wasserumlauf gut gekühlt werden können. Der Eintritt des Wassers ist durch Asbestschläuche f_1 und der Austritt durch f_2 gekennzeichnet. An Stelle des Ofendeckels kommt hier ein feststehendes Ofengehäuse in Betracht. Gegenüber den Stromzuführungen befinden sich die zum Abstechen des fertigen Stahles dienenden Öffnungen.

Die Bedienung des Ginofens ist folgende: Die Ofensohle, welche aus einer feuerbeständigen, nicht leitenden Masse besteht, wird mit ihrem Wagen in das Ofengewölbe geschoben. Die Polstücke sind fest mit den Stromzuführungen zu verbinden. Steht der Wagen richtig in dem Gehäuse, so wird der Stromkreis geschlossen und flüssiges Roheisen durch die Trichter h eingegossen.

Man kann dem Roheisen in der bei dem Herdofenbetrieb üblichen Weise Zuschläge von Eisenabfällen oder Erzen zugeben.

Die Oxydation der Verunreinigungen des Roheisens und ebenso des Sauerstoffs erfolgt ohne die unmittelbare Mitwirkung des Sauerstoffs der atmosphärischen Luft. Auf diese Weise soll die Auflösung des Oxyduls in dem Metall vermieden, und die Menge der Desoxydationsmittel vermindert werden, die am Schluß der Hitze einzuführen sind.

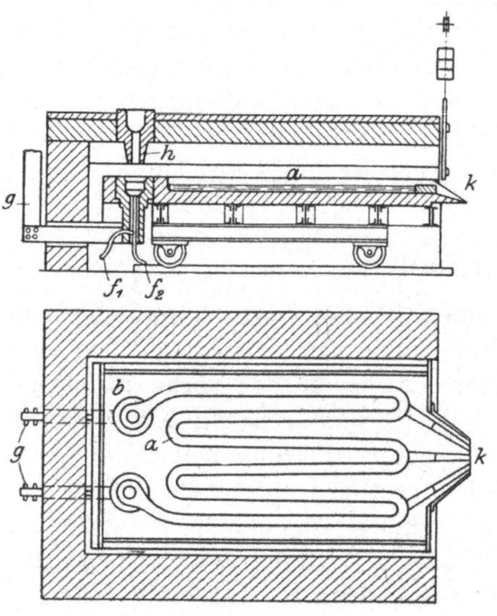

Fig. 61.　Der Ginofen.

Das Abziehen der Schlacke erfolgt durch Hochziehen einer Falltüre, die den Herd somit zugängig macht. Die Schlacken werden darauf mittels eines eisernen Hakens von dem Arbeiter abgeräumt, der sich vor den Eingang des Ofens stellt.

Die vorstehend beschriebenen Widerstands-Rinnenöfen, wie andere, in den Patentschriften vorgeschlagene Öfen, haben in die Praxis jedoch keinen Eingang gefunden. Dies liegt insbesondere daran, daß die Rinnenöfen für den Schmelzprozeß sehr ungeeignet sind. Die Rinnen, die nur eine verhältnismäßig geringe Aufnahmefähigkeit des Schmelzgutes haben, bieten durch die große Abkühlungsfläche so hohe Wärmeverluste, daß ein wirtschaftliches Arbeiten eines solchen Ofens ausgeschlossen ist. Hierzu kommt die Unübersichtlichkeit des Bades, die ungenügende Durchmischung desselben, so daß nie ein gleichmäßiges, einwandfreies Material gewährleistet ist, sofern die Proben immer nur von einer Stelle ausgenommen werden können. Auch die Durchführbarkeit der Rinnenofenkonstruktion, bietet Schwierigkeiten, insbesondere weil durch die direkte Widerstandsheizung übermäßig hohe Stromstärken verlangt werden. Diese aber bedingen wiederum außergewöhnlich große Leitungsquerschnitte.

c) Die Lichtbogen-Widerstandsöfen.

1. Der Heroultofen [1]).

Der Heroultofen ist ein kombinierter Lichtbogen- und Widerstandsofen. Die Lichtbogen sind durch zwei oder drei senkrecht durch den Ofendeckel in den Schmelzraum hineinragende, in das Metallbad eintauchende Kohlenelektroden gezwungen, sich auf das Schmelzgut zu richten. Es wird hierbei erreicht, daß der Strom auch durch den Einsatz fließt, so daß neben der Lichtbogenwirkung eine verhältnismäßig gute Widerstandserhitzung erzielt wird. Dadurch, daß die zwischen den Elektrodenenden fließenden Ströme gezwungen werden, die Oberfläche des Bades oder wenigstens die Schlackenschicht zu durchfließen, erreicht man, daß letztere gut heiß und reaktionsfähig wird.

Der Heroultofen wird für Wechselstrom (siehe Fig. 29) als auch für Drehstrom gebaut. Die Ofenwanne wird zumeist und insbesondere bei der letzten Stromart kreisförmig ausgebildet. Der Ofen erhält kippbare Anordnung und entweder eine elektrische oder hydraulische Kippvorrichtung. Die Stromzuführung erfolgt von oben ausschließlich durch die Kohleelektroden. Um die Lichtbogen möglichst konstant zu halten, werden die Elektroden von Hand, oder elektrisch durch Zahnradübertragung reguliert.

Bevor wir auf die Wirtschaftlichkeit des Heroultofens näher eingehen, soll das Verfahren und die Verwendungsmöglichkeit desselben beschrieben werden.

In der Fig. 29 ist der Heroultofen schematisch dargestellt, und ist daraus zu ersehen, daß das Schmelzgut zwischen zwei Lichtbogenelektroden als Erhitzungswiderstand in den Stromkreis eingeschaltet ist. Die Elektroden berühren jedoch das Bad nicht, sondern nur die, einen viel größeren Widerstand bietende Schlackenschicht. Auf diese Weise ist es möglich, Eisen bis zu einem beliebigen Reinheitsgrade zu raffinieren, was Heroult in einem seiner Patente [2]) durch folgenden Patentanspruch zum Ausdruck bringen will:

Elektrisches Schmelzverfahren, bei welchem Metalle, wie Chrom, Mangan, Eisen und andere aus ihren Verbindungen bzw. Legierungen (Rohmetallen) rein erschmolzen werden können, unter Vermeidung der

---

[1]) Siehe auch Aufsatz des Verfassers im Helios 1916, Nr. 36.
[2]) D. R. P. Nr. 139904.

Wiederaufnahme von Kohlenstoff aus Kohleelektroden oder Kohle-
kontakten dadurch gekennzeichnet, daß der Schmelzprozeß in einem mit
nichtleitenden auch nicht verunreinigend wirkenden Stoffe ausgekleide-
ten elektrischen Ofen mit in den Schmelzraum von oben hineinragenden,
einzeln regelbaren Kohleelektroden in der Weise durchgeführt wird,
daß zwecks Vermeidung einer Karburierung der Metalle durch die Elektrodenkohle, die unteren Enden der Elektroden von dem Metall durch
eine Schlackenschicht getrennt sind, und der elektrische Strom von der
Zuleitungselektrode aus durch eine Schlackenschicht in das Schmelzgut
eintritt, dieses auf einer größeren Strecke durchfließt und wieder durch
die Schlackenschicht in die Ableitungselektrode zurücktritt.

Das Hauptverfahren des Heroultofens beruht also nochmals kurz zusammengefaßt darauf, daß die Elektroden so weit voneinander entfernt
und so weit in die auf der Badoberfläche schwimmende Schlackenschicht
eintauchen, daß einmal zwischen den Elektroden innerhalb der Schlackenschicht der Widerstand groß genug wird, um den Strom zu zwingen,
von der einen Elektrode zur anderen zu fließen und zwar durch das
Metallbad, und das andere Mal, ein Berühren der Elektroden mit dem
Bade nicht eintritt. Von Bedeutung ist die genaue Einstellung der Elektroden, und zwar in der Weise, daß die zwischen Elektroden und Metallbad befindliche Schlackenschicht während des ganzen Arbeitsvorganges
heißer, also leitfähiger bleiben, als die zwischen den Elektroden selbst
ruhende Schlackenschicht; denn nur so wird der Stromweg der oben
vorgeschriebene sein.

Wie bei anderen Elektrostahlöfen, so auch beim Heroultofen, besteht
der wirtschaftliche Vorteil des Verfahrens darin, daß es die Erzeugung
der hochwertigsten Qualitätsstahlsorten aus gewöhnlichem, beliebig mit
Phosphor und Schwefel verunreinigtem Rohmaterial (Schrott) ermöglicht,
bzw. die Weiterverwendung des in den bekannten metallurgischen Verfahrens zur Erzeugung gewöhnlicher Handelsware erschmolzenen Eisens
als Ausgangsmaterial für die Veredelung gestattet.

Der Elektrodenverbrauch beim Heroultofen richtet sich nach der
Größe des Ofens und nach der Aufmerksamkeit des Bedienungspersonals;
man kann ihn auf 7 bis 15 kg pro Tonne Schmelzgut schätzen.

Die Wirtschaftlichkeit des Ofenbetriebes hängt natürlich von allen,
die Erzeugungskosten beeinflussenden Faktoren, sowie von den zu erzeugenden Qualitäten, bzw. den dafür erzielbaren Preisen ab, und muß
in jedem einzelnen Falle besonders untersucht werden; ausschlaggebend
ist allerdings in den meisten Fällen die Höhe des Strompreises.

Die folgende Tabelle gibt eine Übersicht über die Möglichkeit der
wirtschaftlichen Erzeugung verschiedener Stahlqualitäten bei gegebenen
Strompreisen.

Nachstehende Angaben können nur als allgemeine Anhaltspunkte dienen;
als bindend können nur von Fall zu Fall aufgestellte Rentabilitätsberech-
nungen angegeben werden.

Strompreis für die kWh	Schrottpreis	Einsatz	Qualitäten, welche wirtschaftlich erschmolzen werden können
bis zu 1 Pfg.	normal	kalter Schrott	gewöhnliche Handelsqualität
1—2 »	gering	» »	» »
2—3 »	normal	» »	mittlere, d. i. besser bezahlte Qualität
2—4 »	—	flüssiges Thomas- oder Martineisen	mittlere, d. i. besser bezahlte Qualität
4—5 »	normal	kalter Schrott	Werkzeugstahlqualität
4—5 »	gering	» »	mittlere Qualität
6—7 »	—	flüssiges Thomas- oder Martineisen	Werkzeugstahlqualität

Die folgende Tabelle gibt eine Übersicht über die erforderliche elektrische Leistung bei verschiedenen Ofengrößen, sowie den sich bei verschiedener Arbeitsweise ergebenden Stromverbrauch für Heroultöfen.

Ofengröße	Erforderliche Dynamoleistung	Durchschnittlicher Stromverbrauch		
		bei kaltem Einsatz	bei flüssigem Einsatz	
			mit einmaligem	ohne Abschlacken
1 000 kg	300 kW	1000 kWh	475 kWh	320 kWh
2 000 »	400 »	920 »	400 »	280 »
3 000 »	500 »	850 »	340 »	240 »
4 000 »	600 »	800 »	300 »	210 »
5 000 »	700 »	750 »	270 »	190 »
6 000 »	800 »	725 »	250 »	175 »
8 000 »	1000 »	675 »	225 »	150 »
10 000 »	1200 »	650 »	200 »	120 »
12 000 »	1500 »	625 »	190 »	110 »
15 000 »	2000 »	600 »	180 »	100 »

Die Angaben für die erforderliche Dynamoleistung schließen eine Reserve in sich; ebenso sind die Stromverbrauchszahlen reichlich bemessen und im praktischen Betrieb zum Teil unterschritten worden.

Die Stromverbrauchszahlen für kalten Einsatz beziehen sich auf einmaliges Abschlacken; nur in Ausnahmefällen ist ein zweimaliges Abschlacken erforderlich.

Bei flüssigem Einsatz muß dann abgeschlackt werden, wenn der Einsatz noch weiter gefrischt (insbesondere entphosphort) werden soll. Ist das nicht nötig, so kann der Stahl ohne Abschlacken fertig gemacht werden.

Der Heroultofen wird von der Elektrostahl-Gesellschaft m. b. H. in Remscheid-Hasten gebaut.

Die Fig. 62 und 63 veranschaulichen die konstruktive Ausführung eines Heroultofens mit zwei Elektroden für Einphasen-Wechselstrom, wie ihn die oben genannte Firma ausführt.

Über die Wirtschaftlichkeit des Heroultofens gibt Dr. Geilenkirchen in einem Vortrage [1]) einige interessante Zahlen an. Es seien nachstehend einige Ausführungen dieses Vortrages wiedergegeben:

Es fragt sich, inwieweit der Elektroofen noch den anderen in der Gießerei gebräuchlichen Stahlschmelzöfen Konkurrenz machen kann. Es kommen hier zwei Momente in Betracht: Einmal fragt es sich, ob für bestimmte Stahlformstücke Qualitätsanforderungen gestellt werden müssen, die im gewöhnlichen Ofen nicht mehr erreicht werden können, für die man aber gern einen höheren Preis zahlt. In diesem Falle würde der

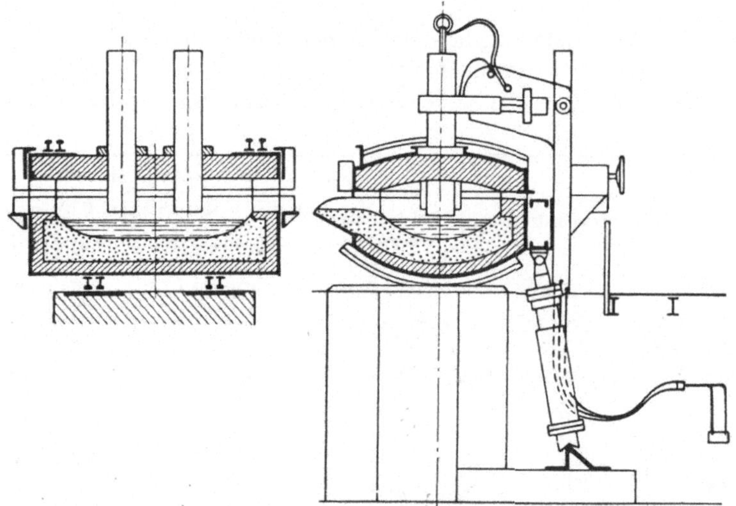

Fig. 62 und 63. Längs- und Querschnitte durch einen Heroultofen.

Elektroofen auch dann vorteilhaft sein, wenn er nicht ganz so billig arbeitet wie z. B. ein Martinofen. Andererseits fragt es sich, ob nicht unter Umständen auch für gewöhnliche Stahlqualitäten der Elektroofen ebenso billig arbeiten kann wie der Martinofen, und in diesem Falle würde dem elektrischen Ofen wegen der Erzeugung besserer Qualitäten einerseits und wegen seiner größeren Betriebssicherheit andererseits der Vorzug zu geben sein.

Nun läßt sich ja natürlich ein derartiger Vergleich zwischen den Selbstkosten des einen oder anderen Verfahrens nicht allgemein aufstellen, sondern es müssen von Fall zu Fall die einzelnen Momente, welche die Kosten beeinflussen, berücksichtigt werden. In erster Linie spielt hierbei der Strompreis eine Rolle. Wenn man mit etwa 700 bis

---

[1]) Erschienen in der Gießerei-Zeitung 1913, Nr. 12, 13, 14 und 15.

800 kW-Stunden (kWh) Stromverbrauch für die Tonne rechnet, so ergibt sich hieraus bei einem Pfennig Unterschied im Kilowattstundenpreis für die Selbstkosten des Stahles ein Unterschied von 7 bis 8 M., der natürlich geeignet ist, die Wagschale zugunsten des einen oder anderen Verfahrens zu verschieben. Dann kommt es auch in sehr großem Maße auf die Größe des Ofens an, und in dieser Beziehung sei behauptet, daß, je kleiner die Produktion des betreffenden Stahlwerkes ist, je kleiner also der Ofen gewählt werden muß, der Elektroofen dem Martinofen gegenüber im Vorteil ist. Es seien in folgender Zahlentafel einige überschlägliche Ziffern genannt, mit denen man beim Betrieb einer Elektrostahlanlage rechnen kann, und zwar seien die Verhältnisse einmal für einen 3 t- und das andere Mal für einen 10 t-Ofen geprüft.

	3 t-Ofen M.	10 t-Ofen M.
Einsatz 1000 kg	60,00	60,00
Abbrand	5,00	5,00
Zuschläge	2,00	2,00
Desoxydation	3,00	3,00
Stromverbrauch, kWh a 4 Pfg. . .	30,00	28,00
Elektrodenverbrauch	3,00	3,00
Ofenerhaltung.	2,00	1,00
Löhne	2,00	0,70
Verzinsung.	3,00	1,30
in Summa	110,00	104,00

Die Voraussetzung soll sein, daß der Ofen mit Drehstrom gespeist wird, den er aus irgend einer Überlandzentrale bekommen kann, an die er mittels eines ruhenden Öltransformators angeschlossen wird. Unter dieser Voraussetzung kostet die Ofenanlage eines 3 t-Ofens einschließlich des Transformators, der Schalteinrichtungen und Stromverbindungen etwa 50 bis 60 000 M., ein 10 t-Ofen unter gleichen Voraussetzungen etwa 80 bis 90 000 M[1]). Es soll nun angenommen werden, daß der Ofen nur bei Tage in Betrieb ist und täglich drei Chargen macht. Das würde für einen 3 t-Ofen eine jährliche Produktion von 2700 t, für einen 10 t-Ofen eine solche von 9000 t ergeben, und wenn man die Anlage-kosten in 10 Jahren abschreiben will, und außerdem 5 % Verzinsung, also im Mittel etwa 13 % rechnet, so würden im ersten Falle jährlich 13 % von 60 000 M. = 7800 M., im anderen Falle jährlich 13 % von 90 000 M. = 11 700 M. aufzubringen sein, also eine Tonnenbelastung von ungefähr 3 Mk. bzw. 1,30 Mk. Rechnen wir nun den Einsatz zu 60 M. und einen Abbrand von 8 %, so daß der Gesamteinsatz für die eine Tonne auf 65 Mk. zu stehen kommt, so ergibt sich bei einem Strom-

---

[1]) Unter Annahme normaler Verhältnisse.

kostenpreise von 4 Pfg. für die kWh, mit dem man wohl heute bei großer Stromabnahme bei den Überlandzentralen rechnen kann, für den 3 t-Ofen ein Selbstkostenpreis von 110 M. für die Tonne und beim 10 t-Ofen von etwa 104 M. für die Tonne.

Diese rein überschläglichen Ziffern, die man ja auf Grund der Einzelzusammenstellungen für die Spezialverhältnisse nachkorrigieren kann, zeigen zur Genüge, daß der Elektrostahl in vielen Fällen, insbesondere bei kleinen Anlagen, nicht teurer wird als z. B. Martinstahl, und es läßt sich wohl aus den bisherigen Ausführungen ohne weiteres der Schluß ziehen, daß es wohl mehr oder weniger für jede Stahlgießerei wichtig genug wäre, ihre besonderen Verhältnisse einmal einer Prüfung dahingehend zu unterwerfen, ob die Qualitätsanforderungen an ihren Stahl oder die wirtschaftlichen Verhältnisse nicht eine eingehende Beschäftigung mit der Frage der Elektrostahlerzeugung notwendig machen.

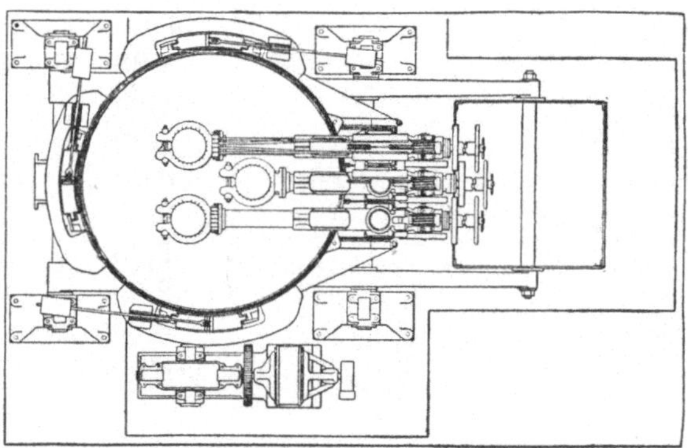

Fig. 64. Grundriß durch einen 1 t-Heroultofen.

Nach den wirtschaftlichen Betrachtungen des Heroultofens wollen wir uns nochmal der Ofenkonstruktion selbst zuwenden, und da ist noch zu sagen, daß der Heroultofen gewöhnlich für Einphasenwechselstrom von niederer Frequenz — 25 bis 35 Perioden — gebaut worden ist. Die neueren Öfen dagegen werden hauptsächlich für Drehstrom ausgeführt. Da den Hüttenwerken, Überlandzentralen u. dgl. als Stromart zumeist nur Drehstrom zur Verfügung steht, dürfte es sich damit begründen lassen, daß die neueren Öfen für Drehstrom gebaut werden.

Es sei nachstehend noch ein kleiner Heroultofen = Drehstromofen von 1000 kg Fassungsvermögen beschrieben[1]), der vor einiger Zeit in einer Stahlgießerei in Lebanon, Pa. (U. S. A.) dem Betriebe übergeben worden ist.

Der Ofen ist in den Fig. 64 und 65 veranschaulicht. Die Fig. 64 zeigt den Grundriß des Schmelzofens und die Fig. 65 einen Schnitt durch denselben mit der Kippvorrichtung. Der Ofen beansprucht etwa 250 kW.

---

[1]) Siehe Gießerei-Zeitung 1916, Nr. 2.

und wird mit dreiphasigem Drehstrom von 60 Perioden und 100 Volt Spannung betrieben, so daß er im Lichtbogen etwa 45 Volt Spannung hat. Entgegen der früher von verschiedenen Seiten ausgesprochenen Annahme, bei so kleinen Öfen müßten die Elektroden mehr am Umfange des Herdes angeordnet werden, sind sie hier, gleichwie bei den großen Anlagen zum Schmelzen und Feinen von Stahl, ziemlich in der Mitte oberhalb des Herdes angeordnet. Besondere Sorgfalt wurde der Elektrodenführung und Bewegung sowie der Kippvorrichtung gewidmet. Die Elektroden laufen mit Gewinden in wassergekühlten Haltern, die durch rechts- und linksgängige Schrauben gelockert oder festgeklemmt werden. Zur Wahrung eines gleichmäßigen Abstandes der Elektrodenenden von der Oberfläche des Stahlbadesi st ein selbsttätiger Thury-Regulator eingebaut, der sich von den sonst gebräuchlichen Abstandsreglern durch seine abwechselnd den Hebe- und den Senkmotor beeinflussende Tätig-keit unterscheidet. Jede auf den einen oder anderen Motor wirkende Anregung hebt oder senkt die Elektrode um $1^1/_2$ mm. Infolgedessen sind plötzlich starke Bewegungen der Regulatoren ausgeschlossen; selbst wenn das Metall bald stark ins Kochen geraten ist, oder wenn ein großes Stück Alteisen Störungen zu verursachen droht, bleiben die Stromregulierung und der Elektrodenabstand ganz genau geregelt. Die Regulierapparate sind so am Ofen untergebracht, daß sie auch während des Füllens, Entleerens oder Nach-füllens von dem diese Arbeiten aus-

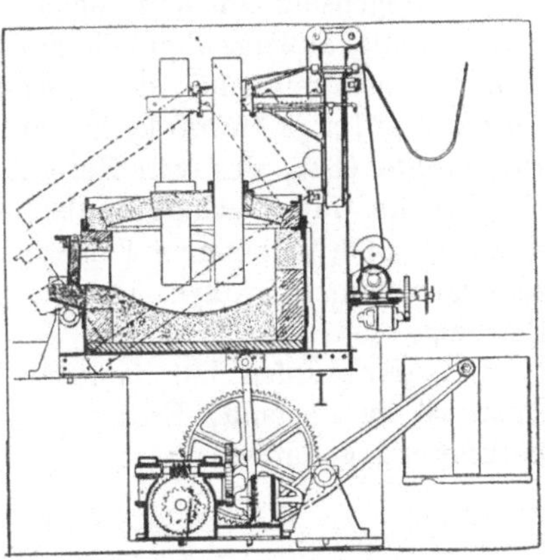

Fig. 65. Schnitt durch einen 1 t-Heroultofen.

führenden Mann leicht übersehen werden können; in jedem Arbeitsabschnitte läßt sich die gerade aufgewendete Strommenge in Kilowatt ablesen. Die Thury-Regulatoren können leicht ausgeschaltet werden, worauf sich die Elektroden durch unmittelbare Betätigung ihrer Motoren innerhalb ihrer Hubbegrenzungen rasch auf- und abbewegen lassen. Schließlich sind auch die Bewegungsmotoren ausschaltbar, um nötigenfalls die Elektroden mit Hilfe von Kurbelrädern von Hand bewegen zu können.

Der Kippmechanismus hat einige Ähnlichkeit mit den für Piatöfen ausgeführten Einrichtungen. Unmittelbar unter dem Ausgießlauf läuft die in zwei mit dem Ofen fest verbundenen Lagerböcken drehbare Kipp-achse. Durch diese Anordnung bleibt die Ausflußstelle während des Abgießens praktisch an demselben Punkte und der ganze Ofeninhalt kann entleert werden, ohne daß die unter die Ausflußtülle gesetzte Form oder Pfanne irgendwie verrückt werden müßte. Für die Kipparbeit ist unterhalb des Ofens ein eigener Motor eingebaut (siehe Fig. 65). Da das ganze Gewicht des Ofens gehoben werden muß, ist ein Gewichtsausgleich durch ein Gegengewicht vorgesehen. Dieses Gegengewicht besteht aus einem Blechkasten, der mit Roheisen bis zum guten Gewichtsausgleich gefüllt wird. Der Antriebsmotor wirkt auf ein Schneckenradgetriebe von dem aus der das Gegengewicht tragende Hebel durch zwischengeschaltete Stirngetriebe gehoben und gesenkt wird; die Übertragung der Bewegung auf den Ofen vermittelt ein Gesenkhebel.

Jede Schmelzung wird mit zwei Schlackendecken durchgeführt; die erste dient der Verflüssigung des Stahles, die zweite dem Entphosphoren, Entschwefeln und der Beseitigung des Sauerstoffes. Eine Schmelzung erfolgt in ungefähr $3^1/_2$ bis 4 Stunden und liefert Stahl von jedem gewünschten Kohlenstoff und vorzüglicher Dünnflüssigkeit. Alle wie immer gearteten Abgüsse, die früher aus dem Tiegel gegossen wurden, lassen sich ohne Schwierigkeiten auch aus dem Heroultofen gießen.

Im Gegensatz zu dem eben beschriebenen kleinen Ofen kommen von Heroult außergewöhnlich große Öfen zur Anwendung. So befinden sich beispielsweise bei der Societa Tubi Mennesmann, Dalmine zwei Heroultöfen für je 15000 kg Einsatz zur Herstellung von nahtlosen Rohren. Der größte Ofen, der von Heroult bisher ausgeführt sein dürfte, wird der für die Gewerkschaft Deutscher Kaiser in Bruckhausen im Bau befindliche Ofen mit einem Fassungsvermögen von 30 t sein. Für diese außergewöhnlich großen Einheiten kommt in der Regel Drehstrom in Betracht.

Der Heroultofen hat hauptsächlich in den Vereinigten Staaten von Amerika, in England, Frankreich, Deutschland und Österreich-Ungarn Verbreitung gefunden.

2. Der Kellerofen.

Während Heroult bei seinem Ofen den Strom zwingt, von der einen Elektrode durch die darunter befindliche Schlacke zum Metall und von diesem durch dieselbe Schlackenschicht zur anderen Elektrode zu gehen, strebt Keller mit seinem Ofen an, den Strom durch das ganze Metallbad zu leiten. Er benutzt hierzu einen elektrisch leitenden Boden als Stromrückgang, während für den Stromeintritt, über dem Bad befindliche Elektroden angeordnet werden. Es handelt sich demnach auch hier um einen Lichtbogen-Widerstandsofen.

Der von Charles Albert Keller, Paris, konstruierte Ofen[1] zur Herstellung von Stahl und schmiedbaren Metallen, soll unter Benutzung der deutschen Patentschriften kurz beschrieben werden.

Die Erfindung des Kellerofens besteht im wesentlichen darin, daß der leitende Kohlenboden durch einen erst bei höherer Temperatur

---

[1] D. R. P. Nr. 219575 und 252528. Das letzte ist ein Zusatzpatent zum ersten und schützt ein Bodengemenge von Leitern 1. und 2. Klasse. Der Boden wird mit einer Masse aus metallischen und feuerbeständigen Stoffen überdeckt (Feilicht und Magnesia).

leitenden kohlenstofffreien Boden ersetzt ist, infolgedessen das Produkt nicht Kohle aufnimmt wie bei den Böden, die aus Kohle bestehen.

In Fig. 66 stellt 1 ein Stabbündel aus Eisen dar, das mit einer Platte 2, die die Stäbe an ihrem unteren Ende verbindet, einen einheitlichen Körper bildet, der den elektrischen Strom zuführt. Zwischen den Stäben, und rings um das Bündel, befindet sich ein fest eingestampfter und feuerbeständiger Damm 3, zweckmäßig aus Magnesia. Der so geschaffene Boden ist in einen metallischen Kasten 4 eingesetzt, von dessen Wänden er durch ein feuerbeständiges Mauerwerk 5 isoliert ist. Dieser Boden, dessen leitender Querschnitt teils aus Metall, teils aus feuerbeständiger Masse besteht, ist also derart gestaltet, daß er ausreichenden Widerstand bei der höchsten Temperatur des im Ofen befindlichen Materials, mit dem er in Berührung kommt, zu bieten vermag. Dessenungeachtet ist er infolge des Umstandes, daß er Eisenteile enthält, ein auch bei niedrigen Temperaturen den Strom gut leitender Körper.

Dieser Boden ist wegen seiner Eigenschaften besonders für die Behandlung der Metalle, beispielsweise des Schmelzgusses und des Stahles, geeignet, und bietet noch den Vorteil, daß er feuerbeständig ist und wegen der Eisenstäbe, die er enthält, unter dem Druck der auf ihm lastenden Produkte sich nicht verbiegt.

Würde man in den bekannten Öfen den Kohlenboden durch einen nur bei hoher Temperatur wärmeleitenden Boden ersetzen, so müßte der Boden, da er zunächst nichtleitend ist, künstlich angeheizt werden, was Schwierigkeiten bereitet.

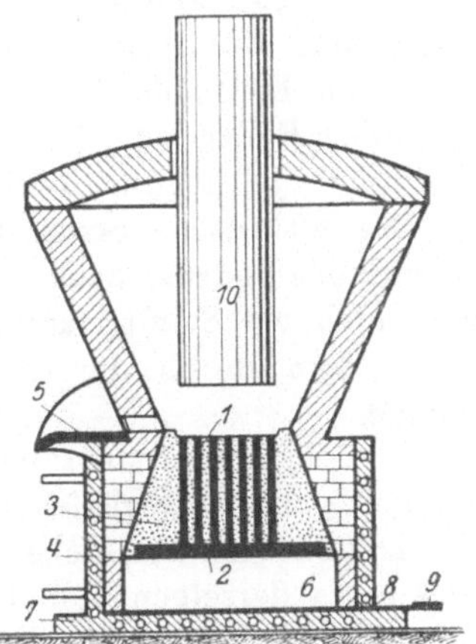

Fig. 66. Prinzip des Kellerofens.

Dagegen ist es klar, daß bei dem ausgebildeten Boden die ihn durchdringenden Stäbe 1 so lange, bis der Boden leitend geworden ist, zunächst allein die Stromleitung übernehmen. Da sie aus Eisen bestehen, sind sie ohne chemischen Einfluß auf die Behandlung des Gußmetalles oder des Stahles.

Dabei kann der obere Teil der Stäbe in Schmelzung übergehen, ohne Nachteile hervorzurufen, da dann die geschmolzene Masse in einer Mulde des Bodens ruht uud nicht entweichen kann. Jede Masse wird beim Erkalten des Ofens wieder fest und nimmt ihren normalen Zustand wieder an. Selbst dann, wenn sie geringer wird, wird sie durch einen entsprechenden Teil des im Ofen behandelten Materials, welches die Mulden ausfüllt, wieder ersetzt.

Bei Behandlung anderer Metalle wird man im Boden entsprechend andere Metallstäbe vorsehen, z. B. wird man bei Behandlung von Kupfer kupferne Stäbe verwenden, wobei dieselben Wirkungen auftreten, wie sie bei Behandlung von Eisen und Stahl oben geschildert sind.

Es ist selbstverständlich, daß die äußeren Metallwände 4, die den beschriebenen Teil des Ofens umfassen, genügend weit vom Herd entfernt sein müssen, damit sie vor zu großer Hitze geschützt bleiben. Auf jeden Fall kann man sie durch eine Wasserzirkulation kühlen und dadurch die beschriebene Sohle des Ofens um so sicherer schützen.

Die Platte 2, welche die Stäbe 1 miteinander verbindet, ist auf ein Lager 6 von mehreren Elektroden aus Kohlen o. dgl. gestützt, die flach auf einem starren Metallboden 7 aufruhen, der gleichfalls durch Wasser gekühlt werden kann. Kupferplatten, die zwischen den Elektroden liegen, verbinden diese mit dem Austrittsstab 9 des Stromes.

Die Zahl der senkrechten Elektroden 10 kann beliebig groß sein, und auch die Sohle kann statt eines mehrere Stabbündel enthalten, deren Zahl verschieden sein kann von der der senkrechten Elektroden.

Der Ofen kann unmittelbar in den Strom geschaltet werden, und zwar ohne Kunstgriff, indem man die Elektrode auf den Herd senkt, denn die Elektrode tritt in kaltem Zustand des Ofens in Verbindung mit allen Enden der Stäbe, die gleichmäßig in dem Teil des Bodens, der unter ihr liegt, verteilt sind.

Der elektrische Strom fließt gleichmäßig durch den ganzen Querschnitt des Bodens, denn alle metallische Stäbe sind parallel geschaltet, und auch die Stampfmasse, die in inniger Verbindung mit den Stäben steht, wird durch die Erwärmung rasch in ihrer ganzen Ausdehnung leitend.

In dem Herdsystem mit vereinzelt angeordneten metallischen Polstücken geht im Gegenteil der Strom durch den Boden vorwiegend durch die metallischen Polstücke; er verteilt sich darin nach dem Widerstand, den jedes derselben dem Durchgang des Stromes bietet. Die Ungleichheit der Stromverteilung kann entstehen und selbst bestehen bleiben, wenn eines der Polstücke, z. B. nach einem Abstich des Ofens, mit sehr schwer schmelzbarer Schlacke bedeckt bleibt; das Polstück kann in dieser Weise praktisch außer Strom gesetzt werden, was dann eine unregelmäßige Verteilung der Intensität im Boden des Ofens zur Folge hat. Dies ist nicht möglich mit dem gemischten, einzigen und homogenen Pol, welcher die vorliegende Erfindung darstellt, und einen Block von gleichmäßiger Leitfähigkeit verwirklicht.

In dem System bewirkt das gleichmäßige Fließen des Stromes durch den ganzen Querschnitt des gleichmäßig leitenden Herdes, ein nicht weniger gleichmäßiges Fließen des Stromes durch das Bad, das den Herd bedeckt. In dem System mit in den Boden versenkten, vereinzelt angeordneten Polstücken hingegen, durchfließt der Strom das Bad in Bündeln, die sich in bestimmten Richtungen von dem unteren Teil der beweglichen oberen Elektrode nach jedem Polstück einstellen. Außerdem wird sich bei letzterem System, in viel höherem Maße der Umstand geltend machen, daß die Ausdehnungs- und Kontraktionsbewegungen der metallischen Leiter sich sehr unterscheiden von denjenigen der umgebenden feuerfesten Masse. Der Mangel an Einheit und der Zusammensetzung eines so ausgebildeten Ofenbodens wird oft Spalten und Risse im Boden oder leere Räume rings um die Polstücke herbeiführen, in die das flüssige Metall eindringt.

Bei dem beschriebenen Ofen ist der Boden aus feuerbeständigem und metallischem Material zusammengesetzt. Der metallische Teil wird von einem Bündel senkrechter Stäbe gebildet, die in eine Stampfmasse aus feuerbeständigem Material derart eingebettet sind, daß die oberen Kanten der Stäbe mit der Bodenfläche bündig liegen, während die unteren Enden der Stäbe durch einen leitenden Sammler verbunden sind.

Der so gebildete halbmetallische und halbfeuerbeständige Block wird in einem metallischen Gerippe gehalten.

Wenn der obere Teil eines solchen leitenden Bodens sich abzunutzen beginnt, der Herd also tiefer wird, so kann es bei weiterem Gebrauche des Ofens unmöglich werden, den Boden wieder auf sein ursprüngliches genaues Niveau zu bringen, da zu diesem Zwecke die Stäbe verlängert werden müßten, was bei der hohen Temperatur, die der Ofen nach beendetem Gusse aufweist, nicht möglich ist.

Auf diese Weise kann es vorkommen, daß eine gewisse Menge des flüssigen Metalles sich nicht entleeren läßt. Endlich kann die sich bildende Vertiefung im Boden für den Betrieb des Ofens gefährlich werden und den Ersatz des leitenden Bodenmaterials erfordern, zu welchem Zwecke der Ofen außer Betrieb gesetzt werden muß.

Diese Nachteile müssen jedoch vermieden werden.

Zu diesem Zwecke wird eine geeignete nichtleitende Masse, die z. B. aus Magnesia besteht, innig mit einer gewissen Menge kleiner Metall-, z. B. Eisenstückchen, gemengt. Es kann beispielsweise die Masse aus einem Gemisch von feinkörniger Magnesia mit Eisenfeilicht bestehen, wobei diese beiden Materialien durch Teer o. dgl. vereinigt werden.

Diese halbmetallische und halbfeuerbeständige Masse wird auf den Boden 3 des Ofens 4 gebracht, auf dem sie mittels einer Eisenschiene festgestampft wird, so daß die Masse alle Löcher des Bodens bis zu dessen ursprünglicher Höhe ausfüllt.

Der so ausgebesserte Boden verhält sich vollkommen wie ein neuer. Der Boden des Herdes hat dieselbe Höhe wieder angenommen, und die Leitungsfähigkeit hat sich nicht geändert, denn der elektrische Strom findet in der neuen Komposition Leiter derselben Ordnung wie sie im eigentlichen Boden vorhanden sind, nur in einem anderen physikalischen Zustande.

Zum elastischen Verbinden der Lichtbogen benutzt Keller eine eigens hierfür konstruierte Vorrichtung[1]), die noch kurz beschrieben werden soll.

Die auf und nieder gehenden Bewegungen, der für die elektrischen Schmelzöfen verwandten Elektroden, insbesondere für solche mit senk-

---

[1]) D. R. P. Nr. 194897.

recht angeordneten Elektroden, erfordern die Verwendung einer elastischen oder nachgiebigen Verbindung der Elektroden mit der Stromzuführungsleitung. Man verwendet bislang für diesen Zweck gewöhnlich ein reichlich lang bemessenes und elastisches Zwischenkabel. Letzteres nimmt indessen reichlich viel Platz weg und ist auch insbesondere hinderlich für solche Schmelzöfen mit mehreren senkrecht angeordneten Elektroden, zumal dann, wenn diese sowohl für die Stromzuführung, als auch Stromabführung dienen. In diesem letzteren Falle hat man insbesondere auch ständig die Gefahr eines Kurzschlusses zu befürchten.

Die Erfindung vermeidet alle diese Übelstände, und hat zum Gegenstand eine solche elastische Verbindung der Elektroden mit der Stromzuführungsleitung, welche, praktisch genommen, fast nicht mehr Raum beansprucht als die Elektrode selbst.

Die Vorrichtung besteht, wie aus der Fig. 67 ersichtlich ist, aus einzelnen dünnen, beispielsweise $1/_2$ mm dicken und äußerst biegsamen Blattfedern aus Kupfer, die bündelartig zusammengefaßt sind und an ihrem oberen Ende mit der fest angeordneten Stromzuführungsleitung, an ihrem unteren Ende, mit der Kopfplatte der Elektrode verbunden sind.

Diese Blattfedern sind in zwei symmetrisch zueinander angeordnete Bündel zusammen

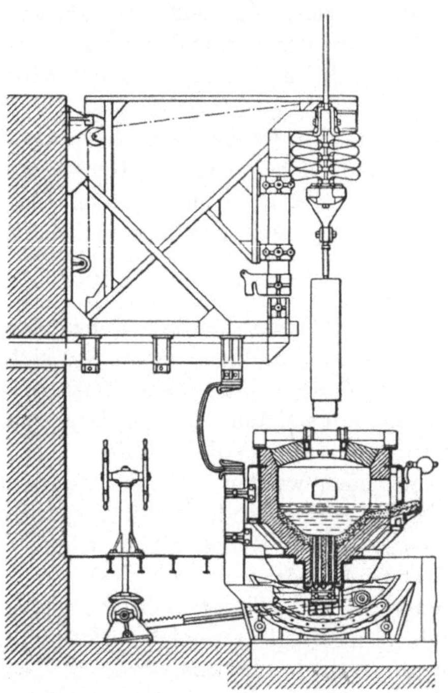

Fig. 67. Schnitt durch einen Kellerofen.

gefaßt und auf ihrer ganzen Länge an mehreren Knotenpunkten mittels Schnürringen miteinander vereinigt.

Zu jeder Seite der Kopfplatte der Elektrode ist eine Führungsstange vorgesehen, welche in einem Rohr geführt wird. Dieses ist mit dem obersten Schnürring fest verbunden, so daß auf diese Weise bei auf und nieder gehender Bewegung der Elektrode diese Blattfedern ebenfalls in senkrechter Richtung entweder zusammengepreßt oder auseinandergezogen werden.

Die einzelnen Knotenpunkte bestimmen hierbei die Formgebung der Blattfedern, welche je nach der Elektrode mehr oder weniger flache Ausbauchungen bewirken.

Auf diese Weise erhält man eine äußerst einfache und wirksame elastische Verbindung zwischen der Elektrode und der Stromzuführungs-

leitung, wobei in keiner Weise die Gefahr eines Kurzschlusses zu befürchten und gleichzeitig die elastische Verbindung ebenfalls nicht von
den Flammen des Ofens gefährdet ist.

Der Kellerofen hat vorzugsweise in Italien Verbreitung gefunden. Er
dient hauptsächlich zur Herstellung von Stahlformguß und Spezialstählen.
Gebaut wird er von $1/2$ bis 15 t Fassungsvermögen. Als Stromart kommt,
unter Verwendung einer Lichtbogenelektrode, Einphasenwechselstrom
in Betracht. Der Kellerofen arbeitet mit kaltem als auch flüssigem
Einsatz.

3. Der Girodofen.

Ähnlich wie der Kellerofen ist der Girodofen ausgebildet. Auch
beim Girodofen wird angestrebt den Strom durch das ganze Metallbad
zu leiten, unter Anwendung von Lichtbogen- und Bodenelektroden.

Der Girodofen[1] eignet sich insbesondere zum Einschmelzen von kalt
eingesetztem Material. Das ist bekanntlich in solchen Stahlgießereien
von Interesse, die nur über eine geringe Anzahl Martinöfen verfügen,
jedoch häufig die Qualität wechseln und z. B. von einem legierten Stahl,
der Chrom, Wolfram oder Nickel enthält, auf einen reinen Kohlenstoff-
stahl übergehen wollen oder umgekehrt.

Die Erhitzung erfolgt durch Lichtbogen- und Bodenelektroden, und
zwar in der Weise, daß eine oder mehrere Elektroden von oben in den
Herd hineinragen, während im Boden Stahlelektroden eingebaut sind,
die in das Bad führen und den oberen Elektroden gegenüberstehen (siehe
Fig. 28). Der Strom durchfließt also den Einsatz, so daß neben den
Lichtbogenwirkungen eine Widerstandsheizung in Erscheinung tritt. Wir
haben es also auch hier mit zwei Beheizungen zu tun. Der Girodofen
zählt demnach ebenfalls zu den Lichtbogen-Widerstandsöfen. Der Strom
geht durch die Bodenelektroden, dann durch das leitende Metallbad,
um als Lichtbogen auf die obere Kohleelektrode überzuspringen. Infolgedessen wird im Innern des Bades eine Widerstandsbeheizung erzeugt, und an der Badoberfläche eine kräftige, intensiv wirkende Lichtbogenbeheizung.

Beim Girodofen wird angestrebt, einen bestimmten Stromverlauf und
eine bestimmte Stromstärke annähernd zu erhalten. Auch sollen Elektrodenkurzschlüsse und dgl. vermieden werden. Um dies zu erreichen,
müßte der Girodofen jedoch nur mit je einer über dem Schmelzraum
befindlichen, und mit einer im Boden des Ofens eingebauten Elektrode
ausgebildet sein.

Tatsächlich hat die Gutehoffnungshütte[2] in Oberhausen einen Versuchsofen, Bauart Girod, von 3 t Einsatz aufgestellt, welcher mit nur

---

[1] D. R. P. Nr. 232074, 267968.
[2] Siehe Aufsatz: Erfahrungen in der Elektrostahlerzeugung im Girodofen
von Dr.-Ing. A. Müller, Stahl und Eisen 1911, Nr. 29 u. 31.

einer Lichtbogenelektrode ausgebildet ist. Die Ansicht dieses Ofens ist in Fig. 68 wiedergegeben [1]).

Das einfache Konstruktionsprinzip des Girodofens hat sich nach den Angaben des Herrn Dr. Müller derart bewährt, daß in Oberhausen keine wesentlichen Abänderungen vorgenommen werden mußten. Abgesehen von der konstruktiv gefälligeren Durchbildung einiger Teile, und einer möglichst weitgehenden Anlehnung an die Form des Siemens-Martinofens, wurde der Stromanschluß für die Herd- und Kohleelektrode, sowie die Auf- und Abbewegung der letzteren, durch seitlich angebrachte Gegen-

Fig. 68. Ansicht eines 3 t-Girodofens.

gewichte verbessert, so daß sie sich nun spielend leicht vollzieht. Die elektrische Kraft liefert ein Drehstromeinphasenumformer, bestehend aus dem Asynchronmotor 3000 V, 95 A, 575 PS dauernd, Leistungsfaktor 0,92, und der einphasigen Wechselstrom liefernden Dynamo 75 V, 6700 A, 25 Perioden, 500 kW dauernd, Leistungsfaktor 0,8, mit Erregermaschine. Diese sind, wie sämtliche Hochspannung führenaen Teile, in einem vom Ofen getrennten Nebenraum untergebracht. Die Stromverhältnisse lassen

---

[1]) Wie der Verfasser in Erfahrung bringen konnte, ist der Ofen seit einiger Zeit wieder außer Betrieb gesetzt worden. Die Gründe hierfür konnten nicht in Erfahrung gebracht werden.

sich leicht vom Ofen aus durch den Stand der Ampere- und Voltmeter im Niederspannungsstromkreise und dem Kilowattstundenzähler im Hochspannungsstromkreise überwachen. Außer dem Magnetfeldregler enthält die Ofenschalttafel den Erregerstromregler für die Ofenspannung, die Hand- und Selbstregelung für die Elektrode und die Ofenkippvorrichtung. Für eine günstige Wirtschaftlichkeit im Stromverbrauche beim Elektroschmelzverfahren ist die Anordnung der elektrischen Leitungen von größter Wichtigkeit, da die Art der Einschaltung des ganzen Eisenbades in den Stromkreis, und die Stromzu- und -ableitung ohne merkliche Stromverluste induktiver oder elektrodynamischer Ursache, gewisse elektrotechnische Schwierigkeiten bietet.

Die Stromzuführung zur Kohle- und Bodenelektrode hat in der Praxis, teils durch örtliche Verhältnisse, teils aus Sparsamkeitsrücksichten der teuren Kabel wegen, verschiedene Ausführungsformen erhalten, die im folgenden kurz besprochen werden sollen. Es sind drei Anordnungen gebräuchlich:

In Anordnung 1 hat man den kürzesten Kabelweg vom Umformeraggregat zur Kohle- nnd Stahlelektrode gewählt; sämtliche stromführenden Kabel liegen auf der der Stromquelle zugewandten Ofenseite.

In Anordnung 2 ist die eine Zuführung in zwei Hälften geteilt, die parallel zueinander vom Kabelkanal aus dem Ofengehäuse entlang in die Kohleelektrode münden. Die Stahlelektrode ist auf dem kürzesten Wege mit dem Stromtransformator verbunden.

In Anordnung 3 ist die Zuleitung zur Kohleelektrode symmetrisch gelegt, und die Stahlelektrode durch das ganze Ofengehäuse von zwei Seiten durch Kabel in den Stromkreis eingeschaltet worden.

Die Stromzuführung zur Kohleelektrode ist wie bei Anordnung 2 geteilt. Im Gegensatz zu Anordnung 1 und 2, bei denen die Stahlelektroden vom Ofengehäuse isoliert waren, also nur das Metallbad in den Stromkreis eingeschlossen war, sind sie hier mit dem Ofengehäuse leitend verbunden. Die Stromabführung erfolgt durch den, zu beiden Seiten der Ofenwanne angelegten Kabelanschluß. Bei der Anordnung 1 und 2, wie sie bei den früher gebauten Öfen zu sehen ist, hat man die Beobachtung gemacht, daß der Lichtbogen sehr stark abgelenkt wird, was neben einem ungleichseitigen Erwärmen des Stahlbades, eine frühzeitige Zerstörung der senkrecht über dem Flammenbogen stehenden Gewölbseite und der stärker bestrahlten Ofenseite zur Folge hatte, und zwar derart, daß diese Ofenteile oft nur die halbe Lebensdauer der entsprechenden anderseitigen Ofenzustellung erreichten. Bei Anordnung 3 sind diese Nachteile beseitigt. Siehe auch Fig. 69 und 70.

Die Ströme hoher Dichte und geringer Spannung, mit denen der Girodofen arbeitet, bringen in den Leitungen sehr leicht große Verluste mit sich, die einerseits durch den Widerstand der Leitungen, andererseits durch Induktion bedingt sind. Es ist deshalb ganz erklärlich, daß man, um diese Verluste zu vermeiden, zur kürzesten Kabellänge nach

Anordnung 1 gekommen ist, da ja auch diese Bauart durch Kabelersparnis die billigste und einfachste ist. Die durch das fortwährende Ausblasen des Flammenbogens nach der, der Zuleitung entgegengesetzten Seite hin hervorgerufene Zerstörung der Ofenwand und des Gewölbes war jedoch so stark, daß man der häufigen, kostspieligen Ofenzustellung gern jede größere Kabellänge und den damit verbundenen größeren Stromverlust opferte. Man konnte ja die Ohmschen Verluste durch entsprechende Bemessung der Zuleitungen und die induktiven Verluste durch zweckmäßige Anordnung herabdrücken und dafür sorgen, daß der Lichtbogen, der den Gesetzen vom Strom durchflossener metallischer Leiter folgt, durch Beseitigung der elektrodynamischen Wirkungen senkrecht nach unten ausbläst. Man wird also in erster Linie die Periodenzahl des Wechselstromes möglichst niedrig halten und Ofenbaumaterial von großer Permeabilität vermeiden, sowie ferner versuchen, die Eisenmassen möglichst vom Stromkreise auszuschließen. Das einseitige Ausblasen des Lichtbogens wurde durch die Anordnung 3 verhindert, indem man die Zuleitungen zur Kohleelektrode symmetrisch legte und die Stahlelektroden nicht wie früher vom Gehäuse isolierte und auf dem kürzesten Wege mit der Stromquelle verband, sondern das ganze Ofengehäuse durch doppelseitig angelegten Kabelanschluß in den Stromkreis einschaltete. Auf diese Weise wurden Magnetfelder, die durch die Eisenkonstruktion gebildet wurden, auf ein Mindestmaß herabgedrückt. Das noch vorhandene magnetische Feld um die Kohleelektrode wurde sehr gleichmäßig, die örtliche Heizwirkung des Flammenbogens verschwand, und der Strom lief regelmäßiger durch die Beschickung.

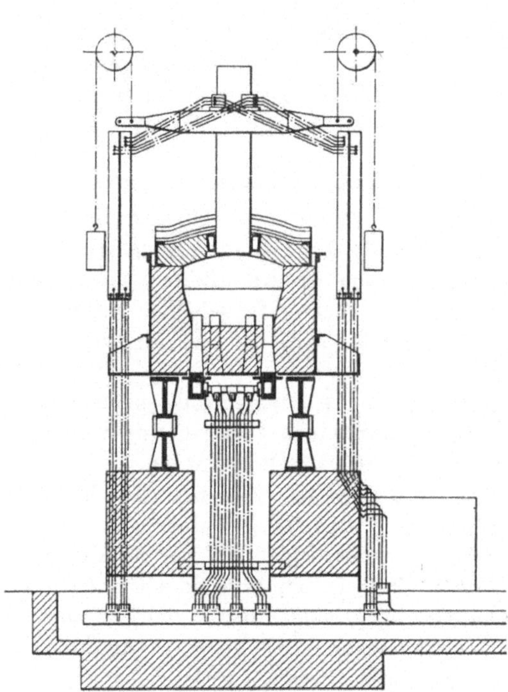
Fig. 69. Alte Leitungsanordnung.

Die Vorteile dieser Änderung der Stromwege in elektrotechnischer und metallurgischer Beziehung sind folgende:

1. Der um die Peripherie der Kohleelektrode kreisende Lichtbogen mit zentraler Richtung zum Bodenanschluß, bewirkt eine lebhafte

Strömung der Schlacke und des Metalles. Dies hat auf die Reaktionsgeschwindigkeit der Schlacke mit dem Eisenbade, also auch auf die Schmelzdauer, sehr großen Einfluß.

2. Das Gewölbe und die Ofenwände werden nunmehr durch den Umlauf des Lichtbogens gleichmäßiger bestrahlt, und ihre Haltbarkeit wird dadurch wesentlich erhöht.

3. Gegenüber der früheren Anordnung beträgt die Stromersparnis mehr als 10 %.

4. Die Anlage der Stromwege wird dadurch vereinfacht, daß die verschleißenden Seilkabel durch Kupferschienen ersetzt werden können.

5. Die Erhitzung des Metallbades erfolgt durch den ringsum wärmestreuenden Flammenbogen gleichmäßiger, was auf die Gleichartigkeit des Enderzeugnisses von Einfluß ist.

6. Stromunterbrechungen durch Abreißen des Lichtbogens, werden verhindert, wodurch die auf den Umformer rückwirkenden Stromstöße aufgehoben werden, und das Einschmelzen von kaltem Schrott noch ruhiger als bei Anordnung 2 vor sich geht.

7. Der Abbrand der Kohleelektrode erfolgt gleichmäßiger, während bei der früheren Anordnung die Elektrode einseitig abgenutzt wird, was einen größeren Elektrodenverbrauch zur Folge hat.

Der Strom wird von der Umformergruppe in Kupferschienen in einem 7 m langen Kabelkanal zum Ofen geleitet. Die eine Hälfte der stromführenden Schienen ist mit den Bodenelektroden durch 12 Kupferseilkabel verbunden, die andere Hälfte verteilt sich auf beide Seiten des Ofens. Die Gegenelektrode wird vom Kabelkanal aus teils mit Seilkabel, teils mit Kupferschienen erreicht. Die Bodenseilkabel und die Verbindungsseilkabel vom Kanal bis zum Drehpunkt des Ofens, der nach vorn um 40°, nach hinten um 10° gekippt werden kann, sind so lang, daß sie die Kippbewegung des Ofens nicht behindern.

Bei der neuen Stromanordnung (Fig. 70) sind die sechs Stahlelektroden untereinander durch Kupferring und Platte mit dem Ofengehäuse leitend verbunden (vgl. auch Fig. 71). Der Gesamtstrom wird durch acht parallel laufende Kupferschienen bis dicht' an den Ofen geleitet und verzweigt sich zur Hälfte am unteren Stromverteilungspunkt so, daß zu beiden Seiten des Ofens abwechslungsweise entgegengesetzte Strombahnen zum Drehpunkt des Ofens führen, wo von jeder Schiene drei Seilkabel (neuerdings biegsame Kupferlamellen) mit dem Ofengehäuse und drei mit der Kohleelektrode verkettet sind. Durch diesen Stromverlauf, durch den bei der niedrigen Betriebsspannung auch nicht die geringste Isolationsschwierigkeit entstanden ist, sind Induktionsströme stark herabgesetzt. Auch sind die noch um die Elektrode entstehenden Drehfelder, des in der Stromschleife liegenden Ofengehäuses, gleichmäßig und verschwindend klein. Außerdem bringt diese Stromanordnung eine bedeutende Konstruktionserleichterung und Kabelersparnis mit sich.

Der Girodofen ist bis vor einigen Jahren noch hauptsächlich für Einphasenwechselstrom von 1 bis etwa 15 t Fassungsvermögen, zur Erzeugung von Stahlformguß und Qualitätsstahl gebaut worden. Seit einiger Zeit wird jedoch der Girodofen auch als Drehstromofen[1]) ausgebildet.

Wie aus der Fig. 72 zu ersehen ist, hat der Girodofen statt der einen Lichtbogenelektrode nunmehr drei Elektroden, die in besonderer Weise sternförmig mit den drei Phasen verbunden sind. Wenn man in einem Elektrostahlofen die drei Elektroden mit den in gewöhnlicher Weise sternförmig geschalteten Phasen verbinden würde, wobei der Nulleiter an den Herd angeschlossen ist, würde zwischen den Elektroden und dem Bad die gleiche Phasenspannung für die drei Elektroden und zwischen diesen Elektroden selbst die gleiche zusammen gesetzte Spannung für alle drei vorhanden sein. Bei einer derartigen Anordnung müßte — gleiche Belastung der drei Phasen vorausgesetzt — gar kein Strom durch das Bad nach unten zu den Polen hindurchgehen.

Girod verwendet daher eine unsymmetrische Sternschaltung, in welcher eine der Phasen umgekehrt ist, wodurch es möglich wird, die nachfolgenden Wirkungen zu erzielen:

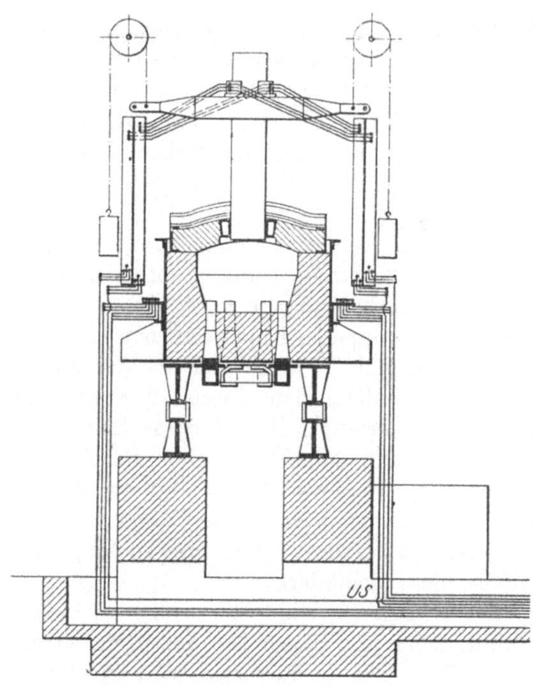

Fig. 70. Neue Leitungsanordnung.

Die Spannung zwischen den drei Elektroden und dem Bade sowie zwei Spannungen zwischen den Elektroden sind der Phasenspannung gleich, dagegen ist die dritte Spannung zwischen den Elektroden die kombinierte Spannung.

In Fig. 72 stellen 1, 2, 3 die drei Phasen eines Hochspannungsdrehstromnetzes dar; a ist ein Einphasentransformator, dessen Primärwicklung an die Phase 1 und die Phase 3 angeschlossen ist; b ist ein gleicher Transformator, dessen Primärwicklung an die Phase 2 bzw. 3

---

[1]) D. R. P. Nr. 267968.

angeschlossen ist, und endlich ist die Primärwicklung des Transformators c an die Phase 1 und 2 angeschlossen. Die Sekundärwicklungen der Transformatoren a, b, c sind einerseits, mit dem d^1, d^2 an das Bad a angeschlossenen, gemeinsamen Leiter d, und andererseits, mit den Elektroden f bzw. g, h des Ofens i verbunden. Die Sekundärwicklung des Transformators a ist bezüglich der Sekundärwicklungen der Transformatoren b und c umgekehrt.

Die Wirkungsweise der beschriebenen Vorrichtung ist folgende:

Wenn z. B. zwischen jeder der Elektroden f, g, h und dem Bade e eine Spannung von 60 Volt, gleich der Phasenspannung, vorhanden ist, wird die Spannung zwischen den Elektroden g und h gleich der zusammengesetzten Spannung, d. h. 60 Volt mal 1,73 = 104 Volt sein; zwischen f und h und zwischen f und g beträgt die Spannung dagegen 60 Volt, indem der Spannungsunterschied zwischen den Elektroden von der Umkehrung der Sekundärwicklung a herrührt.

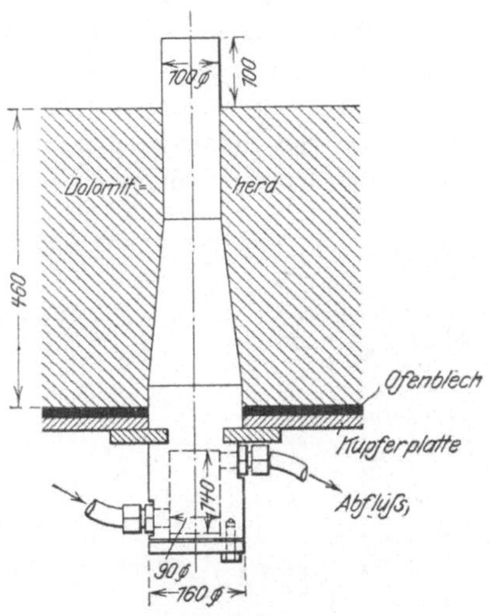

Fig. 71. Bodenelektrode.

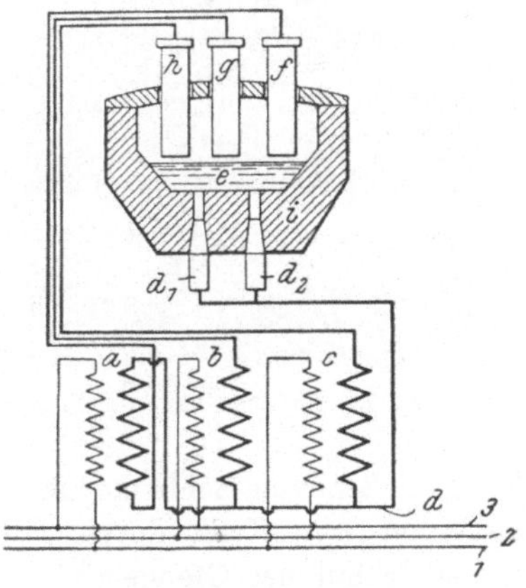

Fig. 72. Drehstrom-Girodofen.

Wir finden in einem Aufsatz[1]) der Baildonhütte die Beschreibung eines Drehstrom-Girodofens, auf die noch besonders eingegangen werden soll.

Es handelt sich um einen Girodofen von 8 t Fassungsvermögen, siehe Fig. 73. Bei dem Ofen haben alle drei Phasen als gemeinsamen Nullleiter das Ofengefäß samt Bodenelektroden, die untereinander kurz geschlossen sind. Die drei oberen Kohleelektroden sind je an eine Phase angeschlossen, die Isolierung der Kohleelektroden untereinander und gegen das Ofengefäß macht bei der niedrigen Phasenspannung (65 Volt) keine Schwierigkeit.

Der Baildonhütter Girodofen dürfte in Deutschland der erste sein, der mit Drehstrom betrieben wird. Diese Bauart gestattet, direkt auf

1) Stahl und Eisen 1913, Nr. 43 und 45.

das Drehstromnetz ohne Einschaltung rotierender Umformer zu arbeiten, es wird dadurch nicht nur eine bedeutende Veringerrung der Anlagekosten erzielt, sondern auch der Umformer und Leitungsverlust auf das praktisch erreichbare Mindestmaß gebracht, da die drei zur Anwendung kommenden Einphasenumformer, unmittelbar unter, und neben den Ofen gestellt werden können, so daß die Zuleitungen sehr kurz und billig werden und in ihnen nur geringe Leitungsverluste entstehen.

Daß mit den Kosten der Zuleitung und den Verlusten in ihr bereits sehr stark gerechnet werden muß, liegt auf der Hand, wenn man bedenkt, daß von jedem einzelnen Umformer eine Leistung von durchschnittlich 550 Kilowatt bei nur 65 Volt Spannung dem Ofen zugeführt werden muß. Diese Bauart des Ofens ist in neuerer Zeit bei Girodöfen allgemein üblich. Das schmiedeeiserne Ofengefäß ist mit den in den Boden eingeführten wassergekühlten Eisenelektroden leitend verbunden und gleichzeitig geerdet. Die Kippbewegung des Ofengefäßes wird durch einen $6^1/_2$-PS-Drehstrommotor bewirkt, der durch ein Zahnradvorgelege auf eine unter den Ofen gelagerte Stahlspindel wirkt; diese Spindel ist für den Fall etwaiger Bodendurchbrüche oder

Fig. 73. Ansicht eines 8 t-Drehstrom-Girodofens.

Herabfließen von Schlacke durch ein feuerfestes Gewölbe geschützt, sie überträgt ihre Kraft durch zwei symmetrisch angeordnete Hebel unmittelbar auf das Ofengefäß. Die Kippbewegung des Ofens vom Beginn des Abstiches bis zum vollständigen Entleeren der Charge ist bequem in etwa $1^1/_2$ Minuten durchführbar. Spindel und Motor sind auch während des Betriebes zugänglich. Für den Fall des Versagens des elektrischen Antriebes kann durch eine in Reserve gehaltene Kurbel der Ofen von Hand gekippt werden, so daß ein Entleeren auch bei Betriebsstörungen im Kippmechanismus möglich ist.

Die einzige Ofentür hat einen wassergekühlten Rahmen; auf dem Ofengewölbe liegen drei Kühlringe, die die Einführungsstellen der Kohleelektroden schützen. Der Kühlwasserverbrauch ist ein recht bedeutender, jedoch haben erfreulicherweise diese empfindlichen Teile im bisherigen Betriebe zu keinerlei Störungen Anlaß gegeben. Der Anschluß der die Kühlungen versorgenden Rohrsysteme an die ortsfeste Steigleitung erfolgt durch metallgepanzerte Hanfschläuche, die Abflüsse sämtlicher drei Spülsysteme liegen an der rechten Ofenseite frei und entleeren ihr Wasser in einen großen Sammeltrichter, so daß stets mit einem Blick die Wirksamkeit aller Kühlungen beobachtet werden kann.

Fig. 73 zeigt die Elektrodenaufhängung. Die Elektrodenführung ist eine vollkommen starre. Die Bewegung der Elektroden erfolgt durch drei Gleichstrommotoren von je $1^1/_2$ PS Leistung, die starr am Ofen befestigt sind und sämtliche Kippbewegungen mitmachen. Irgendwelche Unzuträglichkeiten haben sich aus dieser Anordnung nicht ergeben, da der Übertragungsmechanismus, sowie die Motoren, vollständig öl- und schmutzdicht gekapselt sind. Die ganze Anordnung hat den Vorteil der Übersichtlichkeit und leichten Zugänglichkeit. Für den Fall des Versagens eines der Motoren ist an jeder Elektrode ein Handrad zum Bewegen der Schraubenspindel vorgesehen.

Der Schaltraum ist gegenüber dem Ofen, an der Rückseite der Bühne angeordnet. In diesem liegen die zur Bedienung der Hochspannungsschaltanlage erforderlichen Hebel, der Drosselspulenschalter für die Öltransformatoren so wie die Anzeigeinstrumente für die Ofenelektroden. Vor diesen Instrumenten liegen Handräder zur Bedienung der Kontroller der Reguliermotoren, so daß ein Mann in der Lage ist, Ofen und Instrumente zu übersehen, und die Kontroller zu bedienen. Im allgemeinen erfolgt die Elektrodenregulierung durch die bekannten selbsttätigen Thuryschen Regler, die sogar während der Einschmelzperiode sehr gute Dienste leisten. Ferner sind in dem Schaltraum auch die für die Betriebsüberwachung erforderlichen Stromzähler untergebracht. Die Vereinigung sämtlicher Meß- und Kontrollinstrumente in einem gegen die Bühne abgeschlossenen Raum, der einen Überblick über den Ofen gestattet, hat sich bisher bestens bewährt.

Der Girodofen ist in Baildonhütte erst seit einigen Monaten in Betrieb, so daß sich ein abschließendes Urteil über die Betriebsergebnisse noch nicht fällen läßt. Im allgemeinen scheint er den Erwartungen, die in ihn bei seiner Aufstellung gesetzt wurden, zu entsprechen; einige kurze Angaben über seine Betriebsweise werden immerhin, auch wenn heute noch keine Zahlen genannt werden können, von Interesse sein.

Der Ofen arbeitet zunächst nur mit kaltem Einsatz. Er erzeugt in der Hauptsache Kohlenstoffstähle sowie niedrig legierten Werkzeugstahl und Konstruktionsstähle aller Art. Die Qualität des erzeugten Materials läßt nichts zu wünschen übrig; insbesondere ist die chemische und physikalische Reinheit eine dem immerhin teuren Schmelzverfahren durchaus entsprechende. Der Stromverbrauch beträgt pro Tonne Stahl je nach dem Grade der Raffination und der Härte des erschmolzenen Stahles

750—900 kWh, die Chargendauer ausschließlich der Zeit für das Einsetzen etwa 6—7 Stunden. Der Elektrodenverbrauch ist nach Überwinden der ersten Schwierigkeiten in der Handhabung von Klemmen und Nippeln bereits auf rd. 12—14 kg/t Stahl heruntergegangen. Die Haltbarkeit des Herdes ist offenbar eine sehr gute. Die ersten Zustellungen wurden jeweils nach wenigen Wochen herausgerissen, um Gewißheit über ihren Zustand zu schaffen; es wurden niemals irgendwie nennenswerte Veränderungeu (außer in der Schlackenzone) gefunden. Die jetzige Zustellung befindet sich bereits über 6 Wochen in Betrieb, ohne irgendwelche Schwierigkeiten zu zeigen. Es ist anzunehmen, daß die auch anderwärts beobachtete vorzügliche Bodenhaltbarkeit — ob trotz oder wegen der wassergekühlten Bodenelektroden, möchten wir heute noch nicht entscheiden — erzielt werden wird. Für die Deckelhaltbarkeit kann heute noch keine Durchschnittszahl angegeben werden, da die ersten Deckel naturgemäß infolge der Ungeübtheit der Bedienungsmannschaft es zu keiner großen Lebensdauer gebracht haben. Es haben aber heute bereits Deckel weit über 500 Betriebsstunden Haltbarkeit erreicht, und diese wird sich noch steigern lassen.

Der Girodofen wird von der Gesellschaft für Elektrostahlanlagen m. b. H., Siemensstadt bei Berlin, ausgeführt, der elektrische Teil von der Firma Siemens & Halske, A.-G.

Zum Schluß sei noch eine Bodenelektrode erwähnt, bei der durch künstliche Kühlung vermieden werden soll, daß sie im Betriebe abschmilzt oder glühend wird. Es ist nämlich in der Praxis beobachtet worden, daß die Bodenelektroden auf unerklärliche Weise explodiert sind und zu Zerstörungen des Ofens geführt haben.

Die Firma Friedr. Krupp, A.-G. in Essen, hat sich aus dieser Veranlassung heraus eine gekühlte Bodenelektrode[1]) patentieren lassen.

Die Erfindung beruht auf der Erkenntnis, daß die Explosionen nicht, wie man lange annahm, durch die vom Schmelzbade herrührende Hitze, sondern lediglich durch übermäßige Strombelastung verursacht wurden. Eine solche Überlastung aber ist darauf zurückzuführen, daß gelegentlich die Leitfähigkeit zwischen Bodenelektrode und Schmelzbad, durch Schlacke oder Teile des Ofenfutters (Dolomit o. dgl.) bei einer größeren Anzahl von Elektroden gleichzeitig aufgehoben ist. Die übrigen Elektroden haben dann eine Strombelastung auszuhalten, die weit über das vorausberechnete Maß hinausgeht und den untersten, ringförmigen Teil der Elektrode, der von der Kühlflüssigkeit bespült wird, zum Glühen bringt. Die Folgen, sind Zersetzung des Kühlwassers und Knallgasbildung; hierdurch sind die heftigen Explosionen zu erklären.

Die Erfindung besteht darin, daß derjenige Teil der Elektrode, der zum Anschluß an die Stromleitung bestimmt ist, zwischen dem die Kühlflüssigkeit enthaltenden Teile und dem Kopfstück der Elektrode liegt.

---

[1]) D. R. P. Nr. 282 162.

Der Elektrodenkörper besitzt an seinem oberen Ende ein zylindrisches Kopfstück; darauf folgt ein konisch sich verbreitender Teil, ein zylindrischer Teil, sowie ein Bund. An diesen ist ein Kühltopf angeschraubt. Dieser umschließt mit geringem Spielraum das mit Gewindegängen versehene unterste Ende des Elektrodenkörpers. Die Kühlflüssigkeit, welche die Gewindegänge durchströmt, kommt dabei mit einem verhältnismäßig großen Teile der abzukühlenden Oberfläche des Elektrodenendes in Berührung. Oberhalb des Bundes sind an diesen Bronzelaschen angeschraubt, welche die Stromzuführung vermitteln.

Die konische Erweiterung des Elektrodenkörpers dient nicht nur wie bei den bekannten Elektroden dazu, für die Kühlflüssigkeit den nötigen Raum zu schaffen, sondern sie bewirkt zugleich, daß die Stromdichte im Elektrodenkörper nach dem unteren Ende hin immer geringer wird. Unter sonst gleichen Umständen erwärmt sich also eine Elektrode gemäß der Erfindung erheblich weniger als eine Elektrode, deren unterer, stromdurchflossener Teil wie bisher üblich ausgehöhlt ist, um eine wirksame Kühlung zu ermöglichen. Jedenfalls können selbst bei sehr starker Stromüberlastung niemals Teile ins Glühen geraten, die mit der Kühlflüssigkeit in unmittelbarer Berührung stehen.

Die meisten Girodöfen, die bisher zur Ausführung gekommen sind, stehen in Deutschland und Frankreich.

4. Der Nathusiusofen.

Der Nathusiusofen ist einer der neuesten Elektrostahlöfen, und zwar ebenfalls ein kombinierter Lichtbogen-Widerstandsofen; siehe Fig. 39. Beim Nathusiusofen sind drei senkrecht in den Herdraum hineinragende, im gleichseitigen Dreieck verteilte Oberflächenelektroden aus Kohle an die äußeren Enden eines Drehstromgenerators oder Transformators angeschlossen, während drei in den Boden eingemauerte Stahlelektroden ebenfalls im gleichseitigen Dreieck verteilt an die inneren Enden dieses Drehstromgenerators oder Transformators angeschlossen sind. Die inneren Enden dieses Generators oder Transformators sind erhalten, indem man den Knotenpunkt der Maschine selbst hineinverlegte. Da also sowohl die Oberflächenelektroden als auch die Bodenelekeroden unter sich stets abwechselnde Polarität haben, so wurde erreicht, daß der Strom von einer Oberflächenelektrode zur anderen, von einer Bodenelektrode zur anderen und von je einer Oberflächenelektrode zu je einer Bodenelektrode verläuft. Durch diese Elektrodenanordnung sollen Drehfelder im Innern des Bades erzeugt werden, die eine Durchwirbelung des Bades hervorrufen, um eine geeignete Durchmischung des Endproduktes zu erzielen.

Das Neue am Nathusiusofen sind die Bodenelektroden. Dieselben sind nämlich durch das Bodenblech des Ofens hindurchgeführt und an ihren Enden muschelförmig ausgebildet. Diese Stahelektrode ist demnach in dem Herdfutter eingebettet. Das Herdfutter wiederum besteht aus einem leitfähigen Material II. Klasse (Dolomit, Magnesit). Sobald der Strom in die Elektroden geleitet wird, soll ein Stromfluß durch das Herdfutter herbeigeführt werden. Sobald noch die über dem Metallbad senkrecht durch den Ofendeckel geführten Lichtbogenelektroden eingeschaltet werden, soll auch noch ein Teilstrom durch das Bad zu den Bodenelektroden führen.

Die kombinierte Beheizung beim Nathusiusofen, also die Lichtbogenheizung in Verbindung mit der Bodenheizung richtet sich in bezug auf ein gutes Zusammenarbeiten nach der Ofenzustellung. Wird das Herdfutter nämlich nicht richtig behandelt, so daß also selbst bei genügender Erwärmung keine Leitfähigkeit zustande kommt, so wird in den Bodenelektroden kein Stromfluß erreicht. Oder, falls die Elektrodenenden (Stahlmuscheln) zu tief im Herdfutter eingebaut sind, daß also die Materialschicht zu stark ist, kann der Fall eintreten, daß ein Stromübergang von den Bodenelektroden durch das Metallbad zu den Lichtbogenelektroden nicht zustande kommt. Hierauf ist auch während der Betriebsdauer beim Ausbessern des Herdes genau zu achten. Da, wie auch bei jedem anderen Ofen mit Bodenelektroden, das Herdfutter geschwächt ist, muß insbesondere darauf geachtet werden, daß das Futter am Boden nicht schadhaft wird, weil es sonst vorkommen kann, daß das flüssige Schmelzprodukt sich durch das Futter hindurcharbeitet und ausläuft.

Das Verfahren zum Betrieb des Nathusiusofens ist nach der Patentschrift[1]) folgendes:

Um eine hohe Temperatur im Innern des Stahlbades zu erzielen, ist eine große Stromdichte erforderlich. Zu diesem Zweck werden am Umfange des Herdes Elektroden angeordnet, zwischen denen allen Potentialdifferenz besteht.

Bekanntlich hängt die Joulesche Wärme nicht nur vom Widerstand, sondern auch von der Stärke des angewandten Stromes, und zwar vom Quadrat desselben ab.

Um dies auszunutzen, wird bei dem Nathusiusofen in folgender Weise verfahren:

Bei Gleichstrom mit Dreileitersystem wird der Mittelleiter in zwei getrennten Leitern zu den Bodenelektroden und die Außenleiter werden zu den Oberflächenelektroden geführt.

Bei Einphasenwechselstrom wird die sekundäre Wicklung in zwei Hälften unterteilt, und es werden die Bodenelektroden an die benachbarten Enden der beiden Wicklungshälften angeschlossen, so daß gleichsam durch das Metallbad ein Verknotungspunkt gebildet wird.

Bei diesen beiden Schaltungen für Gleichstrom und Einphasenwechselstrom haben die Bodenelektroden allerdings nur dann ein verschiedenes Potential, wenn man sich eines Zusatztransformators bzw. einer Zusatzdynamo bedient.

---

[1]) D. R. P. Nr. 248 437.

Bei Drehstrom wird der Knotenpunkt der Maschine aufgelöst und statt dessen durch die Bodenelektroden das Metallbad eingeschaltet und der Knotenpunkt dort hinein verlegt.

Bei dieser Schaltung wird die ganze von der Stromquelle zugeleitete Strommenge, die den Oberflächenelektroden überhaupt zugeführt wird, durch das Metallbad hindurch vermittels der Bodenelektroden wieder zur Stromquelle zurückgeführt. Es kommt also die ganze Strommenge für die Joulesche Erwärmung dem Bade zugute.

Außerdem wird dadurch auch noch der Vorteil erreicht, daß ein direkter Kurzschluß zwischen den Oberflächenelektroden ausgeschlossen ist, weil stets ein Spannungsausgleich nach den Bodenelektroden leichter stattfinden kann.

Bei Wechselstrom kann diese Wärmewirkung im Metallbad noch dadurch erhöht werden, daß man vor die Bodenelektroden einen Transformator schaltet, der den Bodenelektrodenstrom auf sehr hohe Stromstärke bei entsprechend geringer Spannung transformiert, so daß dem Metallbad außerdem noch ein Strom von höherer Stromstärke zufließt.

Man baut den Transformator zur Erzeugung des Bodenelektrodenstromes zweckmäßig direkt unter den elektrischen Ofen als einen Teil desselben, so daß die Bodenelektroden mit dem Transformator direkt verbunden werden können.

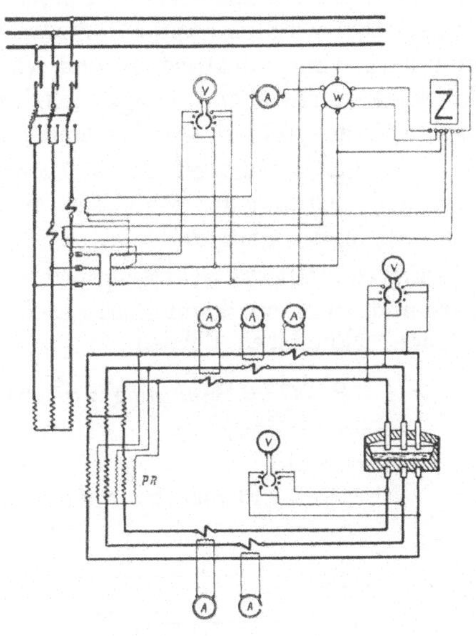

Fig. 74. Ausführungsschema für Nathusiusöfen mit starker veränderlicher Bodenbeheizung.

den können. Man spart auf diese Weise an Kupfer für die hohen Stromstärken und hat biegsamere Zuleitungskabel, die für die Beweglichkeit des Ofens erforderlich sind.

Zur Erhöhung der Wärmewirkung im Metallbad ist es zweckmäßig, die Bodenelektroden in bekannter Weise mit einer feuerfesten, im kalten Zustande nicht leitenden, im glühenden Zustande aber leitenden Masse zu bedecken.

Infolge zweier verschiedener Heizungsarten an einem Ofen, die allenfalls unabhängig voneinander arbeiten können, ist es möglich, einen ruhigen Gang des Ofens zu erzielen. Ferner kann ein möglichst großer Wärmeumsatz im Schmelzgut erreicht und durch eine gleichmäßige Wärmeverteilung die Wirtschaftlichkeit eines Elektrostahlofens erhöht werden.

Auch können die Potentialdifferenzen verschieden gewählt werden. Beim Nathusiusofen kommt daher im allgemeinen eine Lichtbogenspannung von 90 bis 130 Volt und eine Bodenspannung von 8 bis 30 Volt in Betracht.

So ist z. B. die Spannung bei einem zur Ausführung gekommenen 6 t-Versuchsofen bei etwa 2700 Ampere normaler Belastung

$$\begin{aligned}
&\text{zwischen den Lichtbogenelektroden} &&\text{. . . . . . 110 Volt}\\
&\text{»} \quad\text{»} \quad\text{Bodenelektroden} &&\text{. . . . . . 10 »}\\
&\text{»} \quad\text{»} \quad\text{Lichtbogen- und Bodenelektroden . 62 »}
\end{aligned}$$

Für den Nathusiusofen können verschiedene Schaltungsprinzipien angewendet werden, um auf diese Weise die günstigsten Ergebnisse in metallurgischer, elektrischer und wirtschaftlicher Beziehung zu erhalten. Es seien nachstehend einige Schaltungsarten angegeben, die zum Teil praktisch ausprobiert worden sind[1]).

Die Fig. 74 zeigt ein Ausführungsschema eines Nathusiusofens direkt an ein Drehstromnetz, bestehend aus dem Haupttransformator mit fester Neutrale und einem Potentialregulator mit primärseitiger Erregung.

Fig. 75 stellt das Schaltungsprinzip eines Ferromangan-Einschmelzofens dar, und zwar die kombinierte Lichtbogen- und Widerstandsheizung mit offenen sekundären Phasen.

$$\begin{aligned}
A\text{—}B\text{—}C &= \text{Spannung zwischen den Lichtbogenelektroden,}\\
a\text{—}b\text{—}c &= \quad\text{»} \qquad\text{»} \qquad\text{» Bodenelektroden,}\\
\left.\begin{array}{l}A\text{—}O\text{—}a\\ B\text{—}O\text{—}b\\ C\text{—}O\text{—}c\end{array}\right\} &\text{Phasenspannung.}
\end{aligned}$$

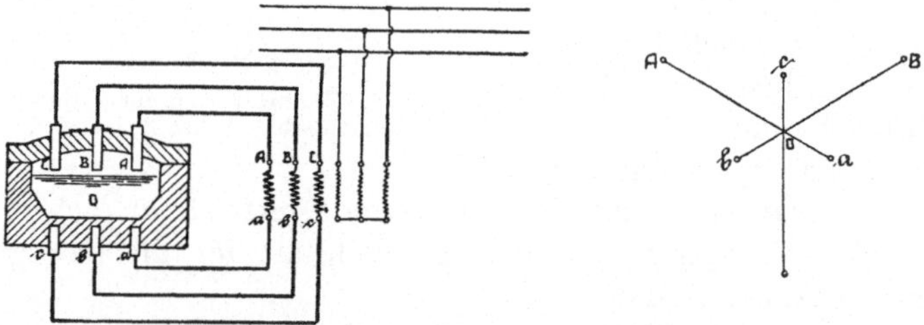

Fig. 75. Schaltungsschema mit Spannungsdiagramm einer kombinierten Lichtbogen- und Widerstandsbeheizung mit offenen sekundären Phasen.

Fig. 76 zeigt ein Schaltungsprinzip, wobei die kombinierte Lichtbogen- und Widerstandsbeheizung mit einem Hauptstromtransformator mit offenen sekundären Phasen und einem auf den Bodenstromkreis geschalteten Zusatztransformator versehen ist.

---

[1]) Siehe »Stahl und Eisen« 1912 Nr. 27, 28 und 29.

A—B—C = Spannung zwischen den Lichtbogenelektroden,
a—b—c =   »   »   » Bodenelektroden,
$\left. \begin{array}{l} A\!-\!a;\ a\!-\!O \\ B\!-\!b;\ b\!-\!O \\ C\!-\!c;\ c\!-\!O \end{array} \right\}$ Phasenspannung.

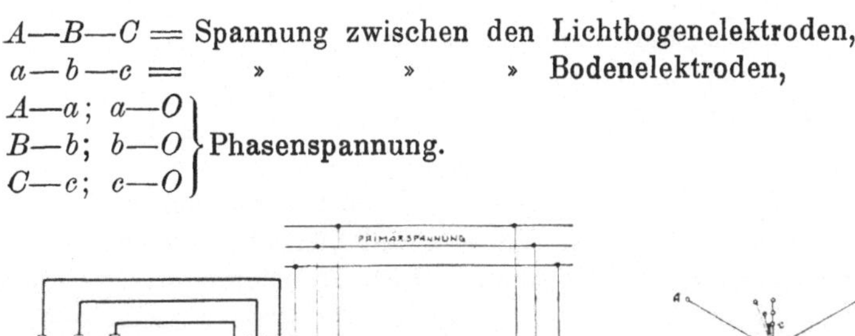

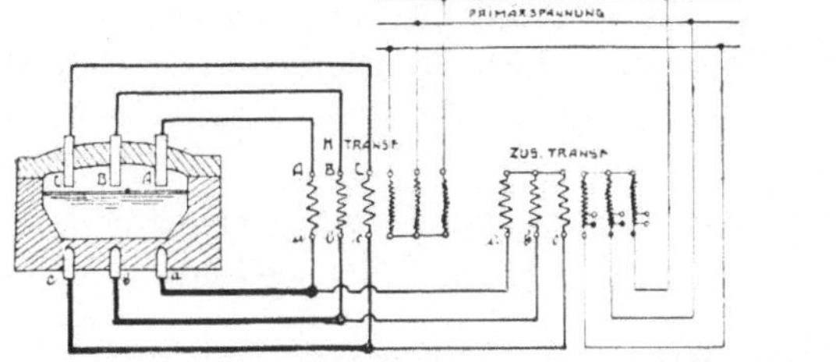

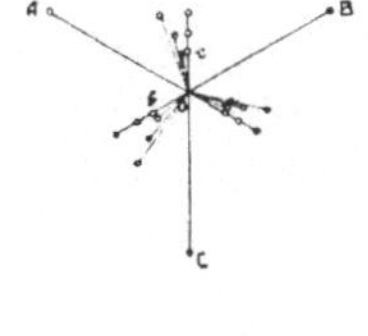

Fig. 76. Schaltungsschema mit Spannungsdiagramm wie vor, jedoch noch mit einem in dem Bodenstromkreis geschalteten Zusatztransformator.

Fig. 77 zeigt die beim Nathusiusofen angewandte Heroultschaltung. Aus dem Spannungsdiagramm ist das Nähere ersichtlich.

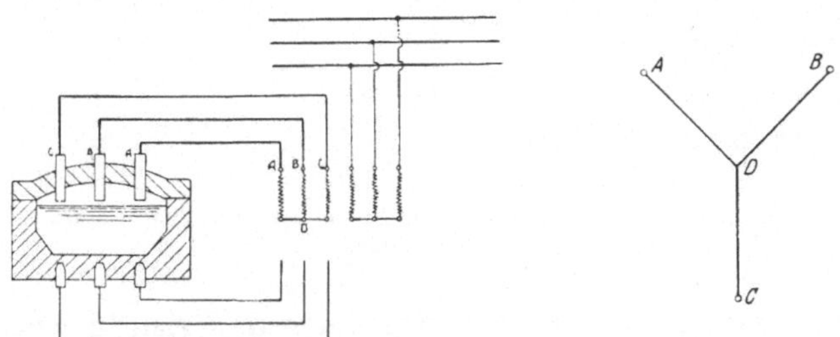

Fig. 77. Schaltungsschema mit Spannungsdiagramm unter Anwendung der Heroultschaltung (also mit ausgeschaltetem Bodenstromkreis).

Fig. 78 stellt eine Sonderschaltung zur Erzielung geringer Belastungsstöße dar. Kombinierte Lichtbogen- und Widerstandsbeheizung durch einen Haupttransformator mit offenen sekundären Phasen und einem zur Pufferung der Belastungsstöße in die Leitung nach den Bodenelektroden eingeschalteten Zusatztransformator.

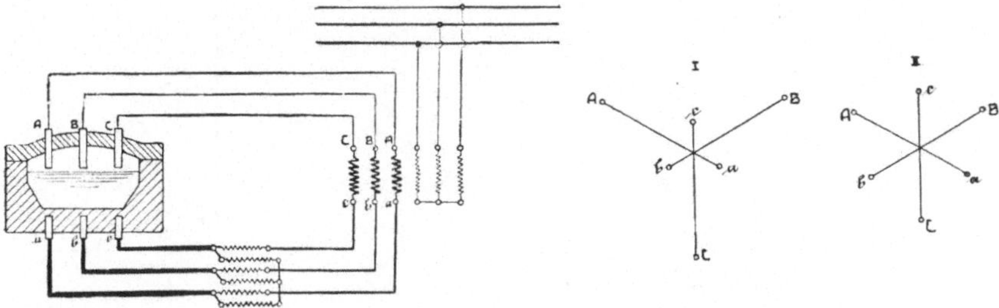

Fig. 78. Sonderschaltung mit Spannungsdiagramm zur Erzielung geringer Belastungsstöße.

$$
\left.\begin{array}{l}
\text{I. Spannungsdiagramm bei geringer Sekundärstromstärke,} \\
\text{II. Spannungsdiagramm bei hoher Sekundärstromstärke}
\end{array}\right\}
\begin{array}{l}
\text{I } A\!-\!a = \text{II } A\!-\!a \\
\text{I } B\!-\!b = \text{II } B\!-\!b \\
\text{I } C\!-\!c = \text{II } C\!-\!c
\end{array}
$$

Fig. 79 zeigt die Schaltung eines Nathusiusofens zur Erzielung einer starken konstanten Bodenbeheizung. Kombinierte Lichtbogen- und Widerstandsbeheizung unter Verwendung eines Transformators, bei dem die sekundären Phasen durch eine eingelegte Neutrale in zwei selbständige Stromkreise zerlegt sind.

$$
\begin{aligned}
&A\!-\!B\!-\!C = \text{Spannung zwischen den Lichtbogenelektroden,} \\
&a\!-\!b\!-\!c = \qquad » \qquad\qquad » \qquad\quad » \quad \text{Bodenelektroden,} \\
&\left.\begin{array}{l} A\!-\!O\!-\!a \\ B\!-\!O\!-\!b \\ C\!-\!O\!-\!c \end{array}\right\} \text{Phasenspannung.}
\end{aligned}
$$

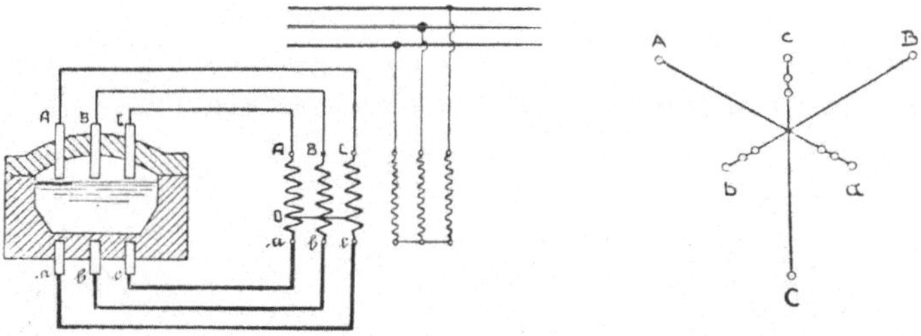

Fig. 79. Sonderschaltung mit Spannungsdiagramm zur Erzielung einer starken konstanten Bodenbeheizung.

Fig. 80 stellt eine Sonderschaltung dar zur Erzielung einer starken veränderlichen Bodenbeheizung. Kombinierte Lichtbogen- und Widerstandsbeheizung unter Verwendung eines Transformators, bei dem die sekundären Phasen durch eine eingelegte Neutrale in zwei selbständige Stromkreise zerlegt sind und bei der die durch die Bodenelektroden eingeführte Leistung mittels Potentialreglers beliebig eingestellt werden kann.

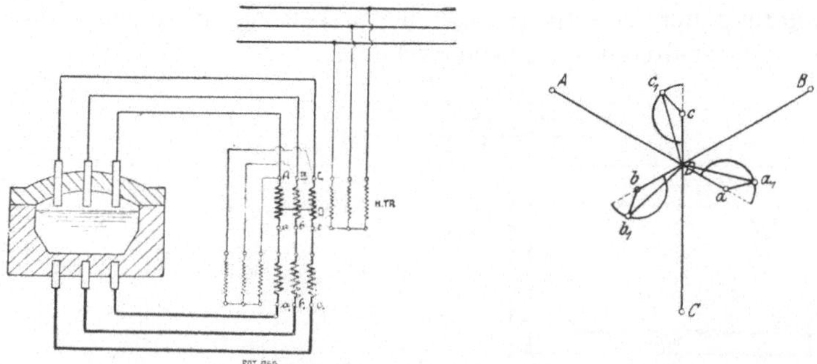

Fig. 80. Sonderschaltung mit Spannungsdiagramm zur Erzielung einer starken veränderlichen Bodenbeheizung.

A—B—$C =$ Spannung zwischen den Lichtbogenelektroden,
a_1—b_1—$c_1 =$ »   »   » Bodenelektroden,
$\left.\begin{array}{l} A\text{—}O\text{—}a \\ B\text{—}O\text{—}b \\ C\text{—}O\text{—}c \end{array}\right\}$ Phasenspannung.

$\left.\begin{array}{l} a\text{—}a_1 \\ b\text{—}b_1 \\ c\text{—}c_1 \end{array}\right\}$ Phasenspannung des Potentialreglers.

Sodann sei noch in Fig. 81 eine Schaltung für getrennte Lichtbogen- und Bodenbeheizung gezeigt, unter Verwendung zweier Transformatoren mit sekundären Verkettungspunkten. Bei der Zuschaltung nach I überdecken sich die beiden Spannungsdiagramme, d. h. zwischen den sich gegenüberstehenden Elektroden 3′ III′, 2′ II′, 1′ I′ besteht eine Spannungsdifferenz, die der sekundären Phasenspannung des Haupttransformators entspricht. Bei der Zuschaltung nach II entspricht die Spannungsdifferenz zwischen denselben Elektroden 3′ III′, 2′ II′, 1′ I′ der sekundären Phasenspannung des Haupttransformators, zuzüglich der sekundären Phasenspannung des Zusatztransformators. Zwischen diesen beiden Grenzwerten lassen sich die Spannungsdiagramme auch noch um 60 oder 120° verschoben zusammensetzen.

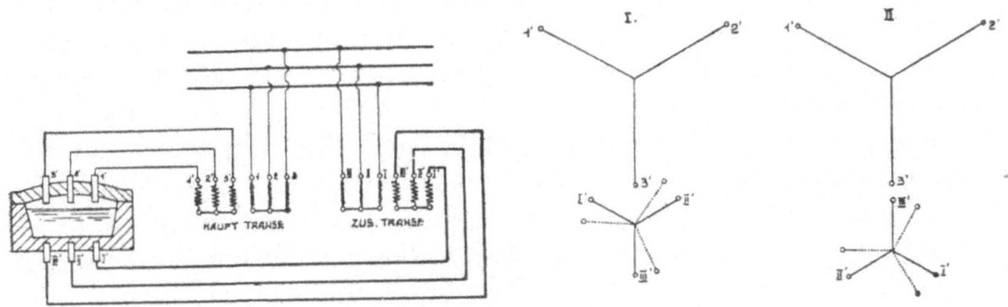

Fig. 81.
Schaltungsschema mit Spannungsdiagramm für getrennte Lichtbogen- und Bodenbeheizung.

Aus diesen verschiedenen Schaltungsarten folgt, inwieweit sich die kombinierten Elektrostahlöfen ausführen lassen. Der Nathusiusofen kann selbstredend sowohl als Drehstromofen wie auch für jede andere Stromart Verwendung finden. Im allgemeinen ist aber für die bisher zur Aufstellung gekommenen Nathusiusöfen Drehstrom zur Anwendung gekommen.

Es sei noch eine Schaltungsanordnung[1]) zum Betrieb von Elektrostahlöfen mittels Wechsel- bzw. Drehstromstufentransformatoren beschrieben, die in die Schutzrechte des Nathusiusofens fällt.

Beim Betrieb elektrischer Lichtbogenöfen kommt es häufig vor, daß beim starken Kochen oder bei Unruhen des Schmelzbades die Kohleelektroden in den flüssigen Einsatz tauchen und dadurch eine Verunreinigung des Bades und Schwankungen der Energieaufnahme hervor-

---

1) D. R. P. Nr. 292 110.

rufen. Dieser Mangel kann beseitigt werden, wenn der Luftabstand zwischen Badoberfläche und Elektroden in entsprechender Weise vergrößert wird. Dies ist natürlich nur dann möglich, wenn gleichzeitig eine Erhöhung der im Stromkreise wirksamen Spannung stattfindet, welche auch bei dem vergrößerten Widerstandsweg der Luftstrecke den Stromdurchgang auf einem für die zu erzielende Wärmewirkung ausreichenden Wert erhält. Es ist vorteilhaft, wenn ferner der Übergang von der Grundspannung auf 1, 2, 3 bis x höhere Spannungen so schnell erfolgen kann, daß während der Übergangszeit das Schmelzgut nicht erkaltet. Im übrigen ist es aber belanglos, ob während des Umschaltens der Ofen abgeschaltet wird oder nicht. Bei der Anwendung von Wechsel- oder Drehstromtransformatoren zur Energielieferung für den Ofenbetrieb, kann eine schnelle Umschaltung dadurch erzielt werden, daß die an den Primärwicklungen des Transformators angebrachten Anzapfungen bekannter Art bis zu Trennschaltern herausgeführt werden, die zweckmäßig hinter dem Hauptschalter angeordnet und so ausgebildet sind, daß sie zur Umschaltung auf verschiedene Spannungen dienen können.

Man wird die Trennschalter zweckmäßig nach Art normaler Luftschalter ausbilden. Damit nun Überschläge und Kurzschlüsse an diesen Schaltern ausgeschlossen werden, ist es zweckmäßig, die Trennumschalter mit dem Hauptschalter in an sich bekannter Weise so zu verriegeln, daß sie nur bei ausgeschaltetem Hauptschalter betätigt werden können.

Soll auf mehrere Anzapfungen umgeschaltet werden können, so sind die einzelnen Trennschalter außer mit der erwähnten Verriegelung noch in solche gegenseitige Abhängigkeit zu bringen, daß ein zufälliges Kurzschließen irgendeiner Teilwicklung auf jeder Schaltstufe ausgeschlossen ist.

Aus folgender Tabelle ist zu ersehen, in welchen Größen der Nathusiusofen gebaut wird. Ferner welche Chargendauer bei festem und flüssigem Einsatz und welcher Energieverbrauch annähernd angenommen werden kann.

Fassung in t	Chargendauer in h		Energieverbrauch pro t Ausbringen	
	bei festem Einsatz	bei flüssigem Einsatz	bei festem Einsatz	bei flüssigem Einsatz
0,5	5	1½	600	120
1				
2—3				
3—4				
	bis	bis	bis	bis
8				
10				
12				
15				
25	7	3	900	300

Fig. 82 zeigt einen Nathusiusofen im Betrieb. Wie aus der Figur hervorgeht, werden oben durch den Deckel des Ofens die drei Lichtbogenelektroden eingeführt. Eine weitere Elektrode hängt zur Reserve in immerwährender Bereitschaft. Der Ofen selbst ist rund und durch zwei Zapfen auf Ständer drehbar gelagert. Das Kippen erfolgt wie bei anderen Elektrostahlöfen, und zwar entweder elektrisch, hydraulisch oder

Fig. 82. Ansicht eines Nathusiusofens im Augenblick des Abschlackens.

von Hand. Die Bodenelektroden sind von oben in den Boden des Ofens geführt, mit einer feuerfesten, stromleitenden Masse, z. B. Dolomit, umgeben und von unten durch eine zirkulierende Wasserleitung gekühlt. Die vordere Bodenelektrode ist auf der Figur ersichtlich.

Das Einregulieren des Abstandes der Lichtbogenelektroden, von der Oberfläche des Bades sowie das Herauf- und Herunterlassen der Elektroden erfolgt durch Elektrodenwinden, die von Hand, aber auch mittels Elektromotoren, sog. Windenmotoren, bedient werden. Die Bedienung mit der Hand kann durch die großen Handräder geschehen, wobei die Welle hoch oder tief geschraubt wird. Bei Motorenbetrieb dagegen bewegt sich das Futter, und die Welle wird ebenfalls nach oben oder unten gedrückt. Jede Lichtbogenelektrode hat ihre unabhängig voneinander arbeitende Elektrodenregulierung, da der Abbrand der drei Elektroden verschieden ist und jede Elektrode sich nach der Oberfläche des kalten Einsatzes richten muß. Aus diesem Grunde sind auch drei Windenmotoren mit Umkehrschalter vorgesehen. Die Lichtbogenzuleitungen haben beträchtliche Abmessung und bestehen zumeist aus Flachkupfer. Damit ein künstlicher, induktiver Spannungsabfall hervorgerufen wird, sind die Leitungen mit Bandeisen schraubenförmig bewickelt.

Der Nathusiusofen wird von den Westdeutschen Thomasphosphat-Werken, Berlin, gebaut, und die elektrische Ausrüstung wird von den Bergmann-Elektrizitäts-Werken. Akt.-Ges. Berlin, geliefert[1]).

5. Der Metzgerofen.

Der Metzgerofen[2]) ist ebenfalls ein Lichtbogen-Widerstandsofen. Er kennzeichnet sich dadurch, daß der Herd des Ofens durch isolierte Zwischenwände in mehrere Teile zerlegt ist, wobei in den getrennten Räumen durch am Boden befindliche Kanäle eine Verbindung hergestellt wird. Man will dadurch eine intensive Widerstandsheizung herbeiführen in der Weise, daß der von den Lichtbogenelektroden ausgehende Strom durch das ganze Bad hindurchgeht. Die Widerstandsheizung soll beim Metzgerofen im Gegensatz zum Heroultofen weiter in das Bad eindringen, siehe Fig. 83. Die Patentschrift sagt hierzu folgendes:

Manche Bauarten der bisher bekannten Lichtbogenöfen, bei denen die Stromzu- und -abführungen mittels oberhalb des Schmelzbades an- geordneter Elektroden erfolgt, besitzen den Nachteil, daß nahezu die gesamte nutzbare Wärme durch die Schlacke

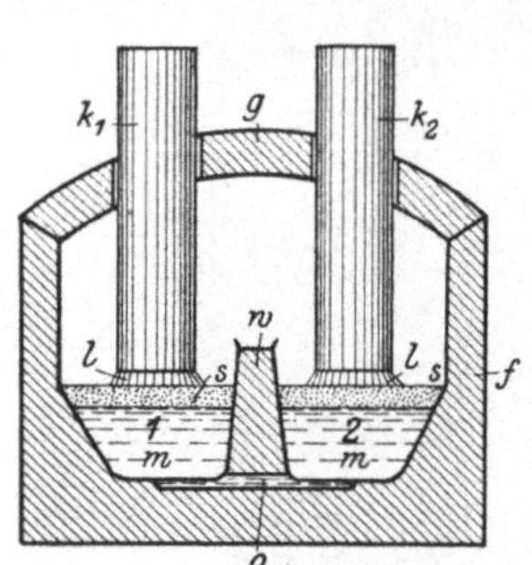

Fig. 83. Der Metzgerofen.

zum Metall und von den obersten, dem Lichtbogen nächstgelegenen Metallschichten ebenfalls nur auf die gleiche Weise zu den tiefer gelegenen Metallschichten gelangen kann. Durch verschiedene Erwärmung bedingte Flüssigkeitsströmungen kommen für die Erwärmung der tiefstgelegenen Schichten des flüssigen Metalls gar nicht in Betracht, da die

---

[1]) Bei Abschluß des Buches konnte der Verfasser in Erfahrung bringen, daß Dr. Nathusius, Berlin, den Ofen nunmehr selbst baut.
[2]) D. R. P. Nr. 235093.

hoch erhitzten und infolgedessen spezifisch leichtesten obersten Schichten naturgemäß das Bestreben haben, oben zu bleiben. Da nun ferner die Wärmeverluste durch den Boden des Ofenherdes nicht unbedeutend sind, muß man, um in den untersten Metallschichten die nötige Temperatur zu erzielen, die obersten Schichten bedeutend überhitzen. Durch dieses Überhitzen wird im Vergleich zu den Induktionsöfen sowohl ein verhältnismäßig geringer thermischer Nutzeffekt erzielt, als auch die insgesamt einer bestimmten Metallmenge zuzuführende Energiemenge erheblich höher als für eine gleichmäßige Erhitzung. Ein weiterer Nachteil der Lichtbogenöfen besteht darin, daß beim Auftreten von Kurzschlüssen des Lichtbogens, sehr starke Belastungsänderungen des Stromerzeugers bedingt werden, da der Stromkreis außer den Lichtbögen keine erheblichen Widerstände enthält.

Gemäß der Erfindung werden diese Nachteile dadurch vermieden, daß der Schmelzraum des Ofens durch isolierende Zwischenwände in zwei oder mehrere, je einem Pol der Stromquelle zugeordnete Teile, gesondert ist, und daß die auf diese Weise getrennten Teile des Schmelzbades, mittels diese Wände durchsetzender Widerstände elektrisch verbunden sind. Durch geeignete Anordnung der Widerstände, nämlich nahe dem Boden des Schmelzraumes, ist es möglich, für den elektrischen Strom bestimmte Wege im Schmelzbade zu schaffen, so daß je nach deren Führung der Strom auf alle, namentlich auch die Bodenteile des Bades erwärmend wirkt. Die gemäß der Erfindung gebauten Öfen unterscheiden sich also in letzterer Hinsicht wesentlich von ähnlichen Öfen, die beispielsweise in der britischen Patentschrift 21416/1906 beschrieben sind. Bei diesen sind nämlich die Widerstände nicht am Boden, sondern ungefähr in der Mitte des Schmelzbades, wie aus Fig. 83 hervorgeht, in die Wand eingebaut. Die in den Scheidewänden vorgesehenen Widerstände erfahren dabei wegen der hohen spezifischen Strombelastung eine besonders starke Erwärmung, so daß sie als zusätzliche Heizung des Bades dienen. Diese Widerstände können sowohl aus den elektrischen Strom genügend leitenden festen Leitern zweiter Klasse oder deren Mischungen oder aber Mischungen dieser, mit Leitern erster Klasse, wie Graphit, Kohle, Karbide, Silizium o. dgl., bestehen, als auch in der Weise gebildet werden, daß in den Trennwänden Kanäle vorgesehen sind, welche das zu erhitzende Material selbst anfüllt, so daß dieses nicht nur örtlich als Heizwiderstand wirkt, sondern auch eine verstärkte Strömung im Schmelzbade bewirkt. Die Widerstände besitzen den weiteren Vorteil, daß sie für den Stromkreis als Beruhigungswiderstände wirken, die selbst beim Auftreten von Kurzschlüssen ein für die Stromerzeuger gefährliches Anwachsen des Stromes verhindern.

Der Schmelzraum (siehe Fig. 83) ist durch eine Zwischenwand w aus isolierendem Material in zwei Hälften, 1 und 2, geteilt, die durch eine am Boden des Schmelzraumes in der Wand w vorgesehene Öffnung o miteinander in Verbindung stehen, so daß die beiden Teile des Schmelzbades m einander in dem Kanal o berühren. Durch das Gewölbe g des Ofens f sind in bekanter Weise zwei Elektroden k_1 und k_2 in diesen eingeführt, welche ungefähr in der Mitte jedes der beiden Schmelzräumen 1 und 2 ein Stück über der Schlackenschicht s endigen. Der elektrische Strom geht dann von den Elektroden durch die Lichtbögen 1, die Schlackenschicht s, die beiden Schmelzräume und den Verbindungskanal o, wobei sich das in dem letzteren enthaltene Schmelzmaterial hoch erhitzt, damit die Bodenteile des Bades erwärmt und gleichzeitig eine starke Bewegung in diesem erzeugt wird.

Über den Metzgerofen ist bisher nichts bekannt geworden. Er findet aus dem Grunde Erwähnung, weil man durch Unterteilung des Bades und Veränderung des Badquerschnittes eine kombinierte Beheizung eines Elektrostahlofens erreichen will.

6. Der drehbare Ringofen nach v. Schatzl.

Im Jahre 1914 erschien eine neue Elektrostahlofentype, und zwar ein drehbarer Ringofen nach v. Schatzl. Es handelt sich um einen Lichtbogen-Widerstandsofen, dessen Herd in Form einer senkrechten Trommel, die radreifenartig auf Rollen gelagert, ausgebildet ist. Durch die flachen Seitenwände werden die Lichtbogenelektroden in das Innere des Ofens geführt.

Im übrigen sei auf das Werk von Meyer[1]) verwiesen, wo dieser Ofen näher beschrieben wird.

d) Die Induktionsöfen.

Die Induktionsöfen sind elektrische Öfen mit direkter Widerstandserhitzung. Wir sind bereits im Abschnitt IV, Absatz 6 auf das Wesen der Induktionsheizung näher eingegangen. Der erste Ofen dieser Art wurde von de Ferranti angegeben. Man erkannte sehr bald, daß sich der elektrodenlose Intuktionsofen ganz besonders für die Herstellung von Qualitätsstahlsorten eignet, so daß in schneller Folge Neuerungen und verbesserte Ofenkonstruktionen aufkamen. Wir wollen nachstehend die wichtigsten Elektrostahlöfen mit Induktionsheizung behandeln.

1. Der Kjellinofen.

Von den verschiedenen bisher zur Ausführung gekommenen und noch nachstehend eingehend beschriebenen reinen Induktionsöfen hat der von dem Schweden Kjellin im Februar 1900 zuerst in Gysinge errichtete Ofen vor allem seine technische Brauchbarkeit bewiesen. Da jedoch dieser Ofen nur ein Fassungsvermögen von 80 kg besaß und einen

---

[1]) Meyer, Oswald: Geschichte des Elektroeisens. Seite 131. Berlin, Julius Springer 1914.

Strom von etwa 78 kW aufnahm, so folgte hieraus, daß der Ofen unwirtschaftlich arbeitete. Der aus ihm hergestellte Guß erwies sich aber als von ausgezeichneter Beschaffenheit. Noch im selben Jahre baute man einen größeren Ofen von etwa 180 kg Jnhalt und im Anschluß daran einen solchen von 1800 kg Einsatz. Mit diesem letzten Ofen gelang es, mit 800 kW-Stunden eine Tonne Stahl zu schmelzen, wodurch eine wirtschaftliche Verwendbarkeit des Induktionsofens bewiesen war.

Der Induktionsofen ist nichts anderes, als ein Wechselstromtransformator, dessen Sekundärwicklung aus einer kreisförmigen Rinne besteht, welche den Schmelzraum des Ofens bildet. Diese wird durch Deckel, welche in Form von Ringsektoren aus feuerfesten Ziegeln und Flacheisenarmaturen zusammengesetzt sind, abgedeckt.

Im Laufe der Jahre wurde der Kjellinofen immer besser ausgebildet. So weist bereits die Patentschrift[1] The Gröndal Kjellin Company Limited in London eine Verbesserung des Kjellinofens auf, die darin besteht, daß Kühlkammern mit der Primärwicklung so geschaltet werden, daß eine Verminderung der Selbstinduktionsspannungen herbeigeführt wird. Infolgedessen gestaltet sich der Betrieb des Ofens wirtschaftlicher.

Kjellin erkannte sehr bald, daß elektrische Öfen, bei welchen die elektromotorische Kraft durch ein wechselndes Magnetfeld erregt wird, den Nachteil zeigen, daß die Streufelder eine beträchtliche Selbstinduktion erzeugen. Diese, durch Kraftlinienstreuung hervorgerufene Selbstinduktion ist ein Nachteil bei den Induktionsöfen. Beseitigen kann man sie nicht, wohl kann man aber zu einer Verringerung derselben beitragen. Kjellin benutzt zu diesem Zweck eine Vorrichtung[2], die sich dadurch auszeichnet, daß unmittelbar um den Eisenkern an denjenigen Stellen, an denen er von der Primärwicklung oder von der Schmelzrinne umgeben ist, elektrische Leiter in der Weise angeordnet sind, daß sie den Streufeldern gegenüber geschlossene Strombahnen bilden, dagegen vom Hauptfelde nicht wirksam induziert werden. Die diese Wirkung ausübenden elektrischen Leiter, können in der Form von der Länge nach aufgeschnittenen Kupferzylindern angewendet werden. Hieraus folgt, daß um den Eisenkern ein oder mehrere aufgeschnittene Mäntel oder Zylinder aus Kupfer angeordnet werden.

Falls der Kupferzylinder nicht aufgeschnitten wäre, d. h. falls um den Eisenkern ein geschlossener Stromkreis entstehen könnte, würden sowohl die Streufelder als das Hauptfeld induzierend wirken und dadurch einen sekundären Strom erzeugen, welcher sich der Erzeugung des Hauptfeldes widersetzen würde.

Wenn der Kupferzylinder dagegen aufgeschnitten ist, kann das Hauptfeld darin keinen Strom erzeugen, sondern es werden dort Ströme nur durch die Einwirkung der Streufelder erzeugt, welche Ströme sich der

---

[1] D. R. P. Nr. 201635.
[2] D. R. P. Nr. 217243.

Erzeugung jener Felder widersetzen und dadurch die Selbstinduktion vermindern.

Die folgenden Fig. 84 und 85 zeigen einen neueren Ofen nach Kjellin. Das Magneteisen ist rechteckig und besteht aus weichem Eisenblech mit Papierisolation. Um den einen Kern ist die isolierte Primärspule herumgewickelt. Kern und Spule werden durch Preßwind gekühlt. Die bereits näher beschriebenen Schutzzylinder, die aus den angeführten Gründen nicht in sich geschlossen sein dürfen, sind aus den Figuren ersichtlich. Sie schützen gleichzeitig die Primärwicklung, gegen die Hitze, die vom Ofenmauerwerk gegen die Wicklung rein ausgestrahlt wird.

Der abgebildete Ofen ist ein feststehender, doch werden natürlich auch kippbare Typen gebaut. Die folgende Fig. 86 zeigt die Ansicht eines kleinen Kjellinofens.

Der ursprüngliche Ofen von Kjellin mit seinen ringförmigen Heizkanälen, ohne eigentlichen Arbeitsherd, hat sich für die Raffination unreinen Materials mittels elektrischer Energie, und das hierzu erforderliche Arbeiten mit basischer Schlacke als nicht besonders geeignet erwiesen. Dagegen ist dieser Ofen sehr gut brauchbar für das Mischen bereits gereinigten Materials mit entsprechenden Zusätzen nach Art des Tiegelstahlbetriebes.

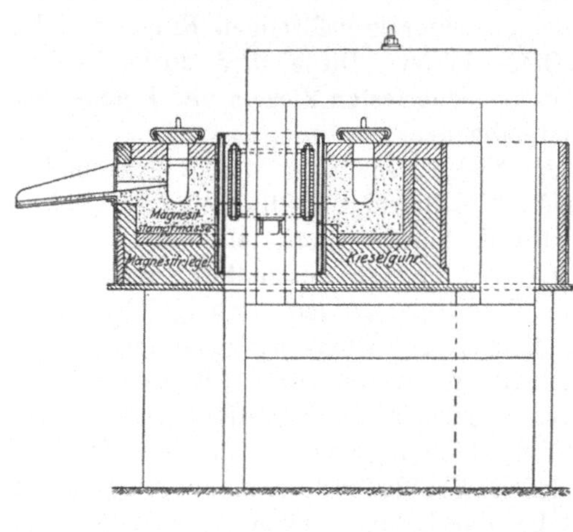

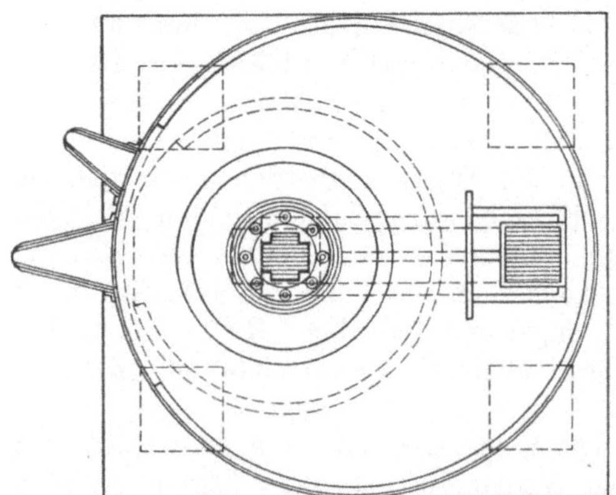

Fig. 84 und 85. Kleiner feststehender Kjellinofen.

Ein Vorteil der Induktionsöfen liegt darin, daß man die Primärspannung in sehr weiten Grenzen wählen kann. Man hat, abgesehen von der Betriebssicherheit, nur zu erwägen, wie weit man je nach den lokalen Verhältnissen mit der primären Kupfermasse gehen will, ohne die Anlage wesentlich zu verteuern und den Schmelzrinnendurchmesser zu sehr zu vergrößern.

Von großem Einfluß auf die elektrischen Verhältnisse ist die Größe des Einsatzes. Wenn man auch heute schon den Kjellinofen bis zu

8 Tonnen Einsatz gebaut hat, so trachtet man trotzdem besonders in Anlagen, die im Anschluß an Thomas- oder Siemens-Martinwerke arbeiten sollen, zu noch größeren Ofeneinheiten zu gelangen, um womöglich ganze Beschickungen des Konverters oder des Flammofens in den elektrischen Ofen einsetzen und weiter verarbeiten zu können.

Fig. 86. Ansicht eines kleinen, feststehenden Kjellinofens im Augenblick des Abstiches.

Mit zunehmendem Einsatzgewicht, fällt natürlich der Ohmsche Widerstand, steigt daher die Selbstinduktion und verschlechtert sich der Leistungsfaktor, so daß man gezwungen ist, Mittel zu finden, um die Streuung zu vermindern. Kjellin versuchte dies durch die bereits oben näher beschriebenen Anordnungen und ferner, indem er mit steigender Ofengröße mit der Frequenz herunterging.

So baute Kjellin seine Öfen, um einen Leistungsfaktor von $\cos \varphi = 0,6$ bis 0,7 zu erhalten.

für einen Einsatz von 1500 kg mit 15 Perioden
»　　　»　　　»　　　» 3000 »　» 10　　　»
»　　　»　　　»　　　» 8000 »　» 5　　　»

Diese Maßregel bedingt natürlich eine eigene Stromerzeugungsanlage. Dieser Übelstand fällt jedoch nicht zu sehr ins Gewicht, da eine weitgehende Herabsetzung der Periodenzahl erst bei größeren Ofeneinheiten in Frage kommt, wo die Aufstellung eines eigenen Generators gerechtfertigt ist.

Für die Einmauerung (Zustellung) des Ofens kommen entweder Quarzziegel, Dolomit oder ein Gemische von Magnesit mit Teer in Betracht.

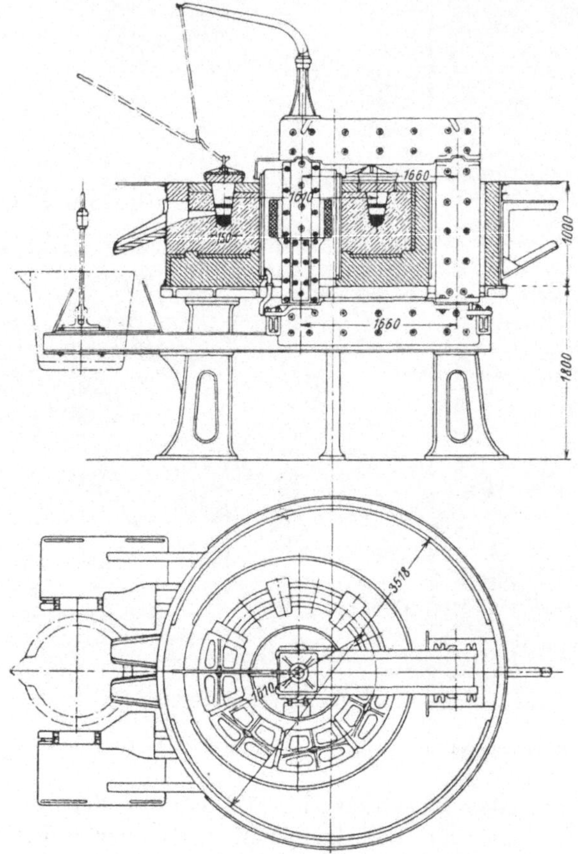

Fig. 87 und 88. Schnitt und Draufansicht eines Kjellinofens.

Heute verwendet man nur noch letzteres, da es den Vorteil hat, feuerfester zu sein. Bei Herstellung der Zustellung wird in geeigneter Weise eine Schablone eingebaut, welche die Form der ringförmigen Schmelzrinne hat und nach Beendigung der Stampfarbeit wieder herausgezogen wird. Der hierdurch frei gewordene Raum stellt den Schmelzherd dar.

Die Fig. 87 und 88 zeigen die konstruktive Ausführung eines Kjellinofens.

Das Anheizen des Ofens erfolgt durch Induktion, indem man in den Herd Eisenringe aus Schmiedeeisen einlegt, die durch den Strom zum Glühen gebracht und bei der ersten Charge mit eingeschlossen werden. Ist der Schmelzprozeß beendet, so kann abgestochen werden. Für die zweite Charge läßt man jedoch einen Teil des flüssigen Einsatzes im Ofen, damit der Sekundärstromkreis geschlossen und der Ofen im Betrieb bleibt. Alsdann setzt man Gußeisenstücke, dann Eisenabfälle zu, und zwar so viel, wie durch die Erfahrung zur Herstellung eines Stahles von erwünschtem Kohlengehalt aus dem Gußeisen als passend erfunden ist. Der End- bzw. Verfeinerungsprozeß erfolgt nach Überhitzung des Gemisches unter Hinzusetzung von etwas Manganeisen und dgl.

Von dem Kjellinofen sind eine ganze Anzahl in verschiedenen Größen zur Aufstellung gekommen. Nachstehende Zusammenstellung zeigt die Größen der im Betrieb befindlichen Kjellinöfen und deren erforderliche Stromaufnahme.

Im Betrieb befindliche Kjellinöfen mit kg Einsatz	Stromaufnahme in kW
60	50
100	60
400	65
750	150
1500	175—230
2000	300
4000	440
8000	750

Als Stromart kommt für den Kjellinofen ausschließlich einphasiger Wechselstrom in Betracht. Es besteht jedoch ein Patent[1]), wonach ein Verfahren zum Betrieb von Kjellinöfen mittels Mehrphasenstrom in Vorschlag gebracht wird. Unter Anwendung der bekannten Scottschen Schaltung[2]) wird beispielsweise ein Drehstrom in Zweiphasenströme übergeführt. Die so erhaltenen Zweiphasenströme werden je einer von zwei Spulen zugeführt, die um die äußeren Teile eines doppelten Transformatorenkerns gewunden werden, dessen mittleren Teil die Schmelzrinne umgibt. Dabei kann zur Verminderung der Streuung der Ofen so an-

---

[1]) D. R. P. Nr. 206575.

[2]) Scottsche Schaltung zur Umwandlung von Zweiphasenstrom in Dreiphasenstrom (Drehstrom) und umgekehrt. Diese Umwandlung geschieht mit Hilfe von zwei Einphasenstransformatoren. Die Primärspulen dieser Transformatoren werden von je einem der beiden Stromkreise eines Zweiphasensystems gespeist, während die Sekundärspulen derart miteinander verbunden sind, daß die eine Spule in der Mitte der anderen angeschlossen ist. Die drei freibleibenden Enden der Sekundärspulen bilden alsdann ein Dreiphasensystem.

geordnet und eingerichtet sein, daß die auf den äußeren Teilen des Transformatorkerns angebrachten Spulen von einer Hilfswicklung umgeben sind, welche die in ihr induzierten Ströme zu dem mittleren Teil des Kerns führt.

Der Kjellinofen eignet sich besonders für Raffinieren flüssigen Einsatzes. Selbstredend läßt sich auch in ihm kalter Einsatz verarbeiten. In dem Falle empfiehlt sich, eine Chargiervorrichtung zu verwenden.

Fig. 89. Ansicht eines großen Kjellinofens.

Ausgeführt wird der Kjellinofen von der Gesellschaft für Elektrostahlanlagen m. b. H. in Siemensstadt bei Berlin. Die elektrische Ausrüstung liefert die Firma Siemens u. Halske, A. G. Wernerwerk.

Die Fig. 89 zeigt die Ansicht einen Kjillinofen neuester Bauart.

2. Der Frickofen.

Auch hier handelt es sich um einen reinen Induktionsofen, der in seinem Aufbau nur wenig von dem Kjellinofen abweicht. Frick wählt eine andere Anordnung der Primärwicklung, um große Selbstinduktionen zu vermeiden. Der Ofen[1] ist so ausgebildet, daß das Schmelzbad und die primäre Spule den einen Schenkel des Eisenkernes umgeben. Hierbei sind die übrigen Teile des Eisenkernes ausgezogen. Infolgedessen werden dieselben aus dem Bereich der beiden Stromkreise herausgebracht;

---

[1] D. R. P. Nr. 190272.

die Primärwicklung wird entweder ober- oder unterhalb des Schmelzbades angeordnet.

Die Fig. 90 stellt den Transformatorofen von Frick im Vertikalschnitt dar.

Der Frickofen fällt dadurch auf, daß die primären Spulen außerordentlich flach ausgeführt sind. Es wird hiermit erreicht, daß der magnetische Streufluß und die hierdurch entstehende Selbstinduktionsspannung geringer ist als bei hohen Spulen.

Das Mauerwerk a besteht aus gewöhnlichem Ziegel oder feuerfestem Material von geeigneter Beschaffenheit. Den Schmelzherd b stellt man sich ebenfalls mit einer Schablone her (siehe was hierüber unter dem Abschnitt »Der Kjellinofen« gesagt ist). Die aus einer mit Glimmer oder einem anderen geeigneten Isoliermaterial bestehende Drahtwicklung (Primärspule) c ist oberhalb der Schmelzrinne b angebracht. d stellt den Eisenkern des Ofens dar, der zur Verminderung der in ihm auftretenden Wirbelströme aus dünnen, fest zusammengepreßten Dynamoblechen besteht.

Mit dieser Ausführungsform hat sich Frick jedoch nicht zufrieden gegeben, sondern mit einer weiteren Verbesserung[1]) seinen Ofen dadurch leistungsfähiger gestaltet, indem er sowohl eine obere wie eine untere Primärspule anordnete.

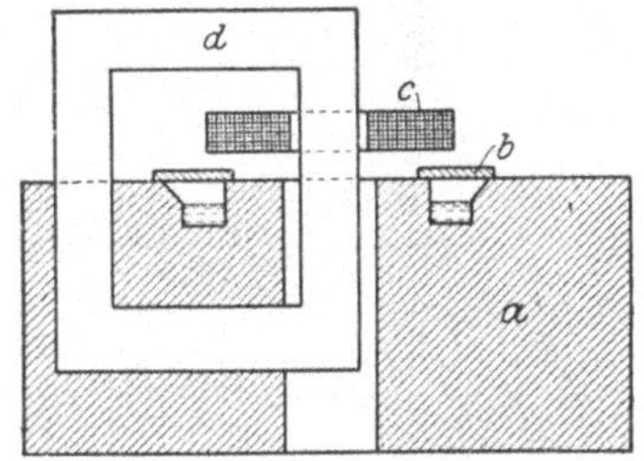

Fig. 90. Prinzip des Frickofens.

Die beiden Hälften der Primärwicklung, welche zweckmäßig als Flachspulen ausgeführt werden, bilden je ein besonderes Streufeld. Da nun die Amperewindungszahl jeder Spule nur die Hälfte beträgt gegenüber einer einzigen Spule, und da ferner die Selbstinduktionsspannung etwa dem Quadrate der Windungszahl proportional ist, wird einleuchtend sowohl bei Reihen- als Parallelschaltung der beiden Spulenhälften die Selbstinduktionsspannung auf die Hälfte gegenüber einem nach Fig. 90 ausgeführten Ofen herabgesetzt.

Die Anordnung der Primärwicklung hat noch den Vorteil, daß die Spulen näher an der Sekundärspule (Schmelzgut) liegen, wodurch die Streuung verringert und der elektrische Wirkungsgrad des Transformators verbessert wird.

Außerdem brauchen die Spulen auch nicht so stark gekühlt zu werden, wodurch einerseits weniger Wärme vom Ofen abgeführt und andererseits weniger Energie auf die Kühlung verwendet werden braucht.

In den Fig. 91, 92 und 93 ist die Ausführungsform eines Doppelringofen zur Darstellung gebracht.

---

1) D. R. P. Nr. 208952.

Beachtenswert beim Frickofen ist die rotierende Abdeckung[1]). Bei elektrischen Transformatoröfen wird bekanntlich der Schmelzraum durch einen den zentralen Eisenkern umgebenden ringförmigen Tiegel gebildet, welcher während des Schmelzens gewöhnlich durch einen Deckel geschlossen gehalten wird. Um ein gleichförmiges Beschicken und Schmelzen im ganzen Ofen zu erzielen, müssen seine einzelnen Teile leicht zugänglich sein. Um dies aber zu erzielen, wurde bisher der Deckel des Tiegels in Form einer Anzahl sektorförmiger Teile ausgeführt, die mittels an denselben befestigter Eisenösen oder dgl. einzeln abgehoben werden können.

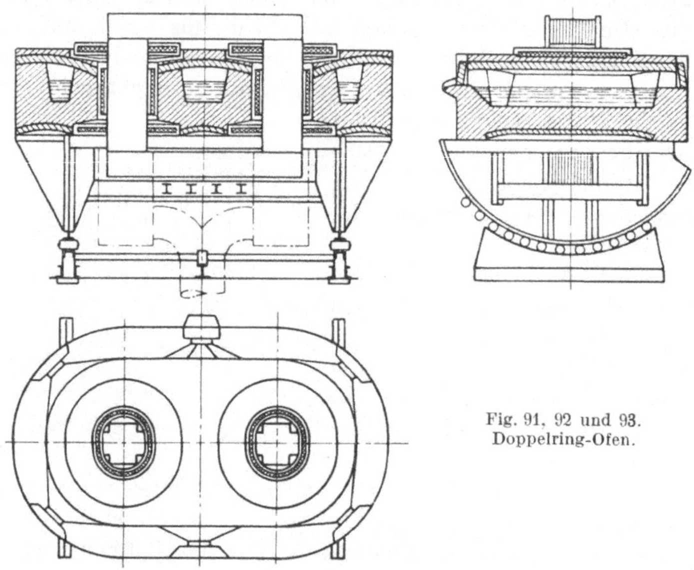

Fig. 91, 92 und 93.
Doppelring-Ofen.

Eine derartige Einrichtung ist indessen unzweckmäßig, da infolge des wiederholten Abhebens und Wiederaufsetzens der einzelnen Deckelteile bei der Beschickung die zweckmäßigerweise aus einer Magnesitstampfmasse hergestellte Schmelzrinne leicht beschädigt werden kann. Dazu kommt, daß infolge der vielen Fugen Undichtigkeiten zwischen den einzelnen Teilen des Deckels entstehen, durch welche große Wärmeverluste eintreten.

Ein noch ernsterer Übelstand ist die ungleichmäßige Abnutzung der Schmelzrinne, besonders bei Verwendung von festen Beschickungsmaterialien, die bei einer Beschickung an einer Anzahl bestimmter Punkte unvermeidlich stattfindet. Aus der ungleichmäßigen Abnutzung der Schmelzrinne ergibt sich aber eine Verschiedenheit des Querschnitts und damit eine ungleiche Wärmeentwicklung in den verschiedenen Abschnitten der Schmelzrinne.

---

[1]) D. R. P. Nr. 180227.

Die Fricksche Abdeckung bezweckt nun, diese Übelstände zu beseitigen und besteht hauptsächlich darin, daß der Deckel aus einem einzigen Stück besteht und daß Deckel und Tiegel in ihrer gegenseitigen Lage in bekannter Weise drehbar angeordnet werden, so daß man durch eine einzige oder eine geringe Anzahl von in dem Deckel angebrachter Öffnungen den Ofenraum gleichförmig beschicken kann.

Bei der Beschickung kann man durch Drehung des Deckels oder Tiegels alle Teile des Ofens überwachen und mittels Hand- oder Maschinenkraft das Schmelzmaterial an beliebigen Stellen des Schmelzraumes leicht und bequem zuführen. Ordnet man an dem Deckel in der Nähe der Öffnung eine Plattform an, auf welcher das Material zunächst abgeladen wird, so wird dadurch die Wartung des Ofens sehr erleichtert.

Auch über die Patente von Frick verfügt die Gesellschaft für Elektrostahlanlagen m. b. H. in Siemensstadt bei Berlin.

3. Der Hiorthofen.

Der Hiorthofen ist ein Doppelinduktionsofen, welcher also an Stelle einer Schmelzrinne mit zwei Rinnen ausgeführt ist. Auch hier kommt ein einfacher, geschlossener Magnetkörper in Betracht, der jedoch noch mit einem in der Mitte angreifenden, vertikal angeordneten Eisenkern ausgebildet ist, der von der primären Wicklung eingeschlossen wird. Die beiden außenliegenden, vertikalen Eisenkerne werden von je einer Schmelzrinne eingeschlossen.

Die Primärwicklung ordnet Hiorth bei seinem Ofen demnach außerhalb der Peripherie der Sekundärstromkreise — Schmelzrinnen — an. Er legt also im Gegensatz zum Frickofen auf große Nähe der Primärwicklung zu den Sekundärkreisen weniger Wert.

Hiorth hat sich ferner ein Verfahren [1] schützen lassen, wonach in einer der beiden Schmelzrinnen durch eine Scheidewand der Induktionsstrom unterbrochen wird. Dafür tauchen zu beiden Seiten der Scheidewand Elektroden nur in die Schlacke, die von einem kräftigen Strom durchflossen wird, um, wie bei Lichtbogenöfen eine wirksame Erhitzung des Schmelzgutes herbeizuführen, während die Schlacke weniger erhitzt wird.

Die Wand wird zweckmäßig herausnehmbar angeordnet für den Fall, daß der Ofen als üblicher Induktionsofen benutzt werden soll. Wenn aber die Wand eingesetzt ist, wird die Schlacke in der Nähe der Wand stark erhitzt und, was anzunehmen ist, das Material der Schmelzrinne an dieser Stelle stark beansprucht. Es wird sich daher empfehlen, die Rinne an der Stelle größer zu machen.

Wir wollen schließlich noch auf eine neuere Konstruktion des Hiorthofens eingehen, die nach Art der Scheibentransformatoren ausgebildet

---

[1] D. R. P. Nr. 216734.

ist[1]). Auch hier kommt das Prinzip des Doppelherd-Induktionsofens in Betracht.

Die Ausführungsform des Ofens veranschaulicht Fig. 94.

Die Patentschrift sagt über den Ofen u. a. folgendes:

Bei bekannten Öfen mit Scheibentransformatoren ist das Schmelzbad um den Eisenkern herum und zwischen den beiden koaxialen Primärspulen so angeordnet, daß das Bad ganz oder teilweise von der oberen Primärspule gedeckt wird. .Entweder muß daher die letztere in irgendeiner Weise entfernt werden, wenn die verschiedenen metallurgischen Operationen, wie z. B. Beschickung, Schlackenbehandlung und dgl., ausgeführt werden sollen, oder das Metallbad muß mit Erweiterungen versehen werden, die nicht von der oberen Primärspule gedeckt werden.

Der Hiorthofen besitzt eine Anordnung der Primärspule, bei welcher die genannten Nachteile vermieden werden. indem das Schmelzbad vollständig frei gelassen wird.

Dies wird dadurch erreicht, daß die Durchmesser der oberen und unteren Primärspule verschieden groß gemacht werden, indem die eine Spule größer, die andere kleiner als das Metallbad gemacht wird, so daß die Mittellinie der beiden Primärspulen zu liegen kommt, und zwar etwa in der Mitte zwischen den beiden Spulen.

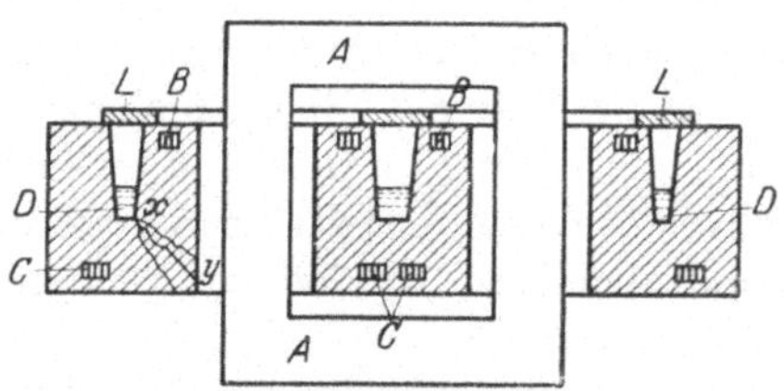

Fig. 94. Prinzip des Hiorthofens.

Hierdurch wird erstens erreicht, daß das Bad leicht zugänglich wird, so daß man die verschiedenen Arbeiten, Schlackenbearbeitung, Beschickung usw., ausführen kann, ohne daß man zuerst die obere Spule wie bei den bekannten Einrichtungen heben muß, und zu gleicher Zeit wird die Konstruktion des Ofens einfacher, besonders dadurch, daß keine beweglichen Verbindungen zwischen den Spulen unter sich oder zwischen den Zuleitungen und den Spulen erforderlich sind.

Da die Spulen fest sind, erreicht man außerdem, daß die Induktanz des Ofens konstant gehalten wird, und die großen, bei Heben und Senken der Spulen stattfindenden Belastungsänderungen werden vermieden.

Es wird auch ermöglicht, das Bad viel näher dem oberen Querstück des Magnetkernes anzubringen, so daß der Kern kürzer gemacht werden kann, wodurch außer einer Ersparnis an Eisen auch eine Verbesserung der Phasenverschiebung erreicht wird, wesentlich weil man für die gerade unter dem Querstück liegenden Teile der Spule das Eisen in den Weg des Streufeldes bringt, und dadurch einzelne Kraftlinien am Streuen verhindert.

---

[1]) D. R. P. Nr. 261698.

Als Transformator betrachtet, behält der Ofen aber die Vorteile der bekannten Öfen, indem sich die obere und untere Spule zusammen etwa wie zwei Spulen mit dem Durchmesser des Bades verhalten. Die Wicklung behält daher den Charakter einer Scheibenwicklung mit geteilten Spulen. Die dynamischen Wirkungen der zwei Spulen auf das Bad heben einander teilweise auf, so daß die Schrägstellung und radiale Bewegung des Bades nicht größer wird wie bei den besten bekannten Öfen.

Die Erfahrung zeigt, daß der Strahl, wenn er durch die feuersichere Fütterung bricht, immer den Weg gegen den Kern und nach abwärts einschlägt (Linie x—y). Bei der hier beschriebenen Anordnung wird die untere Spule daher besser gegen Zerstörung gesichert sein als bei solchen Öfen, wo die Spule senkrecht unter dem Bade angeordnet ist. Da die obere Spule näher dem Bade angebracht werden kann — der (gewöhnlich etwa 100 mm) dicke Deckel kommt hier nicht dazwischen — wird cos φ möglichst günstig.

Nach Fig. 94 ist: A der Eisenkern, B sind die oberen und C die unteren Primärspulen. D ist das Schmelzbad, das in bekannter Weise einen ringförmigen Kanal um jeden Schenkel des Eisenkernes bildet; in der Mitte sind die beiden Kanäle durch ein erweitertes Bad verbunden.

Wie man sieht, sind die ringförmigen Kanäle des Metallbades derart angeordnet, daß eine schräge Linie durch die Schnittfläche der beiden Spulen die Schnittfläche des Schmelzbades schneidet. Oben ist das Schmelzbad ganz frei und an allen Punkten leicht zugänglich.

Da sich die unteren Primärspulen nicht schneiden dürfen und da der Abstand zwischen den Schenkeln des Eisenkernes nicht zu groß sein darf, sind die unteren Spulen eventuell auf der Innenseite etwas abgeplattet.

Es hat sich als zweckmäßig erwiesen, etwa drei Viertel des Umfanges kreisförmig zu machen und ein Viertel abzuplatten.

Auch der Hiorthofen dient zur Herstellung feiner Stahlsorten, und zwar, entweder direkt aus Erz mittels eines Reduktionsvorganges, oder aus Eisenabfällen unter Beigabe von geeigneten Zusätzen.

4. Der Grönwallofen.

Bereits in Abschnitt 6, in dem die Induktionsheizung eingehend beschrieben ist, haben wir uns über den Grönwallofen unterhalten. Grönwall strebt nämlich in erster Linie bei seinem Ofen an, eine Verbesserung des Leistungsfaktors cos φ zu erreichen. Der Ausgang dieses Gedankens von Grönwall ist aus dem Grunde gerechtfertigt, weil viele Elektrizitätswerke den Anschluß eines Induktionsofens infolge der großen Phasenverschiebung an ihr Netz nicht zulassen. Wählt man eine eigene Stromerzeugeranlage, so ist diese um so größer bzw. um so kostspieliger, je schlechter der cos φ eines Ofens ist. Die Vorschläge von Grönwall sind daher beachtenswert.

Die Fig. 43 stellt eine Ausführungsform des Grönwallofens dar. Die Ofenrinne ist wie gewöhnlich um den einen Eisenkern angeordnet, jedoch nach einer Seite stark verlängert. Hierdurch wird ein wesentlich höherer Widerstand im Sekundärkreis und damit ein günstigerer Leistungsfaktor erreicht. Für den Schmelzprozeß dagegen ist die Rinnenanordnung der großen Strahlungsverluste, ferner der schwierigen Zustellung wegen, nicht geeignet.

Grönwall hat sich noch mit einer anderen Vorrichtung[1]) beschäftigt, die ebenfalls eine bessere Phasenverschiebung bei Induktionsöfen herbeiführen soll. Die Patentschrift sagt hierüber u. a. folgendes:

Einer der größten Übelstände an elektrischen Schmelzöfen vom sogenannten Transformatortypus, hat bis jetzt in der großen Phasenverschiebung bestanden, die von der im allgemeinen bedeutenden magnetischen Streuung herrührt.

Die beiden Stromkreise (die Primärspule und das Schmelzbad) an elektrischen Transformatoröfen können infolge der hohen Temperatur des Schmelzbades nicht so nahe aneinandergebracht werden, wie es mit Rücksicht auf die magnetische Streuung wünschenswert wäre. Infolgedessen ist es notwendig, damit die Phasenverschiebung nicht allzu groß und somit auch die erforderliche Maschinenanlage nicht allzu kostspielig wird, besondere Maßregeln zur Verminderung der magnetischen Streuung vorzunehmen.

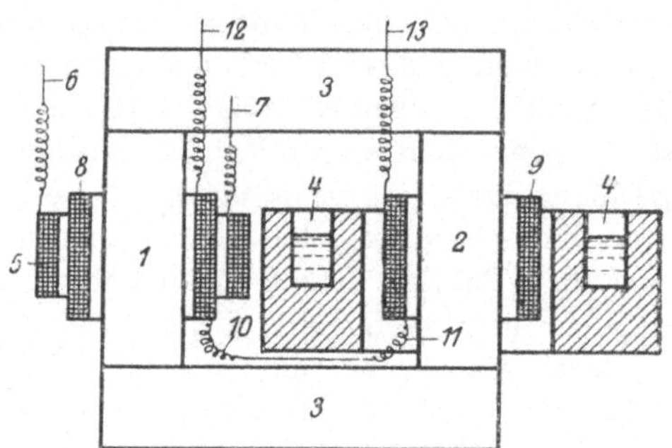

Fig. 95. Prinzip eines Grönwallofens mit besonderer Anordnung der Spulen.

Die vorliegende Erfindung betrifft eine für diesen Zweck bestimmte Vorrichtung an Transformatoröfen. Die Erfindung beruht darauf, daß im Wege der streuenden Kraftlinien Spulen angebracht werden, welchen geeigneter Strom zugeführt wird und welche derart angeordnet sind, daß die magnetomotorischen Kräfte, die in ihnen durch den zugeführten Strom erzeugt werden, den Streuungskraftlinien entgegenwirken.

Nach der in Fig. 95 veranschaulichten Vorrichtung ist die eine Klemme 10 der Spule 8 mit der Klemme II der Spule 9 verbunden. Die beiden übrigen Anschlüsse oder Klemmen 12 und 13 dieser Spulen werden mit einer äußeren Stromquelle verbunden. Die beiden Spulen 8 und 9 sind derart gewickelt, daß hierbei die elektromotorischen Kräfte, die von den durch den Eisenkern hindurchgehenden Kraftlinien in denselben induziert werden, einander entgegenwirken. Falls keine primäre

---

1) D. R. P. Nr. 205344.

Streuung vorhanden ist, d. h. falls alle von der Primärspule 5 in dem Schenkel 1 erzeugten Kraftlinien auch durch den Schenkel 2 gehen, sind hierbei die in den Spulen 8 und 9 erzeugten elektromotorischen Kräfte also gleich (vorausgesetzt natürlich, daß die beiden Spulen die gleiche Anzahl Windungen besitzen), und zwischen den Klemmen 12 und 13 ist daher keine Spannung vorhanden. Falls dagegen primäre Streuung vorhanden ist, geht eine größere Anzahl Kraftlinien durch den Schenkel 1 wie auch durch den Schenkel 2, wodurch also die in diesem Falle in den Spulen 8 und 9 induzierten Spannungen nicht mehr einander gleich sind. Angenommen, daß durch den Schenkel 1 eine Anzahl a-Kraftlinien und durch den Schenkel 2 b-Kraftlinien durchgehen, so wird folglich die in der Spule 8 induzierte elektromotorische Kraft der Zahl a und die in der Spule 9 induzierte elektromotorische Kraft der Zahl b proportional. Da die beiden Spulen 8 und 9 derart geschaltet sind, daß sie einander entgegenwirken, entsteht damit zwischen den beiden Klemmen 12 und 13 ein Spannungsunterschied, der mit $a-b$ proportional ist. Da aber $a-b$ gerade die Anzahl der um die Primärspule 5 streuenden Kraftlinien darstellt, folgt hieraus, daß der von der primären Streuung verursachte Spannungsunterschied zwischen den Klemmen 12 und 13 gleich ist mit der Spannung, die in einer Spule mit derselben Anzahl Windungen wie die Spule 8 oder 9 induziert werden würde, falls alle die primären Streuungskraftlinien gezwungen würden, durch sie zu gehen. Das Spulensystem 8 und 9 wirkt somit in gerade derselben Weise wie eine einzige Spule, durch welche alle die primären Streuungskraftlinien hindurchzugehen gezwungen werden. Daraus folgt schließlich, daß, falls man einen geeigneten Strom durch die Spulen 8 und 9 passieren läßt, und die Stärke dieses Stromes so abgemessen wird, daß die magnetomotorische Kraft der fraglichen Spulen gleich und entgegengesetzt mit derjenigen magnetomotorischen Kraft wird, mit welcher die primären Streuungskraftlinien aus dem Eisenkern auszutreten suchen, auch die primäre Streuung dadurch aufgehoben wird.

Es ist zu bemerken, daß, wenn dieser Fall vorhanden ist, der zwischen den Klemmen 12 und 13 induzierte Spannungsunterschied gleich Null wird (d. h. das Spulensystem 8 und 9 bildet dann eine induktionsfreie Bewicklung), und daß für das Durchführen der erforderlichen Stromstärke durch das Spulensystem 8 und 9 nur so große Spannung nötig ist, als für die Überwindung des Ohmschen Widerstandes erforderlich ist. Dieser Umstand, daß das Spulensystem 8 und 9 nicht eine induzierende Wicklung bildet, ist selbstverständlich von großer Bedeutung.

Der Strom, mit welchem das Spulensystem 8 und 9 gespeist wird, kann natürlicherweise derselben Stromquelle entnommen werden, die Strom an die primäre Spule abgibt, vorausgesetzt, daß die Spannung dieses Stromes für diesen Zweck geeignet ist. Sollte dies nicht der Fall sein, kann die Spannung mittels eines kleineren Transformators auf einen geeigneten Wert zurückgeführt werden. Es ist selbstverständlich, daß das Spulensystem 8 und 9 auch von einer anderen Stromquelle gespeist werden kann. Voraussetzung ist jedoch hierbei, daß die Bedingungen erfüllt, sind, daß dieser Strom dieselbe oder eine um 180° verschobene Phase mit dem der Primärspule zugeführten Strom hat, und daß die Periodenzahl der beiden Ströme gleich ist.

5. Der Röchling-Rodenhauserofen.

Der Ofen von Röchling-Rodenhauser ist aus der Konstruktion des Kjellinofens und aus den mit letzterem Ofen gemachten Erfahrungen hervorgegangen. Wie wir aus unseren folgenden Ausführungen entnehmen werden, bedeutet der Röchling-Rodenhauserofen eine bedeutende Verbesserung auf dem Gebiet elektrischer Induktionsöfen.

Die bisher beschriebenen Induktionsöfen weisen zumeist die Mißstände auf, daß einmal bei großen Ofeneinheiten die Periodenzahl herabgesetzt werden muß, ferner, daß wegen des notwendigerweise großen Abstandes des die sekundäre Windung darstellenden Schmelzgutes von der Primärwicklung bzw. vom Eisenkern eine starke Kraftlinienstreuung, und damit hohe Energieverluste erhalten werden, und daß ferner, die während der Schmelzung vorzunehmenden Arbeiten, das Abziehen der Schalcke, Einbringen von Zuschlägen, Nehmen von Proben usw. durch die Enge der Schmelzrinne behindert werden.

Den erstgenannten Mißstand kann man durch auf dem Eisenkern in beliebiger Anzahl angeordnete, in sich geschlossene Leiterwindungen beseitigen, wodurch jedoch wieder in den geschlossenen Metallwindungen induzierte elektrische Energie verloren geht.

Zwecks Beseitigung des zweiten Mißstandes wurde vorgeschlagen, die Schmelzrinne an einer Stelle zu erweitern, so daß ein geräumiger Schmelzherd entsteht, in welchem die während des Schmelzprozesses vorzunehmenden Arbeiten ungehindert ausgeführt werden können. Da aber das in der herdartigen Erweiterung eingeschlossene Schmelzgut dem Strom einen sehr reichlichen Durchgangsquerschnitt darbietet, so wurde das Schmelzgut in den Rinnen von geringem Leitungsquerschnitt viel schneller verflüssigt als das Schmelzgut in dem Schmelzherde. Die Schmelzwärme mußte dem im Schmelzherd befindlichen Teil des Schmelzgutes durch Leitung aus dem in den Rinnen eingeschlossenen Schmelzgute zufließen. Der Schmelzprozeß vollzog sich unter diesen Umständen ungleichmäßig und verhältnismäßig langsam.

Diese den bisher vorgeschlagenen Anordnungen anhaftenden Übelstände sollen nun gemäß einer Erfindung[1] der Herren H. Röchling und W. Rodenhauser dadurch behoben werden, daß die Enden der zwecks Beseitigung der Kraftlinienstreuung angeordneten Drahtwicklung an Stromabführungseinrichtungen geführt sind, die mit in zwei einander gegen-

---

[1] D. R. P. Nr. 199354.

überliegende Wände des zum Herde erweiterten Teiles des Schmelzraumes eingelassenen Elektroden verbunden sind, so daß diesen der in den sekundären Hilfswindungen induzierte Strom zugeführt wird. Es wird so die in den sekundären Windungen induzierte elektrische Energie für den im Ofen sich vollziehenden metallurgischen Prozeß nutzbar verwertet, und es wird gleichzeitig erreicht, daß das in den Schmelzrinnen und das im Schmelzherd befindliche Schmelzgut gleichmäßig erhitzt und geschmolzen wird.

Es ist also erwünscht, Induktionsöfen an vorhandene Primäranlagen mit normaler Periodenzahl anschließen zu können. Insbesondere gilt dies von kleineren Öfen für verschiedene Betriebe, wie Fassonguß, Grau- und Gelbgießereien usw.

Nach dieser Richtung bedeuten die neueren Öfen von Röchling-Rodenhauser, bei welchen die Kjellinsche Ofenanordnung mit einer direkten Widerstandsheizung verbunden ist, einen wesentlichen Fortschritt. Einerseits wird durch die Bewicklung beider Kerne und die ∞förmige Anordnung des Schmelzgutes schon eine Verringerung des Badquerschnittes, also eine Erhöhung des Ohmschen Widerstandes in der Schmelzrinne erzielt. Hierzu kommt noch, daß auch bei steigendem Chargengewicht der Querschnitt der durch Induktion geheizten sekundären Schmelzrinnen nicht in gleichem Verhältnis erhöht wird, sondern die Querschnittzunahme in erster Linie auf den mittleren Arbeitsherd entfällt, in welchem zum Teil durch direkte Widerstandserhitzung geheizt wird. Man kann diese Öfen schon bis zu ganz beträchtlichen Einsatzgewichten mit 50 Perioden betreiben und braucht auch bei ganz großen Einheiten die ja auch normale Periodenzahl von 25 nicht zu unterschreiten.

In den Fig. 96, 97 und 98 sind schematische Zeichnungen eines kombinierten Induktionsofen nach Röchling-Rodenhauser für einphasigen Wechselstrom wiedergegeben. Die beiden Kerne haben rechteckigen Querschnitt und sind beide mit Primärspulen versehen, so daß bei der Anwendung von einphasigem Wechselstrom zwei durch Induktion geheizte Induktionsrinnen vorliegen, die in der Mitte zu einem gemeinsamen, großen Arbeitsherde zusammenlaufen, in dem alle metallurgischen Operationen vorgenommen werden. Nun tragen die beiden Kerne noch eine besondere se kundäre Wicklung aus Kupfer für Niederspannung und hohe Stromstärke, die an zwei ins Ofenfutter eingesetzte Stahlgußplatten angeschlossen sind. Diese sind vorn mit einer dem Ofenfutter ähnlich zusammengesetzten Masse belegt, die erst in der Weißglut, ähnlich wie ein Nernstkörper, leitend wird. Während also beim Anheizen nur in den seitlichen Rinnen geheizt wird, haben wir, wenn das Futter vor den sogenannten Polplatten einmal leitend ist, zwei getrennte Stromkreise, also eine Kombination von Induktionsheizung und direkter Widerstandsheizung.

In der äußeren Ausbildung des Ofens ist eine möglichst weitgehende Anlehnung an den Martinofen leicht aus der nachstehenden Fig. 99 zu erkennen.

Es ist ein breiter Arbeitsherd von genügend hoher Temperatur vorhanden, um alle erforderlichen Reaktionen für die Raffination durchzuführen. Bekanntlich haben die meisten Hüttenwerke Drehstrom zur Verfügung. Bei großen Einheiten könnte man natürlich unter vollständiger Wahrung eines wirtschaftlichen Betriebes eigene Wechselstromgeneratoren für den Betrieb der Elektrostahlanlage aufstellen.

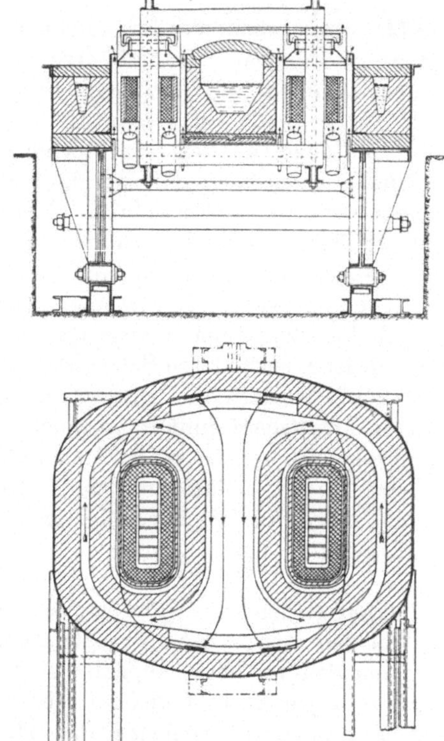

Fig. 96, 97 und 98.   Der Röchling-Rodenhauserofen für Einphasen-Wechselstrom.

Beim Aufbau des Eisenkerns des Transformators wird zweckmäßigerweise das eine der Joche leicht abnehmbar angeordnet, um den Transformator ohne Mühe in den Ofen einführen und aus demselben entfernen zu können.

Der eigentliche Ofen kann entweder aus geeigneten feuerfesten Formsteinen aufgemauert oder direkt aus geeigneten Material aufgestampft werden, wobei als Bindemittel für das feuerfeste Material Teer oder Asphalt oder eine ähnliche Substanz Verwendung finden kann. Der Ofen weist längliche Form und zwei senkrechte kreisrunde Öffnungen für die Aufnahme der Transformatorschenkel auf. Die Schmelzrinnen sind konzentrisch zu diesen Öffnungen angeordnet. Die zwischen die beiden Schenkel fallenden Partien der Schmelzrinnen sind erweitert, so daß sie hier einen gemeinschaftlichen Schmelzraum bilden. Der Ofen kann an geeigneten Stellen Arbeitstüren, Abstichöffnungen für Eisen und Schlacke oder Abgußschnauzen aufweisen.

Zur Erhitzung des in den Schmelzrinnen und in den Schmelzraum eingebrachten Schmelzgutes, dienen in erster Linie die Wechselströme, welche in dem in gewissem Sinne eine einzige sekundäre Windung des Transformators darstellenden Schmelzgute selbst erzeugt werden. Diese Wechselströme von sehr hoher Stromstärke durchfließen die Schmelzrinnen und den Schmelzraum in dem in der Zeichnung durch Pfeile angegebenen bzw. dem dieser Richtung entgegengesetzten Sinne.

Der Ofen von Röchling-Rodenhauser wird für Ein-, Zweiphasen- und ferner für Drehstrom gebaut. Der bisher beschriebene Ofen ist für Einphasenwechselstrom bestimmt. Der Zweiphasenofen ist in seiner Anordnung dem Einphasenofen sehr ähnlich, er unterscheidet sich nur dadurch, daß entsprechend den elektrischen Bedingungen für Zweiphasenstrom zwei Magneteisen vorhanden sind, auf denen je eine Primärspule untergebracht ist. Die Eisenkerne werden daher nicht durch je ein Joch ober- und unterhalb des Herdes, sondern durch je zwei Joche ober- und unterhalb seitlich über die Rinnen geschlossen.

Fig. 99. Ansicht eines Einphasen-Wechselstrom-Röchling-Rodenhauserofens.

Wie aber schon oben erwähnt, haben bekanntlich die meisten Hüttenwerke Drehstrom zur Verfügung. Es ist daher, schon mit Rücksicht auf die Gleichmäßigkeit des Betriebes, die Benutzbarkeit der Reserven und die billigeren Anlagekosten wünschenswert, direkt an Drehstrom anschließen zu können. Bei kleinen Anlagen, bei denen ein eigener Generator noch viel mehr ins Gewicht fällt, macht sich dieser Vorteil noch besonders bemerkbar.

Die Übertragung des Röchling-Rodenhauserschen Ofenprinzipes auf Drehstrombetrieb ist ausgezeichnet gelungen; in den Fig. 100, 101 und 102 ist ein solcher kippbarer Drehstromofen[1]) für 1,5 Tonnen Einsatz und 50 Perioden schematisch dargestellt.

---

[1]) D. R. P. Nr. 216628.

Mit Rücksicht auf die Stromart mußten natürlich drei bewickelte Kerne und drei Induktionsrinnen zur Anwendung kommen. Um trotzdem die wichtige, größere Arbeitsfläche zu bekommen, wurde das Joch hufeisenförmig ausgestaltet, so daß es den eigentlichen Arbeitsraum von drei Seiten einschließt. Die kombinierte Erhitzung durch Induktion und Widerstandsheizung durch die Polplatten ist natürlich auch hier, gerade so wie beim Einphasenofen, in Anwendung.

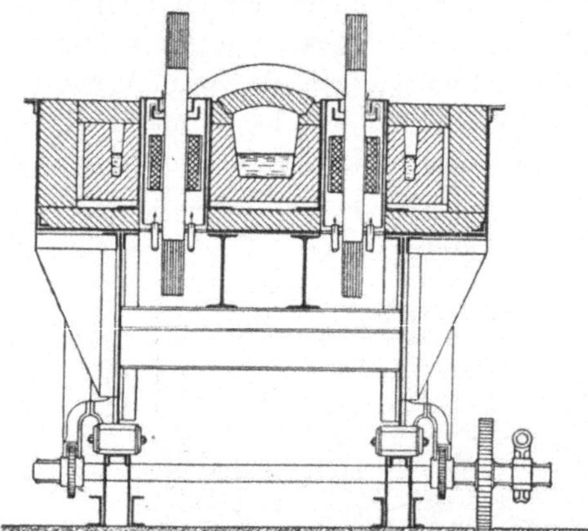 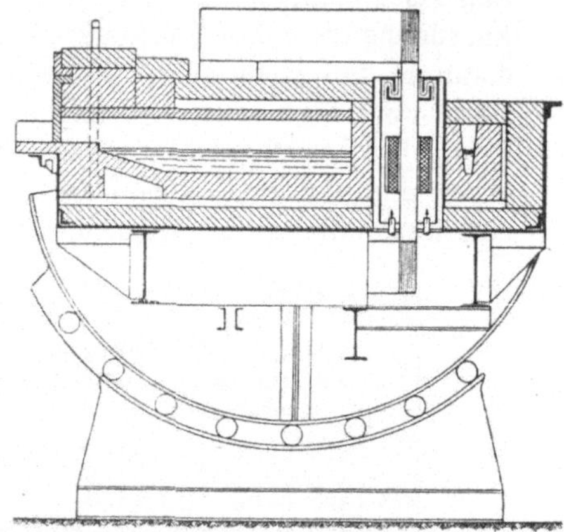

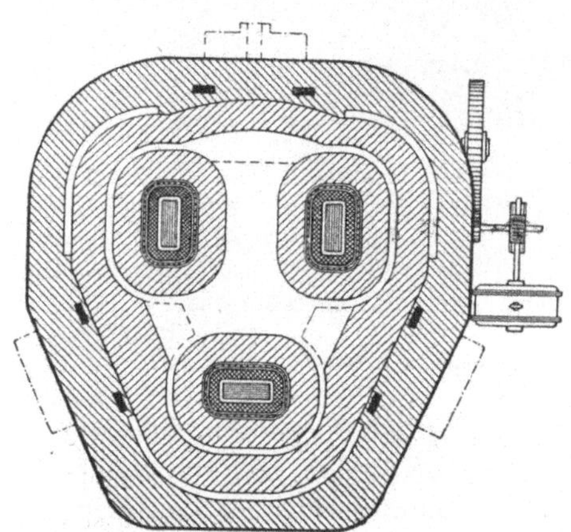

Fig. 100, 101 und 102. Der Röchling-Rodenhauserofen für Drehstrom.

Bei der Übertragung des in Rede stehenden Ofenprinzipes auf Drehstrombetrieb, wurde noch ein weiterer technischer Vorteil erreicht. Zwischen den drei Schenkeln entsteht ein Drehfeld wie bei einem Drehstrommotor. Man erreicht also ohne besondere Hilfsmittel, wie sie z. B. die Strahlungs-Lichtbogenöfen benötigen, eine ausgezeichnete Bewegung in der Charge. Es kommen also immer neue Teile der Charge mit der Schlacke in Berührung, was die vorzunehmenden metallurgischen Prozesse sehr beschleunigt.

Von großer Wichtigkeit ist diese energische Durchmischung bei der Herstellung legierter Qualitätsstähle, wo die teuren Zusätze, wie Wolfram, Chrom, Nickel, Vanadium usw. erst am Schluß der Charge zugesetzt werden und trotzdem vollständig gleichmäßig verteilt sein müssen. Endlich ist die gute Durchmischung auch beim Einschmelzen von Schrott von großer Wichtigkeit, da das Heranbringen stets neuer flüssiger Massen an die einchargierten Schrottstücke, das Einschmelzen natürlich wesentlich beschleunigt.

Die folgende Fig. 103 zeigt die Ansicht eines Drehstromofens. Auffällig erscheint einem die Gestaltung des Querschnitts der Transformatorenschenkel und Anordnung der die Schenkel zusammensetzenden Bleche, welch letztere Anordnung ihrerseits wiederum eine neuartige Ausbildung der Transformatorenjoche bedingt.

Beim Drehstromtransformatorenofen Fig. 100—103 sind zwei Transformatorenschenkel in derselben Stellung gegeneinander aufgestellt wie die beiden Transformatorenschenkel beim Ofen der Fig. 96—99. Der dritte Schenkel ist in einer um 90° gedrehten Stellung derart symmetrisch angeordnet, daß die Spurpunkte der Längsachsen der drei Schenkel im Grundriß etwa in den Ecken eines gleichschenkligen Dreiecks liegen. Beide Enden jedes der beiden erstgenannten Schenkel sind mit den Enden des dritten durch Joche verbunden, die etwa nach einem Quadranten

Fig. 103. Ansicht eines Drehstrom-Röchling-Rodenhauserofen.

gekrümmt sind, derart, daß die Richtung des einen Endes jedes Joches senkrecht auf der Richtung des anderen Endes steht, und daß so die Bleche von Jochen und Schenkeln an den Stoßstellen gleichgerichtet sind. Die Mittelebenen der Joche müssen hier in einer wagerechten und können nicht, wie beim zweischenkligen Transformator, in einer senkrechten Ebene liegen. Der als Arbeitsherd ausgebildete, zwischen den drei Schenkeln liegende Teil des Schmelzraumes, in welchen die drei Schenkel umschließenden Schmelzrinnen ausmünden, weist bei der Anordnung der Figur, ähnlich wie im Falle des Ofens mit zweischenkligem Transformator, gemäß Fig. 96—99 etwa rechteckige Grundrißform auf. Die zur Abdeckung des Arbeitsherdes dienenden Abdeckplatten oder -gewölbe sind leicht zugänglich.

Bei dem auf der Zeichnung dargestellten Ausführungsbeispiel (Fig. 102) ist in jeden der zwischen je zwei Schenkeln gelegenen, an den Arbeitsherd selbst angrenzenden Teile der äußeren Wand des Ofens, je eine, aus einer feuerfesten Platte und einer Metallscheibe bestehende Elektrode eingelassen; es soll bei dieser Anordnung auf den Schenkeln eine sekundäre Draht- bzw. Stabwicklung angeordnet sein, und der in dieser Wicklung induzierte Strom soll den Elektroden zugeführt werden, derart, daß die auf diese Weise durch den Arbeitsherd hindurchgeleiteten Wechselströme das Schmelzgut jeweils in demselben Richtungssinne durchfließen, wie die durch direkte Induktion in den Schmelzrinnen erzeugten Ströme. Durch die Anordnung wird erreicht, daß auch das im geräumigen Arbeitsherd selbst enthaltene Schmelzgut entsprechend seinem großen Durchgangsquerschnitt und dem demgemäß geringen Widerstand, den es den Strömungen entgegensetzt, von derart starken Wechselströmen durchflossen wird, daß die im Arbeitsherd erzeugte Hitze nicht wesentlich geringer ist als die in den Schmelzrinnen erzeugte.

Der Verwendung eines Drehstromtransformators mit im Grundriß in Dreieckanordnung aufgestellten Schenkeln kommt, gleichgültig, welches die Querschnittsform der Schenkel und welcher Art die Anordnung der die Schenkelenden verbindenden Joche sein mag, die Bedeutung zu, daß bei derselben in dem im Raum zwischen den drei Schenkeln angeordneten Arbeitsherd eine lebhafte Zirkulationsbewegung des Schmelzguts erhalten wird, die, wie bekannt, in vorteilhafter Weise auf den im Ofen sich vollziehenden metallurgischen Prozeß einwirkt. Die eigenartige, von den Erfindern beim Betriebe des Ofens beobachtete Wirkung wird, wie es scheint, hervorgebracht durch das Drehfeld, welches im Betriebe durch das im Arbeitsherd enthaltene Schmelzgut hindurch pulsiert.

Von Röchling-Rodenhauser sind u. a. folgende Öfen ausgeführt worden:

kg Einsatz	Stromart	kW
700	Einph.-Wechselstrom	100
2000	»	275
3500	»	380
5000	»	500
7000	»	750
1000	Drehstrom	175—200
1500	»	275
2000	»	275
2500	»	300
3000	»	350

Die Röchling-Rodenhauseröfen werden zum Anheizen mit flüssigem Einsatz aus einem Krupolofen, Tiegelofen oder aus einem Thomaskonverter beschickt und finden Verwendung zur Herstellung von Spezialstählen aus billigem Schrott und schlechtem Ausgangsmaterial.

Der Verkauf der Röchling-Rodenhauseröfen erfolgt durch die Gesellschaft für Elektrostahlanlagen m. b. H., Siemensstadt bei Berlin.

e) Die kombinierten Induktions-, Lichtbogen und Widerstandsöfen.

Wir wenden uns nun noch einer Ofengruppe zu, die aus einer kombinierten Heizung zusammengesetzt ist. Durch besondere Ausbildung können Elektrostahlöfen mit Induktionsheizung ohne weiteres mit Widerstands- oder Lichtbogenheizungen in Verbindung gebracht werden.

1. Der Induktions- und Lichtbogenofen.

So hat sich die Gesellschaft für Elektrostahlanlagen m. b. H. in Siemensstadt bei Berlin einen elektrischen Drehstrom-Induktionsofen durch Zusatzpatent[1]) schützen lassen, auf den wir näher eingehen wollen, trotzdem der Ofen meines Wissens praktische Bedeutung nicht gefunden hat, wie alle ähnlichen Konstruktionen und Neuerungen dieser Ofengruppe.

Bei diesem Ofen handelt es sich um nichts weiter als um den Röchling-Rodenhauser-Drehstromofen nach Fig. 102, nur daß im Verein mit der Induktionsheizung noch eine Elektrodenbeheizung zur Anwendung kommt. Nach der Patentschrift will man damit erreichen, daß erstens die Verflüssigung der Schlacke eine möglichst gleichmäßige und weitgehende ist, daß also eine thermische höhere Wirkung erreicht werden soll, und daß zweitens die verbrauchte Schlacke an einer bestimmten Stelle des Bades abgezogen und an anderer Stelle durch neue ersetzt werden kann.

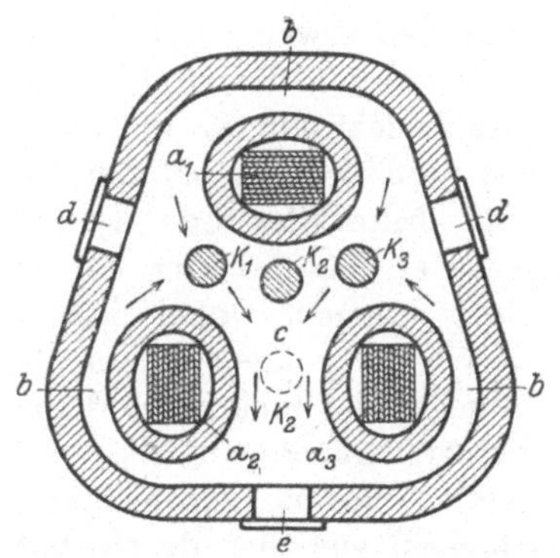

Fig. 104. Prinzip eines Induktions- und Lichtbogenofens.

Die Figur 104 stellt im Grundriß einen derartigen Induktionsofen dar. Die drei Magnetschenkel a_1, a_2, a_3 des Transformators sind in Dreiecksform in dem Schmelzbad angeordnet und teilen dieses in drei rinnenförmige Teile b und einen mittleren wannenförmigen Herd c. Sie tragen die Primärwicklungen und ferner Sekundärwicklungen, mit welch letzteren die Kohleelektroden K_1, K_2 und K_3 in Reihe geschaltet sind. An den mit d und e bezeichneten Stellen der Ofenwandung sind Öffnungen für die Aufgabe frischer Zuschläge und das Abziehen der verbrauchten Schlacke vorgesehen.

Wird in der Schmelze ein Strom induziert, so entsteht ein den betreffenden Querschnitt der Schmelze ringförmig umgebendes Magnetfeld. Da die Schmelze von sehr starken Strömen durchflossen wird, ist dieses

---

[1]) D. R. P. Nr. 232 882.

Magnetfeld verhältnismäßig stark. Fließt nun von der Elektrode K_1 zu der Schmelze c ein Strom, so muß er auch die auf der Schmelze c schwimmende Schlacke durchdringen. Dieser die Schlacke durchfließende Strom und das diese durchsetzende Magnetfeld erzeugen nun eine Kraft, welche die Schmelze entsprechend den Pfeilen nach der Mitte des Ofens und von dort gegen die Öffnung e zu treibt. Wechselt nun die Richtung des elektrischen Stromes und gleichzeitig auch die des Magnetfeldes, so bleibt die Kraftrichtung nach den bekannten elektromagnetischen Gesetzen die gleiche.

Um eine kräftige Bewegung hervorzurufen, müssen die Richtungsänderungen des Stromes und des Magnetfeldes möglichst gleichzeitig erfolgen, d. h. es muß der Induktionsstrom, welcher die Schmelze beispielsweise zwischen a_1 und a_2 durchfließt, möglichst phasengleich sein mit dem Strom, welcher von der Elektrode K_1 zur Metallschmelze übergeht. Geringe Phasenverschiebungen dieser beiden Ströme gegeneinander werden selbstverständlich meist vorhanden sein, schaden aber weiter nichts.

Für den erwünschten Betrieb des Ofens wird man in bekannter Weise die drei Phasen des Drehstromes untersuchen und für den Anschluß an die Kohleelektrode K_1 die entsprechende Phase auswählen. In gleicher Weise verfährt man mit der Elektrode K_3.

Die dritte Elektrode K_2 kann man zunächst, wie bei K_2 punktiert angedeutet, in eine der der anderen beiden Elektroden entsprechende Stellung bringen, wobei man aber diese Elektrode umgekehrt schalten muß wie die beiden anderen, so daß die Schlacke an dieser Elektrode nicht gegen das Innere des Ofens, sondern nach außen gegen die Öffnung e getrieben wird.

Viel zweckmäßiger ist jedoch, die dritte Elektrode weiter zurückzuschieben, wie dies durch den voll ausgezogenen Kreis K_2 angedeutet ist. In diesem Falle kann K_2 beliebig geschaltet werden, da es in der Nähe des Verkettungspunktes des in der Schmelze induzierten Sekundärstromes liegt, daselbst also eine Kraft auf die Schlacke nicht ausgeübt werden kann. Bei dieser Anordnung ergibt sich der weitere Vorteil, daß der Raum zwischen den Magnetkernen a_2 und a_3 frei ist und man also den Ofen bequem beschicken und auch sonstige Arbeiten ausführen kann, ohne daß die Elektroden irgendwie beschädigt werden könnten.

Da auch die Schmelze selbst zum Teil von Kraftlinien durchsetzt wird, werden auch darin in gleicher Weise wie in der Schlacke elektromagnetische Kräfte auftreten, die auch der Schmelze eine Bewegung erteilen, die allerdings geringer ist als die der Schlacke. Eine Bewegung der gutleitenden Metallschmelze selbst wird bei Drehstrombetrieb ferner in bekannter Weise durch das primäre Streufeld hervorgerufen. Dieses Streufeld ist nämlich bei den in Dreiecksanordnung aufgestellten drei Magnetkernen gleichzeitig ein Drehfeld. Dieses Drehfeld bewirkt, ähnlich wie das Drehfeld eines Asynchrondrehstrommotors, eine Rotation der gutleitenden Metallschmelze, während es die verhältnismäßig schlecht leitende Schlacke wenig beeinflußt. Diese zwei verschiedenen Bewegungen in der Schmelze und der Schlacke bewirken, daß die nötigen Reaktionen zwischen Schlacke und Schmelze beim Verfeinern von Stahl sehr vollständig und rasch verlaufen.

Durch entsprechende Unterteilung der Sekundärspulen und verschiedene Schaltung der Elektroden kann man die Ströme sowohl in diesen als auch im Bade veränderlich machen, so daß man es in der Hand hat, die treibende Kraft im Bade mit Bezug auf Stärke und Richtung veränderlich zu machen.

2. Der Induktions- und Widerstandsofen.

Wir kommen schließlich noch auf eine andere Ausführung eines elektrischen Induktions- und Widerstandsofens[1]) zu sprechen. Die Erhitzung des Schmelzgutes soll einerseits durch unmittelbare Induktion und andererseits durch Widerstandserhitzung in der Weise erfolgen, daß ein elektrischer Strom durch das Bad hindurchgeleitet wird.

Die Patentschrift sagt zu dieser Ofenausführung u. a., daß die Anordnung noch zwei Übelstände aufzuweisen hatte: einmal war der Herd mit den für die Induktionswirkung dienenden Rinnen versehen, in welchen das Metall die Stelle der Sekundärspulen vertrat, und zweitens war der eine Schenkel des Transformators durch die entsprechende Öffnung des Herdes durchgeführt. Es ergeben sich dadurch recht komplizierte und für den Metallurgen nicht immer angenehme Herdformen, die in erster Linie dazu zwingen, den Ofen in gewissen Zeitabschnitten zwecks Erneuerung der Herdwandung stillzusetzen. Außerdem ist es nur schwer möglich, das in dem verzweigten Herd untergebrachte Schmelzgut genügend gegen

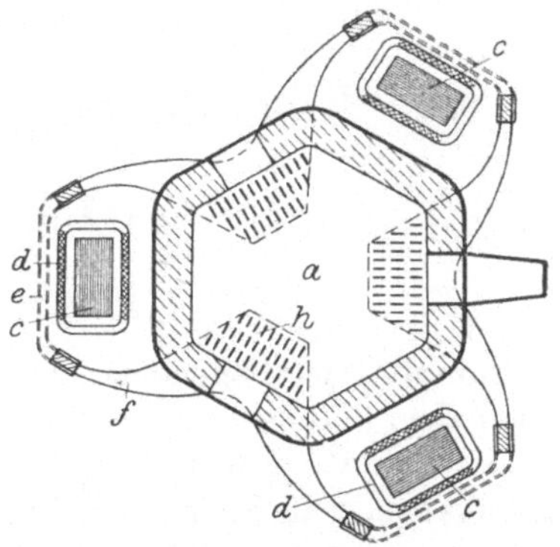

Fig. 105. Prinzip eines Induktions- und Widerstandsofens.

Wärmeverluste zu schützen, und das wird hier noch dadurch erschwert, daß der Transformator durch künstliche Kühlung des Ofenmauerwerks vor unzulässiger Erhitzung geschützt werden muß.

Diese Übelstände sucht man bei dem Ofen dadurch zu beseitigen, daß der Transformator außerhalb, aber in unmittelbarer Nähe eines rinnenlosen Herdes angebracht ist. Dabei sind die elektrischen Verhältnisse zunächst insoweit verändert, als die Heizung des Bades im wesentlichen durch den mittels Elektroden zugeführten Strom erfolgt, der bei der früheren Bauart lediglich als Hilfsstrom benutzt wurde, während die

---

[1]) D. R. P. Nr. 247 500.

unmittelbare Induktion des Transformators hier nur an zweiter Stelle wirksam wird.

Der Ofen, der mit einem breiten, übersichtlichen Arbeitsherd ausgebildet ist, soll leicht alle erforderlichen metallurgischen Operationen zulassen. Ferner strebt man ein Arbeiten des Ofens mit Strömen von außerordentlicher Stärke und geringer Spannung an.

Die Fig. 105 veranschaulicht im Grundriß einen solchen kombinierten Elektrosthalofen für Drehstrom. Der Ofenherd a wird von den drei bewickelten lotrechten Schenkeln c des Transformators umgeben. Infolgedessen findet in der Ofenmitte eine induktive Beheizung statt. Neben der primären Wicklung d des Transformators ist eine aus mehreren parallel geschalteten Elementen bestehende sekundäre Wicklung e von großem Querschnitt vorhanden, deren Strom vermittels der Verbindungsleitungen f nach den Polplatten geführt wird, von welchen die nach oben gerichteten Stifte h den Strom teils durch die Ofenzustellung (Ofenfutter), teils unmittelbar auf das Bad übertragen. Dieses wird demnach durch Induktion und mittelbare Stromzuleitung, also durch Widerstandsheizung erhitzt.

Auch von diesem Ofen hat man in der Praxis nichts erfahren.

VI. Einzelheiten über Elektrostahlöfen.

a) Lichtbogenöfen.

1. Die Elektroden.

Für alle Lichtbogenöfen bilden die Elektroden, die dazu dienen, den Strom dem Bad zuzuführen, den wesentlichsten Bestandteil. Als Elektrodenmaterial wählt man Kohle; bekanntlich zeigt Kohlenstoff in seinen Modifikationen als Steinkohle, Retortenkohle, Graphit und dgl. metallisches Leitungsvermögen. Während jedoch der Widerstand metallischer Leiter mit der Temperatur zunimmt, nimmt derjenige nichtmetallischer Leiter, z. B. der Kohle, ab. Nun wirkt aber der in elektrischen Öfen auftretende Kohlenstoff auf das Bad reaktionsfähig. Heroult hat deshalb als erster bei seinem Ofen angestrebt, daß der Kohlenstoff durch eine Schlackenschicht von dem Bad geschützt wird.

Die Kohleelektroden für Elektrostahlöfen werden besonders fabrikmäßig hergestellt. Sie bestehen aus feinem oder weniger feinem Kohlepulver, welches unter einem Druck von 200 bis 400 Atmosphären mittels hydraulischer Pressen geformt, alsdann getrocknet und gebrannt werden.

Die Güte der Elektroden richtet sich nach der Gleichmäßigkeit des Gefüges, nach der elektrischen Leitfähigkeit und schließlich nach der mechanischen Festigkeit.

Die Kohlen brennen durch das Hinzutreten des Sauerstoffs der Luft allmählich ab. Der Abbrand der Elektroden ist z. B. bei Strahlungsöfen (Stassano-, Rennerfeltöfen usw.) verschieden, sofern Gleichstrom in Betracht kommt. Die positive Kohle brennt rascher ab als die negative. Demnach wählt man bei Elektrostahl-Strahlungsöfen für Gleichstrom die positive Kohle gewöhnlich doppelt so dick als die negative, damit beide Kohlen nahezu gleich lange brennen können.

Bei Wechselstrom dagegen findet ein vollkommen gleichmäßiger Abbrand der Elektroden statt. Die Erwärmung der Elektroden hängt ja nach dem Jouleschen Gesetz von dem Quadrat der Stromstärke ab, nicht von der Richtung des Stromes. Ob also der Strom seine Richtung ändert oder nicht, die Erwärmung bleibt immer dieselbe, wenn die äußeren Verhältnisse dieselben bleiben.

Die Querschnittsbestimmung für Elektroden richtet sich nach dem Kohlematerial, nach der Stromdichte und schließlich nach dem System des Elektrostahlofens. Zu große Querschnitte wolle man wegen der sich alsdann nötig machenden komplizierten und schweren Elektrodenwinden vermeiden. Auch erhält man nicht so gleichmäßige Gefüge wie bei kleinen Querschnitten. Ferner wird der Deckel zu sehr geschwächt, sofern man von oben Elektroden mit großem Querschnitt durch den Deckel führt. Elektroden mit großen Querschnitten kann man daher allenfalls unterteilen.

Im allgemeinen soll man Kohleelektroden für Elektrostahlöfen nicht über 8 bis 10 Ampere pro Quadratzentimeter belasten. Um jedoch nicht allzu große Querschnitte zu erhalten ist man bemüht, die Belastung pro Quadratzentimeter so weit zu erhöhen als eben möglich ist. Ohne weiteres ist dies erreichbar, wenn die Elektroden aus einem massigen Stück bestehen. Es ist jedoch falsch, wollte man annehmen, daß Elektroden von geringem Querschnitt im gleichen Verhältnis zur Stromdichte beansprucht werden dürften als solche mit großem Querschnitt.

Borchers[1]) sagt in seinem Buch: um die Abmessungen der Kohleelektroden zu berechnen, müssen wir vorerst entscheiden, ob wir jede praktisch zu verhindernde Erhitzung der den Strom in die Öfen einführenden Kohlekörper vermeiden wollen oder nicht. Das erstere scheint selbstverständlich zu sein, der andere Fall gehört aber durchaus nicht zu den seltenen Ausnahmen. Schon bei der Besprechung der Lichtbogen- und der vereinigten Widerstands-Lichtbogenerhitzung wies ich darauf hin, daß zur Erzeugung der höchsten Wärmegrade die für die Stromzuleitung vollständig ausreichende Bemessung der Elektrodenquerschnitte nicht zu empfehlen sei. Die elektrisch gut leitenden Kohlekörper sind auch verhältnismäßig gute Wärmeleiter. Sie können daher so viel Wärme aus den Öfen nach außen ableiten, daß das erwünschte Temperaturmaximum nur auf einen sehr kleinen Raum, nämlich die

---

[1]) Borchers, Die elektrischen Öfen, Verlag von Wilhelm Knapp, Halle a. S.

engste Lichtbogenzone, beschränkt ist, während außerhalb derselben
alles einfriert. Man kann diesen Übelstand ja bis zu einem gewissen
Grade durch möglichst kleine Ausführung des Heizraumes innerhalb dick-
wandiger, schlecht wärmeleitender, aber gut wärmespeicherungsfähiger
Körper (Magnesit, Kalk und dgl.) beseitigen, dann aber erfordert das
Anheizen ·des Apparates bis zu seiner Sättigung mit Wärme Zeit, und
besonders bei Versuchsarbeiten oder beim zeitweisen Einschmelzen mäßi-
ger Mengen schwer schmelzbarer Stoffe oft eines größeren Wärmeauf-
wandes, als beim schnellen Einschmelzen mit absichtlich, wenigstens an
den im Ofen befindlichen Enden der Elektroden unzureichend dimen-
sionierten Kohlen. Für Versuche, aus denen man schnell ein Resultat
über das Verhalten eines Stoffes bei den höchsten Wärmegraden haben
will, ist die Überlastung der Elektroden mit Strom ein sehr bequemes
Hilfsmittel. Nun, für diese zu den Betriebsunregelmäßigkeiten gehören-
den Verhältnisse lassen sich keine Regeln aufstellen; wie weit man
eine Elektrode überlasten darf, ersieht sich am besten aus einigen
Zahlen über die zulässige Belastung.

Für ein Ampere sind folgende Kohlequerschnitte zu rechnen:

Bei Stabdurchmessern bis	kommen auf 1 A/qmm Kohlequerschnitt:
50	10
100	12
200	20
300	30 bis 40
400	60 bis 90.

Das auffallende Anwachsen der Kohlequerschnitte, welche auf die
Einheit der Stromstärke in den dickeren Kohlestäben zu rechnen sind,
hat seinen Grund in der geringeren Regelmäßigkeit des Gefüges bei
wachsenden Querschnitten. Je stärker die Stäbe, desto weniger gleichmäßig glühen sie auch bei gleichmäßigen Ofentemperaturen und Glüh-
zeiten durch. Die Bindemittel für den Kohlestoff erleiden nicht immer
gleichmäßige Umsetzungen, und die Verflüchtigungsprodukte derselben
bahnen sich nicht stets gleichbleibende regelmäßige Wege. Es ist daher
beim Bedarf sehr großer Elektroden stets ein Zusammensetzen derselben aus
kleineren, besser leitfähigen Kohlekörpern zu empfehlen, wie dies in der
ersten Zeit der Entwicklung der elektrochemischen Technik stets geschah.
Für Öfen, in denen man mit Strömen über 1000 Amp. arbeiten muß, wähle
man lieber für je 1000 Amp. eine Elektrode mit besonderer Zuleitung, als
Tausende von Ampere durch schlechtleitende dicke Blöcke zu schicken,
deren Handhabung ohnedies des Volumens und Gewichtes wegen un-
verhältnismäßig große Unbequemlichkeiten verursacht. Bei rein elektrothermischen Prozessen für sehr hohe Temperaturen kann natürlich aus
den oben angeführten Gründen erheblich mehr als 1000 Amp. durch eine
Elektrode eingeleitet werden.

Wenn der Ofenkonstrukteur zur Berechnung der Festigkeit der Dimensionen der Elektrodenträger auch das Gewicht der Kohlekörper kennen muß, so kann man für die meisten Verhältnisse sich damit begnügen, daß bei richtig bemessenen Querschnitten für die Stromleitungen die gleichzeitig als Leiter und Elektrodenträger dienenden Metallstäbe, -platten und -kabel auch die erforderliche Tragkraft für die Elektroden besitzen; die Elektroden werden aber nach Gewicht gehandelt, und wird natürlich bei den Betriebskosten auch der Elektrodenverbrauch nach Gewicht in Rechnung zu setzen sein. Als Anhaltspunkt diene daher, daß gut leitfähige, dicht gebrannte Kohleblöcke pro Kubikmeter nahezu 600 kg (6 g/ccm) wiegen.

Nachstehend sei noch auf die Normalisierung der Kohleelektroden hingewiesen [1]).

Die Notwendigkeiten, die der Krieg hinsichtlich unserer Erzeugung an Kohleelektroden geschaffen hat, haben es mit sich gebracht, daß die Erzeuger und Verbraucher von Kohleelektroden sich über gewisse Vereinheitlichungen der Kohleelektroden geeinigt haben.

Das Ergebnis dieser Arbeiten ist niedergelegt in den nachstehenden Bestimmungen über die Vereinheitlichung der Kohleelektroden, die einmütig zwischen Erzeugern und Verbrauchern festgestellt worden sind.

Hinsichtlich der konischen Gewinde, Zapfenverbindungen und der Kopfformen schweben noch Verhandlungen, und entsprechende Festsetzungen bleiben vorbehalten. Über das Ergebnis dieser Besprechungen wird noch berichtet werden.

<h3 style="text-align:center">I. Querschnitte der Elektroden.</h3>

a) **Runde Elektroden für Elektrostahlöfen.** Die Querschnitte sind in den Grenzen zwischen 100 und 250 mm Durchmesser aufwärts von je 25 zu 25 mm und von 250 mm Durchmesser aufwärts von je 50 zu 50 mm abzustufen. Als handelsüblich sollen für die Dauer des Krieges folgende Abweichungen nach oben oder unten für runde unbearbeitete Elektroden gestattet sein:

100 bis 200 mm	± 3 mm	im Durchmesser		
201 » 350 »	± 4 »	»	»	
301 » 500 »	± 5 »	»	»	
501 und mehr »	± 6 »	»	»	

b) **Rechteckige Elektroden für andere Elektroöfen.** Der Querschnitt 500 × 500 mm soll als Normalquerschnitt gelten; die Abstufung soll in der Weise erfolgen, daß als Maß der einen Seite 500 mm beibehalten und die andere Seite in Abstufungen von je 50 mm nach oben oder unten zu- oder abnimmt. Muß in besonders dringenden Fällen

---

[1]) E. T. Z. 1916, S. 432; bzw. Stahl und Eisen, Bd. 36, S. 563.

auch die Größe der zweiten Seite geändert werden, so sind auch hier Abstufungen von je 50 mm zu wählen.

 c) **Abstichelektroden.** Als Normalquerschnitt wird 120 $\times$ 120 mm festgesetzt. Bei rechteckigen Elektroden werden als handelsüblich höchstens dieselben Abweichungen wie bei runden (siehe unter a) zugelassen, auf jede Seitenlänge bezogen. Bei größeren Abweichungen muß hier gegebenenfalls die Bearbeitung je einer Seite stattfinden mit Rücksicht auf die zu erzielende Haltbarkeit der Elektrodenpakete.

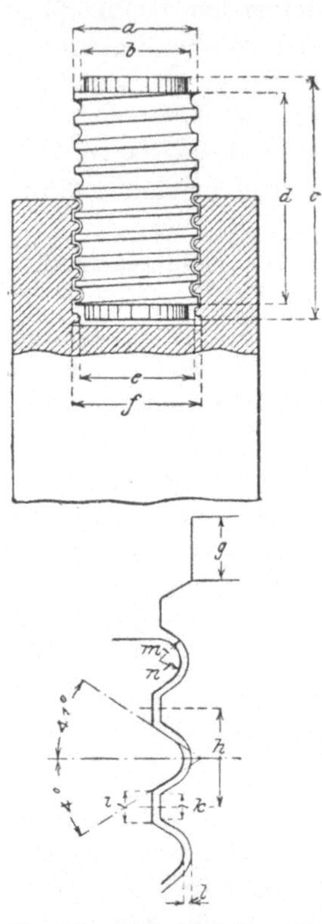

Fig. 106 und 107. Maßskizzen für Normal-Nippelverbindungen.

II. Länge der Elektroden.

Als Normallänge werden 2 m festgesetzt, mit Abstufungen von je 20 cm nach oben oder unten, wobei die Länge nach unten auf 1600 mm begrenzt wird. Für die Zukunft soll als Normallänge 2400 mm angestrebt werden. Unterschiede in der Länge von ± 20 mm sollen als handelsüblich zugestanden werden. Die Normallänge der Abstichelektroden wird auf 1,60 m festgesetzt mit Abstufungen nach oben und unten von 20 cm. Unterschiede in der Länge von ± 20 mm sollen als handelsüblich zugestanden werden.

III. Nippel.

 a) **Zylindrische Nippelverbindung.** Als verbindlich haben von jetzt ab die in der nebenstehenden Zahlentafel angegebenen Abmessungen für zylindrische Nippelverbindungen zu gelten; siehe auch Fig. 106 und 107.

 b) **Konische Gewindezapfenverbindung.** Festsetzungen bleiben vorbehalten.

IV. Kopfformen.

Festsetzungen bleiben vorbehalten.

V. Übergangszeit und Inkrafttretung.

Als Übergangszeit soll die Zeitdauer bis zum 1. August 1916 gelten. Von diesem Tage ab treten die vorstehenden Bestimmungen voll in Kraft, denen schon jetzt möglichste Beachtung zu schenken ist.

Um bei großen Ofeneinheiten Elektroden von verhältnismäßig geringem Querschnitt verwenden zu können, ist man auf den Gedanken

Elektroden-querschnitt	a	b	c	d	e	f	g	h	i	k	l	m	n	$\sphericalangle\,^{0}$	$\sphericalangle\,1^{0}$
175 ⌽	115	95	280	240	99	119	20	30	11	7	2	9,5	5,5	30°	30°
200	115	95	280	240	99	119	20	30	11	7	2	9,5	5,5	30	30
225	130	110	280	240	114	134	20	30	11	7	2	9,5	5,5	30	30
250	140	120	300	260	124	144	20	30	11	7	2	9,5	5,5	30	30
300	160	140	300	260	144	164	20	30	11	7	2	9,5	5,5	30	30
350	170	150	300	260	154	174	20	30	11	7	2	9,5	5,5	30	30
400	210	180	360	320	185	215	20	40	13	9	2,5	11,5	7,5	30	30
450	210	180	360	320	182	215	20	40	13	9	2,5	11,5	7,5	30	30
509	240	210	400	360	215	245	20	40	13	9	2,5	11,5	7,5	30	30
550	240	210	400	360	215	245	20	40	13	9	2,5	11,5	7,5	30	30
600	300	260	560	520	266	306	20	55	18	15	3,0	14,5	11,5	30	30
650	300	260	560	520	266	306	20	55	18	15	3,0	14,5	11,5	30	30
700	350	310	660	620	316	356	20	55	18	15	3,0	14,5	11,5	30	30
750	350	310	660	620	316	356	20	55	18	15	3,0	14,5′	11,5	30	30
800	390	340	660	620	346	396	20	55	18	15	3,0	14,5	11,5	30	30
1000	450	400	700	660	406	456	20	55	18	15	3,0	14,5	11,5	30	30
175 · 175	115	95	280	240	99	119	20	30	11	7	2	9,5	5,5	30	30
200 · 200	115	95	280	240	99	119	20	30	11	7	2	9,5	5,5	30	30
225 · 225	130	110	280	240	114	134	20	30	11	7	2	9,5	5,5	30	30
250 · 250	140	120	300	260	124	144	20	30	11	7	2	9,5	5,5	30	30
300 · 300	170	150	300	260	154	174	20	30	11	7	2	9,5	5,5	30	30
350 · 350	190	160	360	320	165	195	20	40	13	9	2,5	11,5	7,5	30	30
400 · 400	210	180	360	320	185	215	20	40	13	9	2,5	11,5	7,5	30	30
450 · 450	240	210	400	360	215	245	20	40	13	9	2,5	11,5	7,5	30	30
500 · 500	300	260	560	520	256	306	20	55	18	15	3,0	14,5	11,5	30	30
600 · 600	300	260	560	520	256	306	20	55	18	15	3,0	14,5	11,5	30	30
700 · 700	350	310	660	620	316	356	20	55	18	15	3,0	14,5	11,5	30	30
800 · 800	390	340	660	620	346	396	20	55	18	15	3,0	14,5	11,ó	30	30

verfallen, Kohleelektroden mit Metalleinlagen herzustellen. Diese weisen, wie ohne weiteres erklärlich ist, einen bedeutend verminderten elektrischen Widerstand auf. Diese Elektroden bieten jedoch bei ihrer Herstellung mancherlei Schwierigkeiten.

Wird die Metalleinlage in die Kohleelektrode vor dem Brande eingeführt, so nimmt das Metall, insbesondere Eisen, beim Brennprozeß Kohlenstoff auf und wird dadurch kaltbrüchig, wodurch seine mechanische Haltbarkeit, die für die Verwendung von Wichtigkeit ist, beeinträchtigt wird. Führt man die Metalleinlage erst nach dem Brande in die in der Elektrode vorgesehenen Hohlräume oder Aussparungen ein, so bietet die Herstellung eines genügend sicheren Kontaktes bei Verwendung möglichst einfacher handelsüblicher Querschnitte Schwierigkeiten. Einen guten Kontakt zwischen der Metalleinlage und der Elektrode kann man zwar erhalten, wenn man in bekannter Weise die in letzterer vorgesehenen Hohlräume mit geschmolzenem Metall oder mit Metallegierungen ausgießt. Aber auch hierbei treten noch Schwierigkeiten auf. Während nämlich das Metall sich beim Erstarren zusammenzieht, behält die Kohle ihre Form, und die Metalleinlage kann nach dem Erstarren durch einen dünnen Luftspalt von der Elektrode getrennt sein, wodurch wiederum ein schlechter Kontakt zwischen Metalleinlage und Kohleelektrode hervorgerufen wird. Dieser Übelstand läßt sich nun dadurch beseitigen, daß man Metalleinlagen und Bohrungen von bestimmter Gestalt wählt und die Eigenschaft des erstarrenden Metalls oder der Metallegierungen, die sich stark zusammenzuziehen, dazu benutzt, ein festes Anpressen der Metalleinlage an die Elektrodenwandung herbeizuführen. Man kann ferner die Gestalt der Metalleinlage auch so wählen, daß der Metallkern nach dem Gießen durch geeignete mechanische Hilfsmittel genau in die Form des Hohlraumes eingepreßt werden kann.

Die Planiawerke A. G. in Ratibor, Oberschlesien, hat sich, von obigen Gesichtspunkten ausgehend, ein Verfahren[1]) patentieren lassen, wonach Kohleelektroden mit zur Verminderung ihres elektrischen Widerstandes eingegossenen Metalleinlagen ausgeführt sind.

Die folgende Fig. 108 zeigt die Kohleelektrode a, die eine konische Bohrung erhält. Die eingegossene Metalleinlage b wird sich beim Erstarren, wenn die Elektrode auf der Endplatte c steht, fest an die Innenwandung der Kohle anpressen. Nach Fig. 109 ist die Metalleinlage b in die Kohlenelektrode a lose eingeführt. Die Bohrung der Kohleelektrode ist auch hier konisch, und zwischen der Innenwandung der Kohle und der Metalleinlage b wird ein Metall oder eine Metallegierung d eingegossen, welche beim Erstarren einen guten Kontakt zwischen dem Kohlekörper und der Einlage durch das Zusammenziehen des Metallgusses herbeiführt.

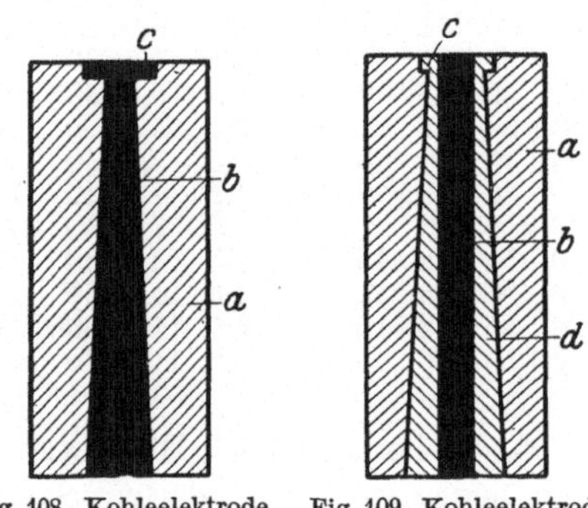

Fig. 108. Kohleelektrode mit Metalleinlage.　　　Fig. 109. Kohleelektrode mit Metalleinlagen.

Durch die im elektrischen Ofen stattfindende Erwärmung dehnt sich die Metalleinlage stärker aus als die Kohle, es findet somit auch während des Gebrauchs der Elektrode zufolge der gewählten Anordnung ein festes Anpressen und damit eine gute Kontaktgebung zwischen Metalleinlage und Elektrode statt.

2. Die Elektrodenhalter.

Die Elektrodenhalter dienen dazu, den elektrischen Strom von den festen Zuleitungen zu den Elektroden hinzuführen. Hierbei kommt es besonders darauf an, daß eine innige, gutleitende Verbindung erreicht wird.

Bei Elektroden aus Graphit, Retortenkohle, Tonerdegraphitgemisch und anderem nichtmetallischen Material ist ein Aufeinanderschleifen oder direktes Aufschrauben des Polschuhes auf die Elektrode nicht möglich. Man wird die Fläche der nichtmetallischen Elektrode nie ganz

---

[1]) D. R. P. **Nr.** 245 629.

eben bekommen, und infolgedessen treten durch die ungleiche Berührung durch zwischengelagerte Luft usw. Übergangswiderstände auf, die sich bei den starken Strömen, die bei elektrischen Öfen angewendet werden, recht unangenehm bemerkbar machen. Denn durch diese Übergangswiderstände geht nicht nur ein großer Teil des Stromes verloren, sondern dieser Stromverlust setzt sich auch noch in schädliche Wärme um, die am Kontakt erzeugt wird und diesen sowie die Elektrode selbst zu stark erwärmt, so daß man oft gezwungen ist, eine besondere Kontaktkühlvorrichtung anzubringen.

Hieraus folgt schon, daß auf die richtige Konstruktion der Elektrodenhalter Wert gelegt werden muß, sofern mit möglichst verlustlosem Ofenbetrieb gerechnet werden soll.

Einer der ältesten Elektrodenhalter ist der, wonach die Elektrode nach der Verbindungsstelle hinzu sich trapezförmig verbreitert. Auch die in Form schwalbenschwanzähnlicher Elektrodenenden gehören zu den ältesten Ausführungen. Diese haben den Nachteil, daß sich die Elektrodenreste zumeist nicht mehr ansetzen lassen, insbesondere aber an der geschwächten Stelle sehr leicht abbrechen und dadurch wertlos werden.

Ein Verfahren[1]) zur Herstellung einer Fassung für Kohleelektroden schlagen die Westdeutschen Thomasphosphat-Werke G. m. b. H. Berlin vor.

Die Elektroden 1 nach Fig. 110 werden am Kopf 2 abgesetzt, und über dieses abgesetzte Ende wird eine Kupferkappe 3 gestülpt, die sich möglichst schon an die Kopfflächen der Elektrode anschmiegen soll.

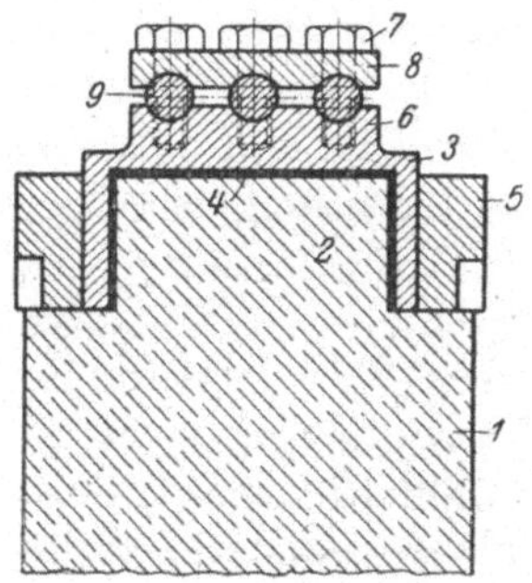

Fig. 110. Elektrodenanschluß der Westdeutschen Thomasphosphat-Werke, G. m. b. H., Berlin.

Um auch an den nicht sich berührenden Flächen guten Kontakt herbeizuführen, wird die Kupferkappe mit geschmolzenem Aluminium 4 oder einem anderen Metall, welches ähnlich hohen Schmelzpunkt hat, ausgegossen und — während dieses Aluminium noch flüssig ist — ein schmiedeeiserner Ring 5 um die Kupferkappe rotglühend aufgeschrumpft. Während des gleichzeitigen, allmählichen Erkaltens des Aluminiums und des Schrumpfringes werden Kupferkappe, Aluminiumschicht und Elektrodenkopf allmählich immer mehr aneinandergepreßt, so daß eine äußerst innige Berührung aller Flächen herbeigeführt und dadurch ein so vorzüglicher Kontakt erzielt wird, daß Übergangswiderstände nicht mehr auftreten können und eine besondere Kühlung des Kontaktes nicht mehr erforderlich ist.

Auf der Kupferkappe sitzt der Polschuh 6, der mittels Schrauben 7 und eines Bügels 8 die in die Öffnungen 9 hineingesteckten Kabelenden 10 festhält.

---

1) D. R. P. Nr. 207361.

Sehr wesentlich ist noch, daß bei dieser ganzen Kontaktvorrichtung jedes Löten vermieden ist. Bei den hohen Temperaturen, denen die Elektroden der elektrischen Öfen unvermeidlich ausgesetzt werden müssen, sind Lötungen sehr nachteilig und betriebsunsicher, da das Lötmetall zu leicht herausgeschmolzen wird und dadurch oft gerade in kritischen Augenblicken der Betrieb gefährdet ist.

Die beschriebene Fassung läßt sich jedoch nur am Ende der Elektrode anbringen, was, wie wir weiter unten sehen werden, bei Elektrostahlöfen mit regelbaren Elektroden nicht erwünscht ist.

Eine ähnliche Elektrodenfassung soll kurz beschrieben werden, die mit einer Kühlvorrichtung[1]) ausgebildet ist.

Dieselbe hat den Zweck, bei Elektrostahlöfen diejenigen Übelstände zu beseitigen, welche davon herrühren, daß sich die am Ofen angeordneten Elektrodenklemmen bzw. die Stromabnehmerteile, in welchen die Elektrodenköpfe eingespannt sind, erhitzen.

Die Erfindung besteht darin, daß die Außenfläche der aus einer die Elektrizität gut leitenden, gegen Hitze sehr widerstandsfähigen Masse, wie Gußmetall, hergestellten Stromzuführungsklemme durch rippen- oder flügelartige Ansätze, die angegossen oder sonstwie befestigt sein können, wesentlich vergrößert ist. Infolge dieser Einrichtung wird die Kühlung durch Wärmeausstrahlung erheblich vergrößert, so daß eine besondere Wasserkühlung nicht erforderlich ist.

Ein einfacher Elektrodenhalter ist der, der aus zwei kräftigen breiten Backen gebildet wird, die die Elektrode fast auf ihrem ganzen Umfang umfassen. Durch ein paar kräftige Schrauben wird die Elektrode von den Backen gepackt und unter festem Anziehen eine gute Verbindung erreicht. Diese Anordnung hat noch den Vorteil, daß der Halter nicht an dem Elektrodenende befestigt zu werden braucht; derselbe kann die Elektrode an jeder Stelle des Elektrodenumfanges angreifen. Bei ungebrauchten oder sehr langen Elektroden ist auf die Weise ein möglichst kurzer Stromdurchgang durch die Elektrode und ein besonderer Halt für die Elektrode geboten. Durch Öffnen und Wiederschließen der Backen kann die abgebrannte Elektrode beliebig tiefer gelassen werden.

Da die Elektrodenhalter zumeist hohen Temperaturen ausgesetzt sind, stellt man sie aus Messing, Rotguß oder Bronze her.

Anstatt der zwei Backen kann man sich einen ähnlichen Elektrodenhalter in der Weise konstruieren, daß man einen breiten Ring in viele kleine Segmente mit einem bestimmten Abstand unterteilt, und diese mit einem zweiten, doch geschlossenen Ring umgibt. Bildet man die beiden Ringe an ihren Berührungsflächen konisch aus, so vermag man die Segmente fest gegen die Elektrode zu pressen. Der geschlossene Ring wird an die feste Zuleitung angeschlossen.

---

[1]) D. R. P. Nr. 171955.

Da der Elektrodenhalter infolge des großen Elektrodengewichtes stark auf Zug beansprucht wird, so darf nicht allein auf eine gute Kontaktbildung zwischen Elekrode und Halter Wert gelegt werden, sondern es ist auch zu berücksichtigen, daß die Elektrode vollständig fest in dem Halter sitzt, um eine gleichmäßige Lichtbogenbildung zu erhalten. Ferner müssen die Elektrodenhalter so ausgebildet sein, daß sie infolge der hohen Temperaturen nicht frühzeitig zerstört werden. Man führt dieselben daher auch mit Kühlvorrichtungen aus, die jedoch in der Praxis wenig Bedeutung gewonnen haben. Der Vollständigkeit halber sollen nachstehend kurz einige Elektrodenhalter mit Kühlvorrichtung beschrieben werden.

Der Halter von Fried. Krupp, A. G., Essen[1]) bezieht sich auf Lagerungen für Elektroden mit metallischem, gekühltem Kopf und bezweckt, eine leichte Auswechselbarkeit zu erzielen, ohne daß die Güte und Zuverlässigkeit des Stromschlusses beeinträchtigt wird.

Auf der Zeichnung ist ein für Elektrostahlöfen bestimmtes Ausführungsbeispiel des Erfindungsgegenstandes in einem senkrechten Längsschnitte dagestellt.

Die Elektrode besteht aus einem Kohlezylinder A nach Fig. 111, der mittels eines Zapfens b^1 mit dem Kohlezylinder verbunden und in bekannter Weise zur Aufnahme von Kühlflüssigkeit E eingerichtet ist. Im Betriebszustande ruht die

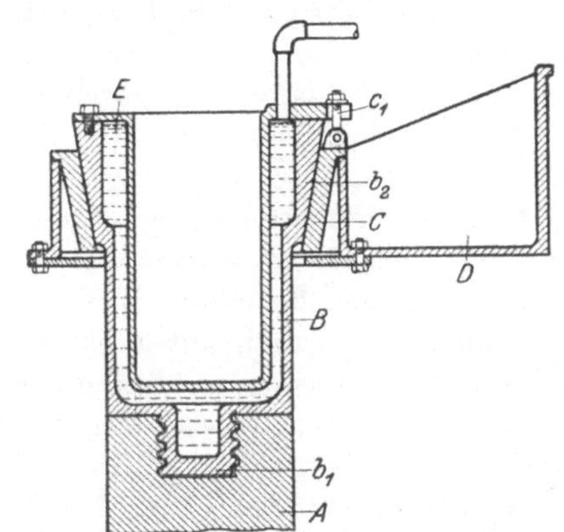

Fig. 111. Elektrodenhalter mit Kühlvorrichtung der Firma Friedr. Krupp, A.-G., Essen.

Elektrode unter der Wirkung ihres Eigengewichtes mit ihrem metallischen Kopfe B, der mit einer konischen Lagerfläche b^2 versehen ist, in einem entsprechend gestalteten metallischen Lager C, das an einem Arme D befestigt ist, der an einer — nicht dargestellten — Säule auf und nieder bewegt werden kann. Zur Sicherung der Verbindung zwischen dem Lager C, an das die Stromzuleitung angeschlossen ist, und dem Elektrodenkopfe B dienen noch eine Anzahl von Schraubenbolzen c^1, die in der aus der Zeichnung ersichtlichen Weise an dem Lager C angelegt sind.

Unter der Wirkung des Eigengewichtes der Elektrode entsteht zwischen dem Elektrodenkopfe B und dem Lager C an der konischen Auflagerfläche b^2 ein hoher Druck, der, wie die Erfahrung gezeigt hat, einen durchaus zuverlässigen und betriebssicheren Stromschluß gewährleistet. Muß die Elektrode zwecks Auswechslung des Kohlezylinders von ihrem Lager abgehoben werden, so ist nur die Lösung der durch die Schrauben-

---

[1]) D. R. P. Nr. 271654.

bolzen c^1 hergestellten Verbindung erforderlich, um das Anheben der Elektrode zu ermöglichen.

Dieser Halter hat jedoch wiederum den Nachteil, daß die ganze Elektrode nur an dem Zapfen b^1 angeschraubt ist. Abgesehen davon, daß die Verbindung außerordentlich sorgfältig ausgeführt werden muß, ist die Elektrode in dem Augenblick wertlos, wenn dieselbe kurz vor dem Zapfen abbricht. Infolge der Abschwächung ist diese Annahme möglich.

Anders verhält es sich mit dem Elektrodenhalter von Doubs[1]), der ebenfalls mit einer Kühlvorrichtung versehen ist, der aber die Elektrode nur an ihrem Umfange angreift.

Die Patentschrift sagt. hierzu folgendes: die Erfindung betrifft Elektrodenhalter für elektrische Öfen, bei denen die Elektroden durch eine aus zylindrischen Hülsen mit konischen Berührungsflächen bestehende Klemmvorrichtung verstellbar festgehalten werden. Bei den bekannten Ausführungsformen derartiger Elektrodenhalter ist ein dichter Abschluß der Elektroden besonders gegen den Luftzutritt von außen dadurch erreicht, daß der Elektrodenhalter oder die Klemmvorrichtung in eine außen verschlossene Hülse eingesetzt ist. Diese Anordnung hat aber den Nachteil, daß für ein Nachstellen der Elektrode der Deckel der Hülse erst gelöst und der Ofen für ein Auswechseln der Elektroden stillgesetzt werden muß.

Gemäß der Erfindung wird sowohl eine gute Dichtung gegen das Herdinnere und nach außen hin erreicht, als auch die erwähnten Nachteile dadurch vermieden, daß die Klemmvorrichtung in eine feststehende offene Hülse verschiebbar eingesetzt und die innere Hülse der Klemmvorrichtung selbst außen mit Gewinde versehen ist, in welches einerseits eine mit der äußeren Hülse der Klemmvorrichtung drehbar verbundene Mutter zum Festklemmen und Dichten der Elektrode gegen das Herdinnere, andererseits eine zweite Mutter eingreift, welche in bekannter Weise durch zwischen ihr und der Elektrode vorgesehenes Dichtungsmaterial den luftdichten Abschluß der Elektrode bewirkt. Da bei dieser Anordnung die durch die konischen Berührungsflächen gebildete Kontaktstelle möglichst nahe an der Abbrennstelle der Elektrode gelegen ist, so ist auch ein restloser Verbrauch der Elektrode ermöglicht, indem einfach eine neue auf die zum größten Teil abgebrannte aufgesetzt wird, die diese beim Nachstellen weiterschiebt.

Um zu verhüten, daß die Metallteile des Elektrodenhalters sich zu stark erhitzen, wird dieser mit einer Kühlvorrichtung versehen, die entweder unmittelbar in einer als Führung dienenden Hülse angebracht ist oder aus einem besonderen, vom Kühlmittel durchflossenen Kühlmantel besteht.

Die Fig. 112 zeigt einen Schnitt durch eine Ausführungsform des Elektrodenhalters, bei welcher die Kühlvorrichtung unmittelbar in einer als Führung dienenden Hülse angebracht ist.

---

[1]) D. R. P. Nr. 270771.

Bei dem in Fig. 112 dargestellten Ausführungsbeispiel ist die Klemmvorrichtung in einer als Kühlvorrichtung ausgebildeten und mit dem Ofengehäuse 13 fest verbundenen Hülse 10 luftdicht verschiebbar angeordnet.

Die Klemmvorrichtung für die Elektrode besteht aus einer mit einem mehrfach geschlitzten Konus versehenen Hülse 1 und einer diese umgebenden Hülse 2, die in der Hülse 10 verschiebbar angeordnet ist.

Eine Mutter 3 bewegt sich auf einem auf der Hülse 1 vorgesehenen Gewinde und ist mit der Hülse 2 mittels über einen Bund 11 greifenden Bügels 12 verbunden, so daß die innere Hülse mittels der Mutter 3 von der äußeren gehalten wird. Das freie Ende der Hülse 1 ist mit einer Überwurfmutter 8 versehen. Zwischen der Mutter 8 und dem freien Ende der inneren Hülse 1 ist eine Packung 9 vorgesehen, so daß beim Anziehen der Mutter 8 ein vollkommen luftdichter Abschluß zwischen Elektrode und der Hülse 1 erzielt wird.

Zur Verschiebung der Elektrode ist die Hülse 2 mit einer Verzahnung versehen (in der Figur nicht erkenntlich), in welche ein Zahnrad eingreift, das in einer gußeisernen Büchse gelagert ist und durch ein Handrad in Umdrehung versetzt werden kann.

Um die abgebrannte Elektrode weiter zu verschieben oder zu erneuern, sind die Muttern 3 und 8 zu lösen, wodurch die in der Hülse 1 festgeklemmte Elektrode freigegeben wird und somit weiterbewegt oder eine neue Elektrode in bekannter Weise nachgeschoben werden kann, worauf die eine Elektrode durch Anziehen der Mutter 3

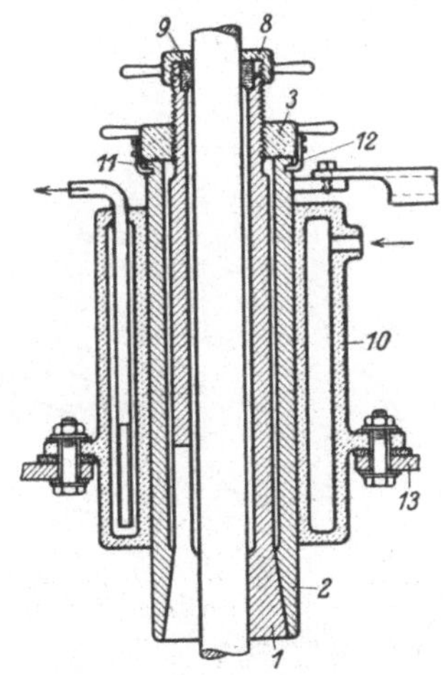
Fig. 112. Elektrodenhalter mit Kühlvorrichtung nach Doubs.

festgeklemmt und durch die Mutter 8 abgedichtet wird. Durch diese Anordnung wird das Herunternehmen des ganzen wassergekühlten Elektrodenhalters, wie dies bei anderen Öfen der Fall ist, gänzlich vermieden.

Die Firma Brown, Boveri & Co., A. G. Mannheim-Käferthal hat einen Elektrodenverschlußdeckel zum Patent angemeldet, den wir kurz beschreiben wollen.

Bekanntlich wird die schrägliegende Elektrode (beim Stassano-, Mönkemöllerofen usw.) nur auf Schlitten mit Führungsschienen geführt. Der Elektrodenzylinder ist an der Eintrittsseite der Elektrode bzw. des Elektrodenhalters durch einen Deckel abgeschlossen. Eine neue Form dieses Deckels soll nachstehend beschrieben werden.

Während man bisher diesen Deckel, welcher den Lufteintritt in den Ofen und den Gasaustritt aus demselben verhindern soll, einteilig nach Art einer Stopfbüchse ausgeführt und mit Bolzen und Keilen am gekühlten

Zylinderring befestigt hatte, wird derselbe gemäß der Erfindung nach Art einer zweiflügeligen Tür hergestellt. Das hat vor allem Vorteile beim Auswechseln der Elektrode. Bisher mußten beim Entfernen der verbrauchten Elektrode zunächst die Bolzen oder Keile des Deckels gelöst und dann die Elektrode mitsamt dem stopfbüchsenartigen Deckel herausgezogen werden, was sehr umständlich und zeitraubend war. Erst dann konnte man die alte Elektrode entfernen und die neue in den Halter einsetzen. Der Ein- und Ausbau der langen und schweren Stücke war noch schwieriger, weil der hintere Teil des Elektrodentragrohres um die halbe Höhe des einteiligen Deckels aus der achsialen Richtung verschoben werden mußte, um über die Stromzuführungsklemmen hinwegzukommen, was leicht ein Brechen der Elektrodenkohle nach sich zog. Mit dem neuen Doppeltürdeckel, siehe Fig. 113, 114 und 115, ist die Auswechs-

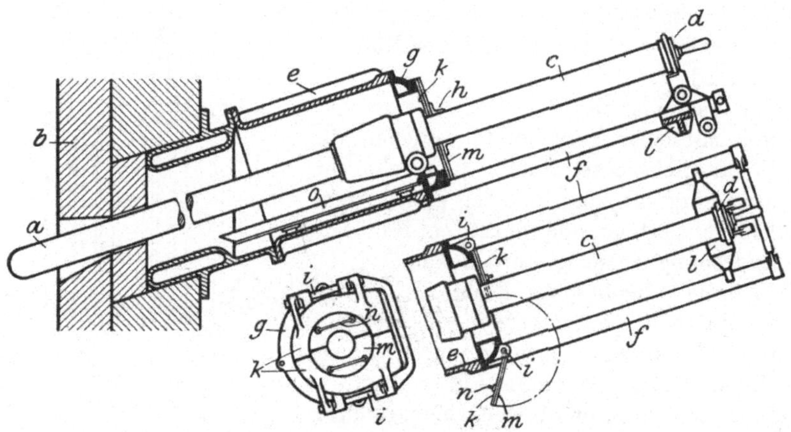

Fig. 113, 114 und 115.
Elektrodenführung mit -verschlußdeckel der Firma Brown, Boveri & Co., A.-G. Mannheim.

lung eine Kleinigkeit, weil derselbe ohne Lösen von Schrauben oder Keilen scharnierartig aufgeklappt werden kann, und die ganze Öffnung des Kühlzylinders frei gibt, so daß die Elektrode beim Aus- und Einbau nicht aus der Achsrichtung verschoben werden muß.

Nach den Fig. 113—115 ist a die Kohlenelektrode, die bei b das innere Ofenmauerwerk durchdringt, und c ihr Halter, dem der Strom zugeführt wird. Außerhalb des Kühlzylinders e wird sie mittels des Gleitkopfes l auf den Schienen f, innerhalb desselben mittels Kolben n auf den Schienen o geführt. Das wassergekühlte Endstück g des Zylinders e wird durch den zweiflügeligen Klappdeckel k nach der Erfindung abgeschlossen, der mittels der Handgriffe h um die Scharniergelenke i geschwenkt werden kann, so daß sich die Elektrode a, nach Lösen ihrer Führungsklemme leicht herausnehmen läßt. Der innere Teil m des Deckels besteht aus feuerfestem Isoliermaterial.

3. Die Elektrodenverbinder[1]).

Die Elektrodenverbinder dienen dazu, Elektroden restlos zu verbrauchen. Man verbindet daher bekanntlich den Rest der alten Elektroden oder einer abgebrochenen Elektrode mit der neuen durch Verbindungsstücke, sog. Elektrodenverbinder, Elektrodennippel usw. Diese besitzen große Gewinde, welche in die Bohrungen mit gleichen Gewinden in beide Elektroden eingeschraubt werden.

Die Elektrodenverbinder werde heute in verschiedenen Formen ausgeführt. Es gehört eine hinreichende Erfahrung dazu, Elektroden so miteinander zu verbinden, daß ein gleichmäßiger, ungeschwächter Stromübergang erreicht wird. Schlecht ausgeführte Elektrodenverbindungen sind solche, die einen schlechten Kontakt und somit einen großen Übergangswiderstand bieten. Eine solche Verbindung geht auf Kosten der Wirtschaftlichkeit und muß unter allen Umständen vermieden werden.

Elektroden, die aus Resten von Kohleelektroden zusammengesetzt sind, sind bei im Betrieb befindlichen Öfen des öfteren zu untersuchen. Man erreicht dies dadurch, daß man zwischen Schmelzgut und Elektrodenhalter einen geeigneten Prüfapparat, z. B. Widerstandsmesser, einbaut. Das Instrument ist für verschiedene Meßbereiche mit augenblicklicher Ablesung des elektrischen Widerstandes in Ohm im Handel zu haben. Gleichzeitig kann das Instrument als Isolationsprüfer ausgebildet sein, um festzustellen, inwieweit die Elektroden von dem Ofen isoliert hängen.

Die Firma Gebrüder Siemens & Co. in Lichtenberg bei Berlin hat sich eine Einrichtung[2]) zum Verbinden von Elektroden patentieren lassen, auf die nachstehend eingegangen werden soll.

Die zum Betriebe von elektrischen Öfen erforderlichen Elektroden werden in vielen Fällen mit Gewinde und Nippel versehen, um mehrere Elektroden zusammenzustücken und dadurch ein restloses Verbrennen sowie einen ununterbrochenen Betrieb zu ermöglichen.

Da nun die Gewinde in dem Kohle- oder Graphitmaterial der Elektroden nur sehr schwierig genau hergestellt werden können, so werden die Schraubennippel in der Regel ein wenig schwächer gemacht als das dazugehörige Gewinde. Dadurch entsteht zwischen Nippel und Elektrode ein Spielraum, der wiederum zur Folge hat, daß die Mitten der Elektroden häufig nicht genau übereinstimmen.

Diesen Übelstand zu beseitigen, ist der Zweck der vorliegenden Erfindung. Die Erfindung besteht darin, daß die Enden der Elektroden mit zylindrischen, kegelförmigen oder sonstigen Zentrierungen versehen sind, die z. B. aus Vorsprüngen oder Vertiefungen bestehen. Die Erhöhungen der einen Elektrode passen in die entsprechenden Vertiefungen der nächsten Elektrode, wie Fig. 116 zeigt, oder beide Elektroden erhalten Vertiefungen, in die ein besonderes Paßstück hineingelegt ist.

---

[1]) Siehe auch S. 141, Normalien über Nippelverbinder.
[2]) D. R. P. Nr. 245321.

Hierdurch ist es möglich, die Elektroden genau konzentrisch zusammenzustücken, und zwar ist die genaue Zentrierung auch dann noch gewährleistet, wenn die Verschraubungen ungenau, d. h. mit Spiel gearbeitet sind.

Die Genauigkeit der Zentrierung wird noch erhöht, wenn die Zentrier-
flächen auf einer Drehbank abgedreht werden. Dagegen ist im allgemeinen nicht erforderlich, auch die Gewinde auf der Drehbank nach-
zuarbeiten, wodurch an Arbeitslohn bedeutend gespart wird.

Eine andere Verbindung[1]) ist die von den Planiawerken A. G. für
Kohlenfabrikation in Ratibor.

Nach einem früheren Patent soll der Widerstand der Verbindungsstücke durch eingelegte Metalladern herabgesetzt werden, und zwar sollen
nach den dargestellten Beispielen die Metalladern in die Kohlenippel
eingebettet sein. Hierbei hat nun das aus Kohlenmaterial bestehende
Gewinde den ganzen Zug des Kohlenippels auszuhalten, und man ist
aus diesem Grunde genötigt, seinen Querschnitt
auf Kosten der Wandstärke der Elektroden
möglichst groß zu halten. Es bestand somit
hier stets die Gefahr des Abreißens des ange-
setzten Kohlestückes.

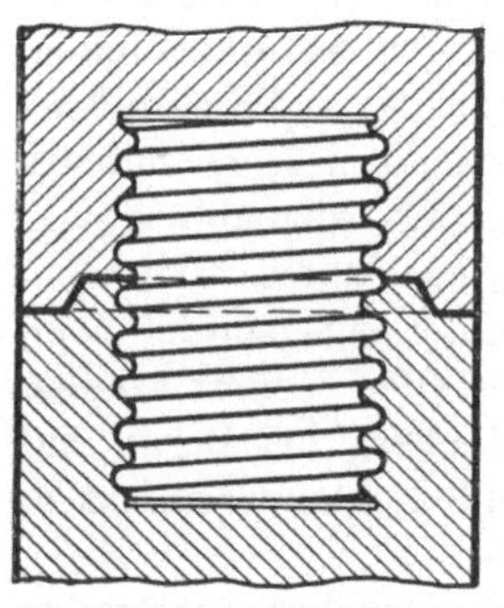

Fig. 116. Elektrodenverbindung
der Firma Gebr. Siemens & Co.,
Lichtenberg bei Berlin.

Ferner werden beim Anstückeln der Elektroden ihre Stirnseiten und die obere Fläche
des Nippels mit einem Teerkitt eingeschmiert,
um eine möglichst innige Verbindung herzustellen. Bekanntlich ist aber der Teerkitt in
noch nicht gekoktem Zustand ein schlechter
Stromleiter, und es entsteht aus diesem Grunde
wieder ein großer Übergangswiderstand. Erst
wenn die Verbindungsstelle sich der heißen
Ofenzone nähert, fängt der Teerkitt langsam an
zu verkoken und erreicht dann erst bessere Leitfähigkeit. Man muß
daher danach trachten, den Verbindungsstellen zwischen den Elektroden
und dem Verbindungsnippel eine größere Leitfähigkeit zu geben.

Nach dem vorliegenden Elektrodenverbinder soll dieser Vorteil dadurch erreicht werden, daß die Metalleinlagen am äußeren Umfang des
Nippels angeordnet werden. Je nach der Strombelastung wird man
mehr oder weniger derartige Metalleinlagen am Umfang vorsehen. Vorteilhaft gibt man den Metalleinlagen, welche in dem Kohlenippel in
geeigneter Weise befestigt sind, auch Gewindegänge, so daß eine möglichst innige Verbindung mit der Kohleelektrode erreicht wird.

Die folgende Fig. 117 zeigt im Querschnitt und Grundriß ein Ausführungsbeispiel der Neuerung.

Die Kohleelektroden e, e^1 sind durch das Verbindungsstück a miteinander verbunden, welches als Gewindenippel ausgebildet ist. Das

---

1) D. R. P. Nr. 271541.

Verbindungsstück *a* ist mit mehreren, der Strombelastung entsprechenden Metalleinlagen *b* versehen, welche am Umfang des Gewindenippels angeordnet sind. Auch diese Metalleinlagen besitzen dem Gewinde des Kohlenippels entsprechende Gewindegänge *d*. Hierdurch ist die Möglichkeit gegeben, daß die Metalleinlagen *b*, z. B. eingelegte Eisenstäbe, da sie direkt mit der Elektrode *e* in innige Berührung kommen, den Strom abnehmen und ihn in das Gewinde der unteren Elektrode e^1, also des angestückelten Stummels, weiterleiten. Diese Anordnung der Metalleinlagen im Gewinde des Nippels hat außer der guten Leitfähigkeit des Stromes noch den Vorzug, daß der Kohlenippel infolge der hohen Zugfestigkeit der Metalleinlagen in seinem Querschnitt verringert,

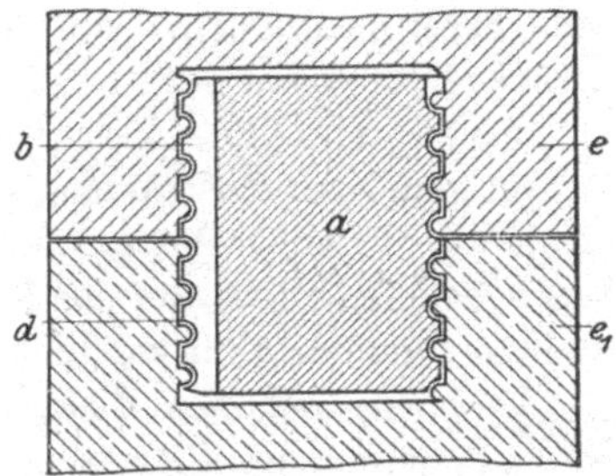

Fig. 117. Elektrodenverbindung der Planiawerke, A.-G. Ratibor.

und die Wandstärke der Elektroden an diesen Stellen größer gehalten werden kann, so daß die Elektroden an der Verbindungsstelle der Gefahr des Abreißens nicht mehr ausgesetzt sind.

Trotz mancher Übelstände, die die Elektrodenverbinder aufweisen, ist ihre Verwendung bei Elektrostahlöfen unerläßlich, wo stärkere Elektrodenquerschnitte in Betracht kommen.

4. Die Elektrodenschutzvorrichtungen.

Bei elektrischen Lichtbogenöfen, bei denen die Elektroden durch das Gewölbe oder durch die Ofenwandung in den Ofen hineinragen, muß den hierfür bestimmten Aussparungen eine im Vergleich zum Querschnitt der Elektroden etwas größere lichte Weite gegeben werden. Die Elektroden müssen sich leicht auf- und abwärts bewegen lassen. Es entstehen daher zwischen den Eelektroden und der Wandung des Gewölbes kreisförmige Schlitze. Es läßt sich nicht vermeiden, daß die glühenden Ofengase und- flammen aus diesen Schlitzen herausschlagen und die Außenteile der Kohleelektroden so stark erhitzen, daß eine Verbrennung der oberen Teile der Kohleelektroden an der Außenluft eingeleitet wird. Hierdurch verringert sich an den betreffenden Stellen der Querschnitt der Elektroden.

Das einfachste Verfahren, um diesem Übelstand einigermaßen abzuhelfen, ist, daß man unmittelbar über der Deckelöffnung einen hohlen Kühlring anbringt, der die Elektrode möglichst eng umschließt. Der Kühlring muß sehr hitzebeständig sein und besteht daher aus Messing oder Rotguß. Durch den Kühlring findet ein Wasserumlauf statt, der sich nach der Höhe der auftretenden Hitze richtet.

Da die lichte Weite dieser Kühlringe, sowohl aus Gründen der Betriebssicherheit wie auch infolge der Ungleichmäßigkeiten zwischen den einzelnen Elektroden, größer gehalten werden muß, als der Elektrodenquerschnitt ist, so läßt sich auch hier ein Schlitz von mehreren Millimetern zwischen den Elektroden und dem Kühlring nicht vermeiden. Die Anwendung der Kühlringe kann die geschilderten Übelstände nicht ganz beseitigen, doch dazu beitragen, daß die heißen Ofengase teilweise zurückgehalten werden.

Diese unliebsame Erscheinung bei Lichtbogenöfen mit durch den Deckel geführten Elektroden, hat zur Folge, daß erhebliche, nicht zu vermeidende Wärmeverluste entstehen. Diese sind so groß, daß man bei einem solchen Ofen, der nur kurzzeitig abgeschaltet wird, die Elektrodenschlitze augenblicklich mit dichtschließenden Verpackungen zustopfen muß.

Bei hochgehobenen Elektroden hilft man sich damit, daß man auf die Deckelöffnungen Platten oder dgl. aus feuersicherem Material auflegt.

Für die folgende Charge ist es von großer wirtschaftlicher Bedeutung, daß die Hitze von der vorhergehenden Charge möglichst im Herd bleibt. Man muß also ganz besonders darauf sehen, daß die Elektrodenöffnungen fest verschlossen bleiben.

Die Firma Fried. Krupp, A. G., Essen[1]) hat sich folgende Vorrichtung schützen lassen.

Es handelt sich um eine Elektrodenabdichtung, die auch für solche Elektroden brauchbar ist, die nicht an einem Zugorgane aufgehängt, sondern in üblicher Weise starr an einem Elektrodenhalter befestigt sind.

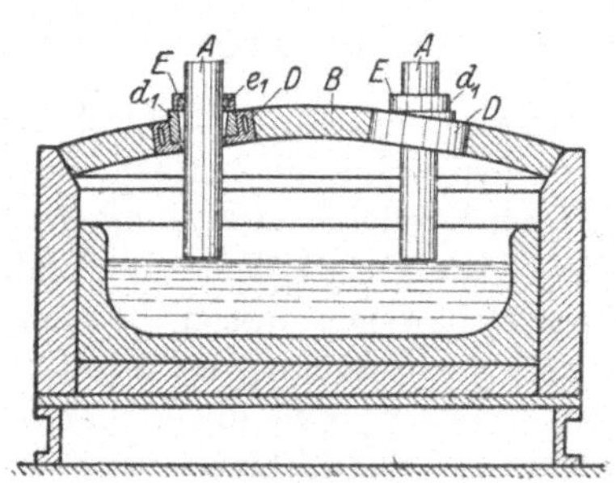

Fig. 118.
Elektrodenschutzvorrichtung, bzw. -abdichtung der Firma Friedr. Krupp, A.-G. Essen.

Die Erfindung besteht darin, daß auf dem, die Elektrode mit erheblichem Spielraume umschließenden Saumring ein auswechselbarer, die Elektrode dicht umschließender Abdichtungsring lose aufliegt, und daß der Saumring und der Abdichtungsring in bezug aufeinander quer zur Elektrode leicht beweglich sind.

In der Fig. 118 ist ein senkrechter Schnitt durch einen Schmelzofen dargestellt, der eine ein Ausführungsbeispiel der Erfindung bildende Elektrodenabdichtung besitzt.

An den Stellen, wo die Elektroden A durch den Deckel B des Schmelzofens durchgeführt sind, sind wassergekühlte eiserne Saumringe D bekannter Bauart in den Deckel eingelassen. Jeder Saumring ist mit einem aus isolierendem Stoff bestehenden Futterringe d^1 versehen. Der Innendurchmesser des Futteringes d^1 ist an der engsten Stelle so bemessen, daß die Elektrode A noch reichlich Spielraum hat. Ein solcher

---

[1]) D. R. P. Nr. 283517.

Spielraum ist erforderlich, um Ungenauigkeiten in der Befestigung der Elektrode ausgleichen zu können und beim Wandern des Saumringes, das infolge der Wärmewirkung eintreten kann, eine Beschädigung der Elektrode zu verhüten. An seiner oberen Begrenzungsfläche ist der Futttering d^1 abgeflacht, so daß er für einen weiteren eisernen Ring E, der geichfalls mit isolierendem Futter, e^1, versehen ist, eine ebene Unterlage bildet. Der Ring e^1 umschließt die Elektrode A mit nur wenig Spiel, so daß ein dichter Abschluß der Öffnung des Saumringes D gewähr leistet ist.

Beim Wandern des Saumringes D wird der Abdichtungsring E durch die Elektrode festgehalten. Eine Beschädigung der Elektrode ist hierbei ausgeschlossen, da infolge der beschriebenen Lagerung des Abdichtungsringes E Saumring und Abdichtungsring in bezug aufeinander quer zur Elektrode leicht beweglich sind. Da beim Wandern des Saumringes der zwischen diesem und der Elektrode vorhandene Spielraum abgedeckt bleibt, so wird die Güte der Abdichtung durch das Wandern des Saumringes nicht beeinträchtigt. Wenn sich nach längerem Betrieb der Durchmesser der Elektrode so weit vermindert hat, daß zwischen ihr und dem Futter e^1 des Abdichtungsringes E ein größerer Spielraum enstanden ist, wird der Abdichtungsring durch einen anderen Ring mit engerem Futter ersetzt. Da der Abdichtungsring leicht auswechselbar ist, kann man also ohne Mühe dauernd eine wirksame Abdichtung erzielen.

Zur Beseitigung gegen das Angreifen der Elektroden durch die ausströmenden heißen Gase, hat man schon früher vorgeschlagen, die Elektroden an den gefährdeten Stellen mit Schutzhüllen zu versehen. Diese Schutzhüllen bestehen z. B. aus Gemischen von Asbestwolle und Wasserglas oder von Kieselgur mit Wasserglas oder aus mit Zement ausgestrichenen Drahtnetzen u. dgl. und bilden mit der Elektrode ein fest zusammenhängendes Ganzes. Solche Packungen gewähren zwar Schutz gegen ein Abbrennen der Kohle, bedürfen jedoch umständlicher und langwieriger Vorbereitungsarbeiten, da sie in feuchtem Zustande an den Elektroden angebracht werden und vor der Inbetriebnahme erst völlig trocknen und erhärten müssen. Ferner ist bei den erwähnten Schutzhüllen ein Nachstellen der Kohle, entsprechend dem Abbrand durch den Flammenbogen unmöglich, oder zum mindesten mit schwierigen, zeitraubenden und während des Betriebes überhaupt kaum ausführbaren Arbeiten verbunden.

Ein neues, ähnliches Schutzmittel[1] schlägt die Gutehoffnungshütte, Oberhausen, vor, welches darin besteht, daß eine Anzahl feuerbeständiger Ringe um die gefährdeten Elektrodenteile angebracht werden, welche während des Betriebes auswechselbar bzw. abnehmbar sind.

Es ist der Fall zugrunde gelegt, daß die Schutzringe aus Metall bestehen und an ihrer Innenseite mit einer feuerfesten Schicht (Asbest

---

[1] D. R. P. Nr. 244923.

oder dgl.) ausgekleidet sind, doch ist auch eine Ausführung der Ringe aus letzterem Material allein möglich. Zweckmäßig werden die Ringe rohrschellenartig und aufklappbar ausgebildet. Sie können aber auch auf die Elektroden aufgeschoben oder in ähnlicher Weise auf die Elektroden aufgebracht werden.

Schließlich sei noch ein Verfahren[1]) zum Schutz der Elektroden von den Rombacher Hüttenwerken, Rombach, erwähnt.

Um nämlich das Herausschlagen der Ofenflammen durch den Schlitz zwischen dem Kühlring und der Elektrode zu verhindern, wird oberhalb des Kühlringes noch ein kreisförmiger Hohlkörper, z. B. ein kreisförmig gebogenes Rohr, angebracht, welcher die Elektrode gar nicht besonders dicht zu umschließen braucht. Dieser Hohlkörper hat an seiner Innenwandung zahlreiche Öffnungen oder Düsen, aus welchen irgendwelche nicht brennbaren Gase, wie z. B. Stickstoff, Kohlensäure, Rauch oder Essengase und Wasserdampf, unter einem gewissen Überdruck gegen die Elektrode ausströmen können. Der hierdurch um die Elektrode entstehende Überdruck, der, absolut gemessen, sehr klein sein kann, verhindert das Austreten der Ofenflammen, wodurch die geschilderten Übelstände völlig vermieden werden.

Überraschenderweise hat es sich herausgestellt, daß man an Stelle der oben aufgezählten inerten und nicht brennbaren Gase auch die atmosphärische Luft benutzen kann, ohne daß die Elektrodenkohle darunter leidet, und die Befürchtung, daß, wenn man gegen die von der Ofenhitze und den Stromdurchgang recht heiße Kohleelekrode Luft bläst, die Elektrode an dieser Stelle stark oxydieren oder gar verbrennen könnte, hat sich als unzutreffend herausgestellt. Das Ausbleiben der befürchteten schädlichen Wirkungen der Luft ist vielleicht auf die starke Abkühlung zurückzuführen, welche die Druckluft, bei ihrer Ausströmung aus den Düsen infolge der plötzlichen Expansion erleidet. Andererseits kann für die günstige Wirkung noch der Umstand föderlich sein, daß die Ofenflammen durch die relativ große Menge kalter Gase abgeschreckt, oder bei Anwendung von Wasserdampf gewissermaßen erstickt werden.

In manchen Fällen kann man von dem bisher allgemein üblichen Kühlring überhaupt Abstand nehmen und läßt statt dessen aus dem mit Düsen versehenen oder geschlitzten Hohlkörper eins der aufgezählten Gase oder deren Gemische gegen die Elektrode ausströmen.

Statt um jede einzelne Elektrode einen Überdruck zu erzeugen, kann man auch in der Weise verfahren, daß man durch Ausströmenlassen von komprimierter Luft usw., aus in der Nähe des Ofens befindlichen Düsen, um das ganze Ofengewölbe und somit auch um alle Elektrodenschlitze einen Gasüberdruck erzeugt, und so das Herausschlagen der Flammen aus den letzteren verhindert.

---

[1]) D. R. P. Nr. 264284.

Falls der Ofeninhalt, z. B. das Metallbad, zur Oxydation neigt und davor geschützt werden muß, empfiehlt es sich, bei der oben beschriebenen Anwendung von Luft, Kohlensäure oder Wasser bzw. Wasserdampf zur sicheren Verhütung der Oxydation des Schmelzbades dieses mit einer Decke von Koksklein oder dgl. zu versehen, wodurch die sauerstoffhaltigen Gase von der Einwirkung auf das Schmelzbad abgehalten werden.

Durch Anwendung von kräftigen, elektrischen Blasmagneten, die in geeigneter Weise um die Elektroden angebracht werden können, muß es ebenfalls möglich sein, das Angreifen der Elektroden durch heiße Gase zu verhindern.

5. Die Elektrodenreguliervorrichtungen.

Von Bedeutung ist bei Elektrostahlöfen mit Lichtbogenheizung das ruhige Arbeiten. Es muß angestrebt werden, daß die Lichtbögen ohne große Schwankungen bzw. Veränderung ihres Lichtbogenabstandes arbeiten. Das Auftreten von empfindlichen Stromstößen bei dieser Art Öfen ist eine bekannte Erscheinung und führt Elektrizitätswerke häufig zu Bedenken, einen so unruhig arbeitenden Stromverbraucher an ihr Leitungsnetz anzuschließen.

Insbesondere mit kaltem Einsatz arbeitende Lichtbogenöfen bieten große Schwierigkeiten, einen ruhigen, stoßfreien Gang zu erzielen. Ferner beim Zusetzen von Zuschlägen und dgl. treten heftige Stromstöße — Elektrodenkurzschlüsse usw. — auf, die auf den Betrieb des Ofens, auf die Apparate und Leitungen, und schließlich auf die Maschinen von nachteiligem Einfluß sind.

Man ist daher seit Bestehen der Lichtbogenöfen bestrebt, Einrichtungen zu schaffen, die ein ruhiges Arbeiten dieser Öfen ermöglichen. Zu diesem Zweck wählt man sogenannte Elektrodenreguliervorrichtungen, die an Stelle teurer und vielfach versagender menschlicher Arbeitskraft gesetzt werden sollen, zwecks besserer Wartung der Lichtbogenöfen.

Es ist beispielsweise nicht möglich, die Stromstärke bei plötzlich einsetzenden Belastungsänderungen auch nur annähernd konstant zu halten. Die Reguliervorrichtungen sollen daher Stromstöße zu vermeiden oder dämpfen versuchen und die Belastung selbsttätig konstant halten. Unter der letzten Annahme ist verstanden, daß mit der Reguliereinrichtung ein Übersteigen der Entfernung der lichtbogenbildenden Elektroden vermieden werden soll.

Die Regulierung kann mechanisch, hydraulisch und elektrisch erfolgen. Die mechanische stützt sich darauf, daß die Elektrode an einem Arm befestigt ist, welcher durch eine Spindel auf- und abbewegt wird. Die Bewegung der Spindel erfolgt durch Zahnradübertragung auf ein einfaches Handrad.

Eine ähnliche mechanische Elektrodenreguliervorrichtung ist die von Gebr. Böhler & Co., A.-G., Berlin [1]).

---

[1]) D. R. P. Nr. 288951.

Hierbei handelt es sich darum, daß die Elektrode am Ende eines ein- oder zweiarmigen Hebels eingehängt ist, welcher derart drehbar gelagert ist, und von Hand oder motorisch bewegt wird, daß die Elektrode genau in der Achsenrichtung des Loches in der Ofendecke geradegeführt ist.

Für diesen Zweck kann jede beliebige Hebelgeradeführung benutzt werden.

Nach der folgenden Fig. 119 bedeutet a den Elektroofen, b die Elektroden, c die Stromzuführung, d den Einspannring für die Elektrode, e den Tragzapfen am Einspannring zwecks Einhängung in den mit entsprechender Kerbe f versehenen einarmigen Hebel g; h_1 ist der an der Gelenkstange i angeordnete Drehzapfen für den Hebel g; k ist eine am Ofenseitengewände l befestigte Konsole; m ist ein auf letzterer befestigter Windenkasten zur Abstützung und Betätigung des Elektrodenhebels g; n ist eine Stützstange, die einerseits mittels Zapfen o am Hebel g, andererseits mittels Zapfen p an einer im Windenkasten m geführten Schraubenspindel q angelenkt ist;

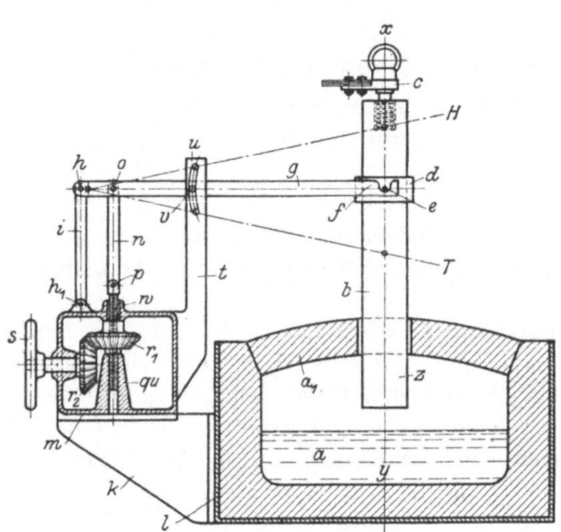

Fig. 119. Mechanische Elektrodenreguliervorrichtung der Firma Gebr. Böhler & Co., A.-G. Berlin.

r_1 ist ein sich am Ort drehendes Kegelrad, welches mit dem Nabengewinde in die Schraubenspindel q eingreift; r_2 ist ein vom Handrade s aus betätigtes Kegelrad, welches in das Kegelrad r_1 eingreift; t ist ein am Windenkasten m fix angeordneter Arm, der den Kulissenschlitz u trägt, in welchen der Zapfen v des Hebels g eingreift.

Die Wirkungsweise der Vorrichtung ist folgende:

Wird durch das Handrad s das Kegelrad r_2 und durch letzteres das Kegelrad r_1 gedreht, so erfolgt je nach der Drehrichtung des Handrades s vermittels des Muttergewindes des Kegelrades r_1 entweder ein Heben oder Senken der Schraubenspindel q, welch letztere in den glatten Bohrungen w der Windenkasten geradegeführt ist. Diese vertikale Bewegung überträgt sich durch die Stützstange n auf den Hebel g, der sich um den Zapfen h drehen kann. Letzterer ist aber nicht fix, sondern an der Gelenkstange i angeordnet, welche entsprechend dem Bogenverlauf des Kulissenschlitzes u eine kurze Schwingung um den Bolzen h_1 in der Ebene des Hebels g ausführt.

Der Kulissenschlitz u hat nun einen derartigen Verlauf, daß die Tragzapfen e sowohl in der Höchstlage H, in der gezeichneten Mittellage und in der Tiefstlage T, als auch in sämtlichen Zwischenlagen immer in der Achsenrichtung $x—y$ der Öffnung z der Ofendecke a_1 verbleiben.

Infolge dieser genauen Geradführung ist es möglich, zwecks Verhinderung von Wärmeverlusten und Elektrodenabbrand einen sehr geringen Spielraum zwischen der Elektrode b unter der Lochwandung in der Ofendecke a^1 anzuordnen und ihn für die Betriebsdauer des Ofens immer einzuhalten.

Die hydraulische Regulierung kommt z. B. beim Stassanoofen zur Anwendung. Dieselbe ist auch in dem Abschnitt näher beschrieben, so daß sich eine Wiederholung an dieser Stelle erübrigt.

Eingegangen sei jedoch kurz auf eine Reguliervorrichtung, die durch einen hydraulischen Servomotor gesteuert wird. Die Regulierung erfolgte bisher so, daß der Servomotor dauernd mit dem vollen Elektrodengewicht belastet war; er mußte daher einerseits sehr groß und für sehr hohen Druck bemessen werden, andererseits mußte infolge der unvermeidlichen Undichtigkeiten dauernd nachreguliert werden.

Die Firma Brown, Boveri & Co., Baden[1]), hat sich eine Einrichtung schützen lassen, wonach der Servomotor bei Stillstand vollkommen entlastet und wenn er anspricht, nur Reibungswiderstände zu überwinden und die Massen des Triebwerks zu beschleunigen hat. Es ist daher möglich, einen kleinen Servomotor und verhältnismäßig geringen Flüssigkeitsdruck zu verwenden; daher treten nicht so leicht Druckverluste infolge von Undichtigkeiten auf, und die Einstellung und Regulierung kann mit außerordentlicher Präzision bewirkt werden.

Erhöht wird die Präzision der Einstellung noch durch die Verwendung von Schnellreglern zur Steuerung des hydraulischen Servomotors.

Elektrische Reguliervorrichtungen gibt es heute eine ganze Reihe. Freilich haften den meisten der bis jetzt bekannten selbsttätigen Stromregulatoren noch Mängel an; einerseits erfolgt die Regulierung zu langsam, andererseits beeinträchtigt deren verwickelte Konstruktion ihre Betriebssicherheit.

Nachstehend soll eine selbsttätige elektromechanische Vorrichtung von Innocenti[2]) beschrieben werden. Die Funktion derselben ist folgende: Wenn der Ofen unter einer konstanten Spannungsdifferenz eine höhere Stromstärke als die vorherbestimmte verbraucht, so strebt besagter Apparat danach, sie zu verringern, wobei der Wert der verbrauchten Energie beständig erhalten wird. In diesem Falle nimmt die Anziehung der amperemetrischen Spule zu, während die der voltmetrischen Spule abnimmt; die Anziehung der Erregungsspule nimmt infolge des Sinkens der Spannung an den Klemmen der Dynamomaschine ab.

---

[1]) D. R. P. Nr. 280838.
[2]) D. R. P. Nr. 227333.

Der Hebel bewirkt sodann einen Kontakt und erhält ihn so lange, bis infolge der Abnahme der Stromstärke, der Hebel wieder in Gleichgewicht zurückkehrt.

Wenn der Ofen eine niedrigere Stromstärke als die vorherbestimmte verbraucht, so nimmt die durch die amperemetrische Wicklung hervorgerufene Anziehung ab, während die der voltmetrischen und der Erregungsspulen steigt. Die Wirkungen der einzelnen Spulen vereinigen sich also dahin, daß ein anderer Kontakt hergestellt wird.

Wenn der Ofen eine niedrigere Stromstärke verbrauchen soll, wobei die Spannung gleich bleibt, so genügt es, die Erregung der Dynamomaschine zu vermindern, und zwar vermittels einer Vergrößerung des in den Erregungskreis eingeschalteten Widerstandes. In diesem Falle nimmt die Anziehung der voltmetrischen Spule und auch bzw. die der von dem Erregungsstrom durchströmten Spule ab. Der Hebel wird dann zu dem ersterwähnten Kontakt bis zum Gleichgewicht geführt, das infolge der von dem Ofen verbrauchten geringeren Stromstärke entsteht.

Wenn der Ofen unter einer höheren Spannungsdifferenz arbeiten soll, während die verbrauchte Energie unverändert bleibt, so genügt es, um den Apparat dazu einzustellen, den Erregungsstrom des magnetischen Feldes der Dynamomaschine auf die nötige Stromstärke zu bringen und einige Windungen der von dem Erregungsstrom durchströmten Spule auszuschließen, wodurch neue Umstände geschaffen werden, um das Gleichgewicht des Hebels, der den Kontakt bewirkt, herzustellen. Die Veränderung der Anzahl der Wicklungen der Spule wird mittels einer besonderen Kurbel und einer Reihe von Kontaktknöpfen bewerkstelligt.

Auch die Firma H. Cuénod, A. G. Genf, stellt einen elektrischen Elektrodenregulator (System Thury) her. Da sich die Firma während des Krieges äußerst deutschfeindlich zeigte, muß von einer Beschreibung des Regulators abgesehen werden[1]).

Die Firmen wie: Siemens-Schuckert-Werke, Allgemeine Elektrizitäts-Gesellschaft und Ingenieur Max Fuß, Berlin[2]), stellen ebenfalls selbsttätige Elektrodenregulatoren nach dem Prinzip der selbsttätigen Eilregler her. Ebenso hat die Firma F. Klöckner, Kön-Bayernthal, einen selbsttätigen Stromregulator für Wechselstrom-Lichtbogenöfen konstruiert und ist die Anordnung folgende:

Ein Stromtransformator arbeitet auf einem Stromkreis, der aus zwei Stromrelais und einem Regelwiderstand besteht. Durch Verstellung des Regelwiderstandes kann das Übersetzungsverhältnis der Stromstärke im

---

Stromtransformator geändert werden. Die Stromrelais sind so ausgebildet, daß das eine bei der kleinsten Stromstärke abfällt und einen Hilfsstromkreis schließt, während das andere bei der höchsten Stromstärke anzieht und einen zweiten Hilfsstromkreis schließt. Die Relais sind gegeneinander verriegelt. Ferner sind diese Relais mit Dämpfung und Rückführung der Dämpfung versehen, so daß dieselben nicht pendeln können. In den beiden genannten Hilfsstromkreisen ist je ein Schützenpaar eingeschaltet, welches nach der einen Drehrichtung, bzw. nach der anderen Drehrichtung den Windenmotor ans Netz legt. Damit die Kontakte der Relais immer sauber bleiben und sich nicht schnell abnutzen, ist im Regelapparat noch ein umlaufender Kontaktgeber, angetrieben durch einen Wechselstrommotor, vorgesehen. Die Schützenpaare sind ebenfalls gegeneinander verriegelt.

Die Allgemeine Elektrizitäts-Gesellschaft, Berlin, hat im letzten Jahre eine elektrische Elektrodenregulierung auf den Markt gebracht, die sich nach den vorliegenden, jedoch erst kurzen Betriebserfahrungen, durchaus bewahrt hat.

Die Stromregulierung erfolgt beispielsweise durch ganz kleine Kurzschlußmotore, die ihre Energie von den Stromtransformatoren erhalten, die in die Lichtbogenleitungen eines Wechsel- bezw. Drehstrom-Elektrostahlofens eingebaut sind. Je nach Höhe der eingestellten Ofen-Stromstärke, erfolgt bei Änderung derselben eine Erregung des Kurzschlußmotors nach der einen oder anderen Richtung. Der Motoranker ist mit einem kleinen Hebel ausgerüstet, der bewirkt, daß Kontakte geschlossen oder geöffnet werden, die wiederum bewirken, daß die Elektrodenwindenmotore entweder in die eine oder andere Drehrichtung gesteuert werden.

b) Induktionsöfen.

1. Herstellungsverfahren der Ofenfutter.

Die Herstellung des Ofenfutters, also der Schmelzrinne bei Induktionsöfen, ist erstens wegen der komplizierten Form schwierig, und zweitens wegen der hohen Beanspruchung des feuerfesten Mauerwerkes größeren Erfahrungen unterworfen. Es gehört nicht zu den Seltenheiten, daß ein Induktionsofen bereits nach ganz kurzer Betriebsdauer durch Rissigwerden der Schmelzrinne zerstört wird. Auch andere Ursachen, so z. B. daß der Boden der Rinne wegen der vorhandenen Reibung gegen seine Unterlage, an der Ausdehnung beim Erwärmen stark behindert ist, führen leicht zu einer Zerstörung. Ferner tief eingeschnittene Schmelzrinnen, oder die Wahl unrichtiger Rinnenquerschnitte, oder falsche Rinnenprofile u. dgl. sind häufig mit folgenschweren Mißerfolgen begleitet.

Die Begleiterscheinungen dieser Mißerfolge machen sich zumeist durch Risse an der Innenwand der Schmelzrinne bemerkbar. Der flüssige Stahl dringt in das Innere des Ofens und richtet dort die unliebsamsten Verheerungen an. Die Folge davon ist, daß zumindest eine allzu frühzeitige Abstellung des Ofens behufs Neuzustellung notwendig wird.

Für die Herstellung des Ofenfutters dient in bekannter Weise eine Schablone, die, wenn das Futter bis zur Rinnenhöhe gestampft ist, herausgenommen wird. Hierauf deckt man die fertige Rinne mit Steinen oder Blechen zu. Vorher legt man zum Anheizen (Schließen des Sekundärstromkreises) schmiedeeiserne Ringe in die Schmelzrinne und die Zustellung ist fertig.

Infolge der im Laufe der Zeit gesammelten Erfahrungen sind eine Reihe Verfahren zur Herstellung von Ofenfutter geschützt worden, auf die wir im nachstehenden teilweise eingehen wollen.

So wird beispielsweise vorgeschlagen, keine besonderen Schablonen zu verwenden, sondern Ringe zu benutzen, die später zum Anheizen dienen und aus dem gleichen Material bestehen, das später in dem Ofen verarbeitet werden soll[1]). Die Ringe haben einen derartigen Querschnitt, daß sie die Rinnen und eventuell den Herd bis auf wenige Millimeter ausfüllen.

Um ein Reißen des Ofenfutters durch die Ausdehnung der Ringe beim Anheizen zu vermeiden, können beim Stampfen zwischen Ring und Ofenfutter dünne Bleche oder Brettchen gelegt werden; die herausgezogen werden, wenn das Futter bis zur Rinnenhöhe fertig ist. Nachher wird das Futter über den Ringen fertiggestampft und es sind keine besonderen Vorrichtungen zum Abdecken der Rinnen erforderlich.

Ein anderes Verfahren[2]) die Haltbarkeit der Zustellungen zu erhöhen, soll darin bestehen, daß in der Art des Anheizens elektrischer Induktionsöfen die Möglichkeit gegeben ist, außerordentlich dichte und harte Zustellungen zu erhalten. Zu diesem Zweck wird beim Anheizen die Zustellung unter Verwendung eines die ganze Höhe des Futters bedeckenden, und sich unmittelbar an dieses anschließenden starren Einsatzes festgebrannt. Gegenüber der bisherigen Art des Anheizens, wird hierdurch einmal ein vollkommener Luftabschluß erzielt, und außerdem ein Wachsen der Zustellung beim Anheizen verhindert. Der Abschluß der Luft hat den Vorteil, daß der als Bindemittel in die Zustellung gegebene Teer vollkommen verkokt und nicht oberflächlich ausbrennen kann. Durch die Verhinderung des Wachsens der Zustellung beim Anheizen wird ein dichteres Gefüge in der gesinterten Zustellungsmasse hervorgerufen.

Bei der Ausführung des Verfahrens wird ein der Herdform angepaßter Einsatz verwendet, der die ganze Höhe des Futters bedeckt und sich unmittelbar an dieses anschließt. Dieser Einsatz kann beispielsweise aus einem Metallkörper bestehen, der so gestaltet ist, daß sein als erste Charge dienender Inhalt nach dem Aufschmelzen das Volumen des Metallbades ergibt. Hierbei ist es gleichgültig, wie der Einsatz ausgebildet ist, ob er aus einem zusammenhängenden Hohlkörper oder aus einzelnen Abschnitten mit dazwischen angeordneten Absteifungen besteht. Wesentlich ist nur, daß der hier als Einsatz verwendete Metallkörper bis zur Oberkante des Futters reicht und sich an dies unmittelbar anlegt.

---

[1]) D. R. P. Nr. 282 710.　　　[2]) D. R. P. Nr. 291 952.

Das Verfahren kann jedoch auch in der Weise ausgeübt werden, daß ein Metallkörper benutzt wird, der sich nicht unmittelbar an die Zustellung anlegt, und daß dann der Zwischenraum zwischen dem Metallkörper und dem Futter mit Asbest oder dgl. ausgefüllt wird. In diesem Falle dient also beim Anheizen der Metallkörper mit dem ihn umgebenden Mantel oder der Zwischenlage als Einsatz, der in derselben Weise wie der dicht anschließende Metallkörper einen Luftabschluß hervorbringt und ebenso das Wachsen der Zustellung verhindert.

Ferner glaubt man in der Zustellungsform einen Nachteil darin zu erblicken, daß die Rinnen sowohl wie das Bad oben weiter waren als unten, siehe Fig. 120[1]). Hierdurch kommt der Rand des oberen mit Schlacke bedeckten Bades am nächsten an die Primärspulen zu liegen, und da der Stahl, welcher den Primärspulen am nächsten liegt, auch am heißesten wird, so ergibt sich, daß gerade der mit Schlacke bedeckte Rand des Bades die heißeste Zone im Ofen bildet.

Die Zustellung des Ofens ist durch die Einwirkung der Schlacke an diesem Rande am meisten gefährdet, und es trifft häufig ein, daß die heiße Schlacke sich an dieser Stelle in die Zustellung scharf einfrißt und diese deshalb oft repariert werden muß.

Die vorgeschlagene Zustellungsform besteht darin, daß die Form der Rinne und des Bades gemäß Fig. 121 so verändert wird, daß der obere, durch die Schlacke angegriffene Teil von der Primärspule etwas entfernt wird und daß dadurch die heißeste Zone im Bade nach unten verlegt wird. Es wird dies in einfachster Weise dadurch erreicht, daß Rinne und Bad umgekehrt wie bisher unten breiter als oben gemacht werden.

Fig. 120. Alte Zustellungsform der
Herdrinne eines Induktionsofens.

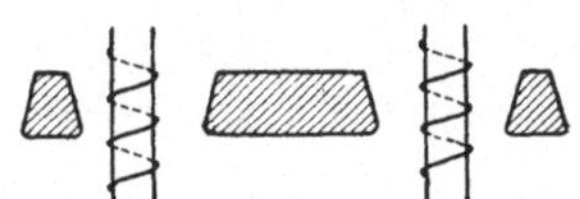

Fig. 121. Neue Zustellungsform der
Herdrinne eines Induktionsofens.

Die Poldihütte in Wien[2]) schlägt eine Zustellung vor, wonach man den gestampften oder gepreßten, gegebenenfalls auch gemauerten Teil der Zustellung, der mit dem Metall in direkter Berührung ist, auf eine Schicht von trockenem, sand- oder mehlförmigen feuerfesten Material setzt. Der Reibungskoeffizient zwischen diesem Teile der Zustellung und seiner Unterlage wird dadurch bedeutend herabgesetzt und der Boden kann sich besser ausdehnen.

Ganz besonders wird die Ausdehnung des Bodens erleichtert, wenn man diese sand- oder mehlförmige Schicht nicht horizontal ausführt, sondern in derjenigen Richtung abfallen läßt, in welcher sich der Boden bei der Erwärmung ausdehnt.

Selbstverständlich ist es nicht bei allen Bauarten für Induktionsschmelzöfen nötig, den ganzen Boden der Zustellung auf eine solche

---

[1]) D. R. P. Nr. 293 620.   [2]) D. R. P. Nr. 216 222.

Lage von sand- oder mehlförmigem Material zu setzen. So kann man z. B. bei den Röchling-Rodenhauseröfen den mittleren Teil der größeren Schmelzwanne direkt auf dem Mauerwerke aufsitzen lassen.

In der Fig. 122 ist als Ausführungsbeispiel ein Kjellinofen dargestellt.

A ist das Magnetjoch, B die Primärspule, C ein Kühlmantel, D feuerfestes Mauerwerk, E der Teil der Zustellung, der mit dem Stahl H in direkter Berührung steht, K ein nachgiebiger Puffer, wie er manchmal angewendet wird, um eine Ausdehnung des Teiles E der Zustellung besser zu ermöglichen, und M ist schließlich die gekennzeichnete Schicht aus sand- oder mehlförmigem feuerfesten Material, die in diesem Ausführungsbeispiel nach außen zu abfällt, weil sich der Boden bei der Erwärmung nach außen hin erweitert.

Die Schicht M kann mit einer wesentlich geringeren Mächtigkeit ausgeführt werden als die der Zeichnng entsprechende. Man kann mit ihrer Höhenverringerung so weit gehen, daß der Zustellungsteil E fast nur auf einzelnen Körnern liegt, die dann bei der Ausdehnung dieses Teiles ähnlich wie Kugeln oder Rollen bei Brückenlagern oder dgl. wirken.

Beim Betriebe von Induktionsöfen hat man die Beobachtung gemacht, daß sich die Oberfläche des Schmelzbades infolge der zwischen Primärwicklung und Schmelzbad auftretenden elektrodynamischen Wirkungen schräg stellt[1]). Wenn beispielsweise die Primärwicklung oder ein Teil derselben konzentrisch zur Schmelzrinne angeordnet ist, so findet zwischen der Primärwicklung und dem Schmelzbade, da der in diesem induzierte Strom in entgegengesetztem Sinn verläuft wie der Primärstrom, Abstoßung statt. Infolgedessen stellt sich die Oberfläche des Schmelzbades so ein, daß der äußere — von der Primärwicklung entfernt liegende — Rand des Schmelzbades höher liegt als der innere. Diese Erscheinung hat neben dem Vorteil einer guten Durchmischung des Schmelzgutes nachteilige Folgen; diese bestehen einerseits darin, daß infolge der Ansammlung der elektrisch indifferenten Schlacke an den tieferen Stellen die höherliegenden Stellen des Schmelzbades leicht von Schlacke entblößt werden können, und alsdann der oxydierenden Einwirkung der Luft ausgesetzt sind. Andererseits findet, wie die Erfahrung gezeigt hat, an den tiefer liegenden Stellen infolge der Ansammlung der Schlacke eine schnelle Zerstörung des Ofenmauerwerkes statt. Man hat bereits versucht, diese Nachteile dadurch zu beseitigen,

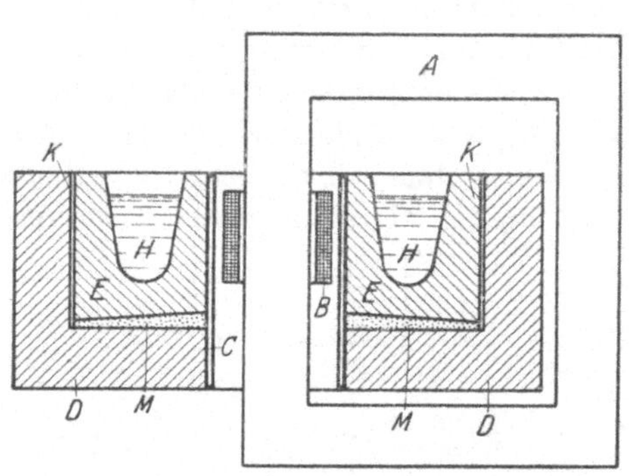

Fig. 122. Zustellungsverfahren der Poldihütte in Wien.

---

[1]) Siehe auch S. 54.

daß man über die Primärwicklung eine kurzgeschlossene Hilfswicklung gelegt hat, in der beim Betriebe des Ofens ein Strom induziert wird, der in entgegengesetztem Sinne wie der Primärstrom verläuft und daher der von der Primärwicklung auf das Schmelzbad ausgeübten Abstoßung entgegenwirkt. Diese Anordnung hat jedoch einen Verlust an Energie zur Folge, da die Hilfswicklung einen großen Widerstand besitzen muß, damit der in ihr induzierte Strom nicht zu stark wird.

Bei der Zustellung von Induktionsöfen ist also auf die Erscheinung des sich schräg einstellenden Schmelzbades besonders Rücksicht zu nehmen.

2. Die Anheizverfahren.

Bereits im vorhergehenden Abschnitt haben wir kurz das Anheizverfahren, wie es in normaler Weise bei Induktionsöfen zur Anwendung kommt, geschildert. Doch auch hier hat man im Laufe der Zeit viele Versuche angestellt, um geeignete Inbetriebsetzungsverfahren zu gewinnen.

Das Anheizen von Induktionsöfen geht allgemein entweder so vor sich, daß zuerst das Ofenfutter durch Heizringe vorgewärmt und dann mit dem in einem zweiten Ofen verflüssigten Material angefüllt wird. Oder aber es wird um den Heizring — allenfalls auch mehrere — ein leichtes schmelzbares Metall oder Metallgemisch in Form von Spänen, kleinen Stücken und dgl. aufgeschichtet, und durch die im Heizring entstehende Wärme niedergeschmolzen. Der Heizring kann alsdann entweder entfernt werden, oder man läßt ihn mit steigender Temperatur auflösen.

Das erstgenannte Verfahren ist zwar leichter durchzuführen, bedingt aber die Beschaffung bzw. einen zweiten in Betrieb befindlichen Ofen. Der Gebrauch von Heizringen findet am meisten Anwendung, ist jedoch andererseits nicht immer zufriedenstellend, weil es schwierig ist, ein Material zu bekommen, welches aus der gleichen Zusammensetzung besteht, wie das bei dem Schmelzprozeß zu erzeugende besitzt.

Ein Verfahren, wonach ein Induktionsofen mit festem Einsatz angeheizt werden kann, ist das nach der Patentschrift[1] von den Röchlingschen Eisen- und Stahlwerken G. m. b. H., Völklingen a. d. Saar.

In derselben heißt es u. a.:

Das Verfahren besteht darin, daß die geschlossenen, auch bisher schon benutzten Heizringe aus geeignetem Material in ein feinkörniges, bis stückiges Gut aus ähnlichem Material eingebettet werden, das höchstens den gleichen, mit Vorteil aber einen niedrigeren Schmelzpunkt aufweist als die Heizringe selbst.

Wird dann der elektrische Strom eingeschaltet, so wird zunächst im wesentlichen nur in den geschlossenen Heizringen Wärme erzeugt, unter deren Einwirkung nun auch das als Füllmasse dienende Gut zusammenfrittet. Dadurch nimmt dieses eine höhere Leitfähigkeit an und schmilzt schließlich einerseits auf Grund des dem elektrischen Strom

---

[1] D. R. P. Nr. 216 665.

entgegengesetzten Eigenwiderstandes, andererseits unter der wachsenden Hitze der Heizringe. Auf diese Weise bildet sich am Boden des Schmelzherdes zunächst ein breiig flüssiger Sumpf, in den das unter der Einwirkung der Heizringe sehr stark vorgewärmte Füllmaterial aus den höher liegenden Teilen des Herdes nun herabsinkt, bis schließlich auch die Heizringe selbst in dem mehr und mehr steigenden Sumpf aufgelöst werden.

Tritt bei diesem Anheizen etwa ein Durchschmelzen der Heizringe ein, so wird die zur weiteren Heizung unbedingt erforderliche Leitung in dem Heizstromkreis durch das bereits flüssige, am Boden befindliche Material ohne weiteres wieder hergestellt, während ohne das Füllmaterial mit dem Durchschmelzen des Heizringes, jede weitere Heizung ausgeschlossen wäre.

Um das Verfahren genauer zu erklären, sei es an einem Beispiel näher beschrieben, und wegen der heute noch häufigsten Anwendung des Induktionsofens zur Erzeugung von Eisen und Stahl sei der Anheizvorgang nach dem neuen Verfahren für dieses Verwendungsgebiet als Beispiel gewählt.

Soll der Ofen angeheizt werden, so werden gegossene, zusammengeschweißte oder verschraubte Eisenstäbe in Ringform derartig in den Schmelzraum eingelegt, daß sie die Transformatorkerne umgeben und als kurzgeschlossene Sekundärstromkreise wirken. Diese Ringe werden nun vollkommen in das metallische Füllmaterial eingebettet, das in diesem Fall aus Gußeisenstücken, Gußeisenspänen, aus Eisenabfällen und ähnlichem bestehen kann. Ist dann der Ofen mit den Gewölbedeckeln versehen, so wird mit dem Anheizen begonnen, das bei gleicher Spannung ohne jeden Stromstoß unter allmählich wachsender Energieaufnahme erfolgt, bis der ganze Ofeninhalt vollkommen flüssig ist, so daß nun mit der normalen Arbeitsweise begonnen werden kann.

Ein ähnliches Verfahren ist der Gesellschaft für Elektrostahlanlagen, Siemensstadt bei Berlin, patentiert worden, wobei jedoch noch ein selbsttätiger Umschalter zur Änderung der Sekundärspannung eingebaut ist[1]). Die Patentschrift sagt u. a. hierüber:

Die bekannten Nachteile bei Inbetriebsetzung von Induktionsöfen werden dadurch vermieden, daß man die Schmelzrinne in an sich bekannter Weise mit einem schon in der Kälte, aber erheblich schlechter als das zu erhitzende Metall leitenden Material auskleidet bzw. aus einem solchen hergestellt und die Sekundärspannung beim Anlassen des Ofens so weit erhöht, daß durch die leitende Ofenwandung ein Strom fließt, der stark genug ist, um diese auf die Schmelztemperatur des zu schmelzenden Materials zu erhitzen. Die Anwendung von Heizringen wird dadurch vollkommen unnötig gemacht und der ganze Schmelzvorgang, zumal unter Verwendung eines Schalters, der die Herabsetzung der Spannung nach Flüssigwerden der Beschickung selbsttätig erfolgen läßt, außerordentlich vereinfacht. Die Erhöhung der Sekundärspannung

---

[1]) D. R. P. Nr. 232883.

kann beispielsweise durch Erhöhung der Primärspannung oder zweckmäßiger durch Änderung des Umsetzungsverhältnisses des Transformators erreicht werden.

Ein Ausführungsbeispiel, bei dem dieser letztere Weg gewählt wurde, ist aus der Zeichnung ersichtlich.

In der Fig. 123 bedeutet A das Magnetgestell des Ofentransformators, B das Ofenmauerwerk, C die leitende Wandung und D das zu schmelzende Material. E_1 und E_2 bezeichnen die beispielsweise aus zwei Teilen bestehende Primärspule. Der Teil E_2 kann mittels eines selbsttätigen Schalters angeschlossen bzw. abgetrennt werden, der im wesentlichen aus einem Magnetkern F, einem drehbaren Anker G und einer Wicklung H besteht, die einen Teil des zur Primärwicklung führenden Trennleiters O bildet. Der Anker G lagert in seiner Ruhestellung, von

der Feder P angezogen, auf dem Anschlag J auf, und hält den Schalthebel M in seiner einen Stellung auf dem Kontakt K_1. An den Hebel ist die eine von einer beliebigen Stromquelle herstammende Leitung Q_1 geführt, während an K_1 der Mittelleiter O angeschlossen ist. Die andere Zuleitung Q_2 steht unmittelbar mit dem Teil E_1 der Primärwicklung in Verbindung, während der Teil E_2 mit dem Kontakt K_2 verbunden ist, an den der Schalthebel M in seiner anderen Stellung, durch die Feder L bewegt, sich legen kann.

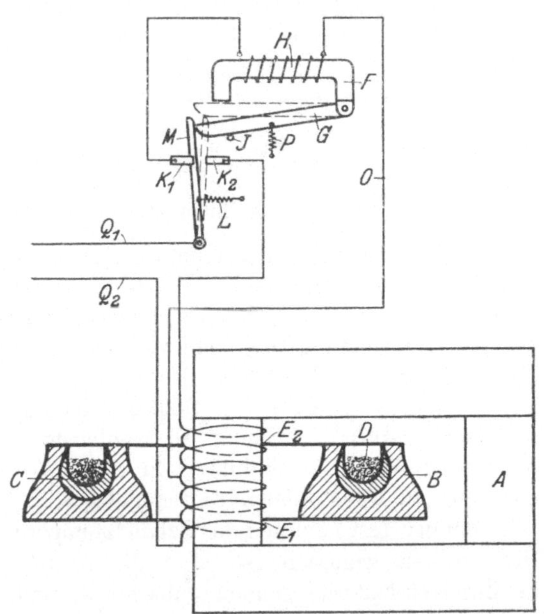

Fig. 123. Anheizverfahren der Gesellschaft für Elektrostahlanlagen, Siemensstadt bei Berlin.

Soll der Ofen nun in Betrieb gesetzt werden, so muß zunächst, da die im Ofen befindlichen einzelnen Metallstücke miteinander sehr schlechten Kontakt haben, und praktisch keinen Strom leiten, die Sekundärspannung erhöht werden, um einen genügenden Stromfluß durch die, wie bekannt, schwach leitende Wandung C zu erzielen. Zu diesem Zweck muß nach dem gewählten Beispiel ein Teil der Primärwicklung, also beispielsweise der Teil E_2, abgeschaltet werden. In der mit ausgezogenen Linien dargestellten Stellung der Teile fließt der Strom über den Schalthebel M, Kontakt K_1, Spule H, Trennleiter O zur Wicklung E_1 und dann zur

Stromquelle zurück. Der Teil E_2 ist also abgeschaltet, der in der leitenden Wandung C induzierte Strom hoher Spannung erzeugt eine entsprechende Temperatur, die schließlich das Schmelzgut D verflüssigt. Sobald der Sekundärkreis durch das Material selbst gebildet wird, tritt im Primärkreis und damit auch in der Spule H eine Erhöhung der Stromstärke ein, der Anker G wird angezogen und der Schalthebel M freigegeben, der den Kontakt K_2 schließt, und damit den Teil E_2 der Primärspule zuschaltet, wodurch eine Spannungserniedrigung im Sekundärkreis erfolgt. Die Teile nehmen dann die gestrichelt gezeichnete Stellung an, die so lange andauert, bis der Schmelzvorgang beendet ist.

Der Schalthebel wird auf bekannte Art so eingerichtet, daß während des Umschaltens einerseits ein Kurzschluß des Spulenteiles E_2, andererseits eine völlige Unterbrechung des Stromes vermieden wird.

In den meisten Fällen dürfte eine Zweiteilung der Primärspule, wie sie eben beschrieben ist, genügen. Es ist natürlich auch ohne Schwierigkeit durchführbar, eine weitere Teilung vorzunehmen und dementsprechend mehrstufige selbsttätige Schalter zu verwenden.

c) Die Meßinstrumente.

1. Die Temperaturmessungen.

Die Verwendung von Temperaturmeßapparaten ist für den Elektrostahlofenbetrieb mannigfacher Vorteile wegen anzustreben. Zu hohe Temperaturen sind bekanntlich unwirtschaftlich; es ergibt sich eine Energieverschwendung und eine zu hohe Beanspruchung und schließlich eine zu schnelle Abnutzung des Ofens. Vor allem beeinträchtigt zu hohe Schmelztemperatur die Qualität der fabrizierten Gußware. Beim Stahl wird ferner der Gehalt an Kohlenstoff, Silizium und Mangan in unliebsamer Weise beeinflußt. Zu niedrige Temperaturen andererseits liefern ein zu träge fließendes Schmelzgut.

Wichtiger fast noch als die Schmelztemperatur ist die Gießtemperatur. Wird zu kalt gegossen, so wird die Form von dem nicht genügend dünnflüssigen Material schlecht ausgefüllt, und der Guß weist Undichtigkeiten und Poren auf. Deswegen ist besonders beim Kunstguß und beim Gießen dünnwandiger Stücke sehr darauf zu achten, daß genau die richtige Gießtemperatur eingehalten wird. Bei zu hoher Gießtemperatur brennt der Formsand an; auch erfolgt die Schwindung anormal, und zumal bei komplizierten Stücken ungleichmäßig. Gußspannungen, Warm- und Kaltrisse sind, insbesondere bei Stahlguß, die weiteren unangenehmen Folgen. Bei der Herstellung von Hartguß in Kokillen erwärmen sich diese durch zu heiß einfließendes Eisen in unerwünschtem Grade und beeinträchtigen dadurch die angestrebte Oberflächenhärtung.

In allen solchen Fällen wird man sich ungern auf die Temperaturschätzung mit dem bloßen Auge verlassen, das, manchmal ermüdet oder durch die wechselnde Helligkeit der Umgebung getäuscht, gegen Irrtümer nicht gefeit ist. Es ist somit erwünscht, die subjektive Schätzung durch ein Meßgerät zu ersetzen oder wenigstens zu unterstützen, das durch keine äußeren Zufälligkeiten in der Genauigkeit seiner Angaben beeinträchtigt wird. Ein solches Hilfsmittel besitzen wir in den Temperaturmeßapparaten.

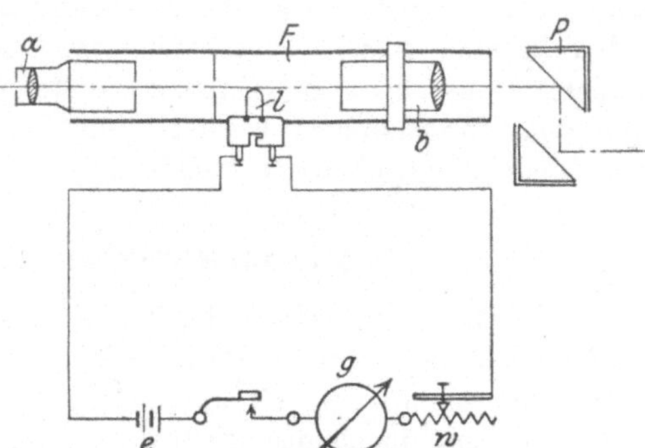

Fig. 124. Schematische Darstellung eines optischen Pyrometers.

Man unterscheidet Widerstandsthermometer, thermoelektrische und optische Pyrometer. Für den Elektrostahlofenbetrieb, bei dem es sich besonders um hohe Temperaturen handelt, kommt das optische Pyrometer in Betracht.

Die Fig. 124 veranschaulicht in schematischer Darstellung die prinzipielle Anordnung eines optischen Pyrometers von Holborn und Kurlbaum, welches von der Firma Siemens & Halske, A. G., hergestellt wird. Es besteht im wesentlichen aus einem Fernrohr f, durch das man das Schmelzgut betrachtet. In das Rohr f wird von der Seite eine Glühlampe eingeschoben, deren bügelförmiger Faden l sich zunächst schwarz von dem helleuchtenden Gesichtsfelde abhebt. Dann schickt man durch den Faden Strom aus einem Akkumulator e: der Faden beginnt zu leuchten und bei einer bestimmten Stromstärke hebt sich der Faden nicht mehr vom Bilde des untersuchten Objektes ab. In diesem Moment haben der Glühfaden und das Objekt die gleiche Temperatur.

Fig. 125. Handhabung eines Optischen Pyrometers.

Für die Glühlampe wird der Zusammenhang zwischen Stromstärke und Temperatur von der Physikalisch-technischen Reichsanstalt festgestellt. Man braucht also nach erfolgter Einregulierung der Stromstärke mittels des Regulators w bis zum Verschwinden des Glühfadens nur die Stromstärke an dem Amperemeter g abzulesen und die zugehörige Temperatur einer mitgelieferten Skala zu entnehmen.

Bereits eine kleine Schauöffnung im Ofen genügt, um eine korrekte Temperaturmessung auszuführen. Die Messung kann aus fast beliebiger Entfernung vorgenommen werden. Die Fig. 125 zeigt die Handhabung eines solchen optischen Pyrometers.

2. Die elektrischen Messungen.

Das Messen elektrischer Größen ist, insbesondere schon wegen der Unsichtbarkeit des Stromes, durch Meßinstrumente unbedingt erforderlich.

Mit den elektrischen Meßinstrumenten können eine ganze Anzahl elektrischer und mechanischer Größen bestimmt werden, die jedoch nur zum Teil für Elektrostahlöfen von Interesse sind. Es kommen für uns folgende elektrische Meßinstrumente in Betracht:

1. Der Spannungszeiger oder das Voltmeter.	4. Der Elektrizitätszähler.
2. Der Stromzeiger oder das Amperemeter.	5. Der Frequenzmesser.
3. Der Leistungsmesser oder das Wattmeter.	6. Der Leistungsfaktoranzeiger oder Phasenmesser.
	7. Der Isolationsmesser.

Es gibt verschiedene Arten elektrischer Meßinstrumente, und zwar:

1. Weicheisen-Instrumente	3. Drehspul-Instrumente
3. Hitzdraht- »	4. Ferraris- »

Wir wollen dieselben nachstehend kurz beschreiben.

Weicheiseninstrumente.

Fig. 126. Weicheiseninstrument mit durchsichtiger Skala zur Demonstration des Innern.

Meßprinzip: Ein eigenartig gestalteter, drehbar gelagerter Kern (siehe Fig. 126) aus besonders geeignetem und behandeltem Eisen wird in eine vom Meßstrom durchflossene Spule mit engem Spalt und infolgedessen hoher Felddichte hineingezogen.

Vorzüge: Weicheiseninstrumente sind robust, überlastungsfähig, billig und in den mannigfachsten Formen und Größen lieferbar; sie sind in geringem Maße von der Stromart, also Gleich- oder Wechselstrom und ferner von der Frequenz unabhängig; die Stromzeiger können mit Luft- bzw. Öldämpfung ausgebildet werden, zur Erzielung einer kriechenden Zeigerbewegung.

Nachteile: Keine Präzisionsinstrumente, also ungenaue Meßergebnisse; die Stromzeiger können nicht mit Nebenschlüssen verwendet werden.

Hitzdrahtinstrumente.

Meßprinzip: Ein gerade ausgespannter, an seinen Enden fixierter, dünner Draht verlängert sich unter der Wärmewirkung des ihn durchfließenden Stromes und erfährt eine Durchbiegung, die in geeigneter Weise auf den Zeiger übertragen wird; siehe Fig. 127.

Vorzüge: Hitzdrahtinstrumente zeigen bei Gleich-, Wechsel- und Wellenstrommessungen vollkommene Übereinstimmung, sind von der Frequenz in weiten Grenzen unabhängig und können in

Fig. 127. Hitzdrahtinstrument mit durchsichtiger Skala zur Demonstration des Innern.

Verbindung mit Nebenschlüssen verwendet werden.

Nachteile: Sie sind teurer, weniger robust und überlastungsfähig. Für Elektrostahlofenanlagen daher nicht geeignet.

Drehspulinstrumente.

Meßprinzip: Diese Instrumente enthalten einen Stahlmagneten mit kreiszylindrisch ausgebohrten Weicheisenpolschuhen und zwischen diesen konzentrisch gelagert einen Weicheisenkern. In dem engen Luftspalt (siehe Fig. 128) zwischen den Polschuhen und dem Eisenkern bildet sich ein homogenes Magnetfeld von überall gleicher Kraftliniendichte aus. Eine in diesem Felde drehbar gelagerte Spule erfährt ein Drehmoment, wenn ihr Gleichstrom zugeführt wird. Dem wirken

Fig. 128. Drehspulinstrument mit durchsichtiger Skala zur Demonstration des Innern.

zwei zugleich als Stromzuleitung und -ableitung dienende Spiralfedern aus magnetischem Material entgegen. Der Zeigerausschlag ist der Stromstärke in der Drehspule proportional, die Skala infolgedessen gleichmäßig geteilt.

Vorzüge: Drehspulinstrumente eignen sich als Strom-, Spannungs- und Leistungzeiger. Sie sind in hohem Grade überlastungsfähig und haben proportional geteilte, die Spannungszeiger teilweise abgekürzte Skalen. Ihr Energieverbrauch ist sehr klein; in Verbindung mit Nebenschlüssen für beliebig hohe Stromstärken verwendbar.

Nachteile: Sie sind nur für Gleichstrommessungen verwendbar.

Ferrarisinstrumente.

Meßprinzip: Das Ferrarisinstrument der Firma Siemens & Halske, A.-G. besteht, gemäß Fig. 129, aus einem geblätterten Eisenring mit vier radialen, bewickelten Polansätzen, einem zentralen zylindrischen, ebenfalls geblätterten Eisenkern und einer in dem Luftspalt zwischen dem Eisenkern und den Polansätzen drehbar gelagerten, den Zeiger tragenden Aluminiumtrommel. Beschickt man die Wickelungen mit Wechselstrom derart, daß zwei gegenüberliegende Wicklungen den gleichen Strom führen, während die Ströme benachbarter Wicklungen gegeneinander in der Phase verschoben sind, so entsteht ein Drehfeld. Dieses induziert Wirbelströme in der Trommel und ist infolgedessen bestrebt, sie

Fig. 129. Ferrarisinstrument
mit durchsichtiger Skala zur Demonstration des Innern.

um ihre Achse zu drehen. Der Vorgang ist also ganz ähnlich wie beim Drehstrommotor mit Kurzschlußanker, jedoch wird bei dem Ferrarisinstrument dem so erzeugten Drehmoment durch die Torsionskraft von Federn das Gleichgewicht gehalten. Nach diesem Prinzip werden Strom-, Spannungs- und Leistungszeiger ausgeführt.

Vorzüge: Ferrarisinstrumente vertragen starke Überlastungen, besitzen besonders große, in weitem Bereich proportional geteilte, zum Teil abgekürzte Skalen, und sehr große Drehkräfte, so daß sie auch mit größten Zeiger- und Gehäuseabmessungen ausführbar sind.

Nachteile: Sie sind nur für Wechselstrom verwendbar und in gewissem, praktisch jedoch meist belanglosem Grade von der Frequenz abhängig; ihr Preis ist sehr hoch. Für Elektrostahlofenanlagen gut geeignet.

Die beschriebenen Instrumentarten dienen zum Messen von Strömen, Spannungen und teilweise auch zum Messen von Leistungen.

Als Spezialinstrument wird von der Firma Siemens & Halske, A.-G. ein Eisenschluß-Dynamometer gebaut, welches als Leistungs- und Phasenzeiger für Wechselstrom Verwendung findet. Die Fig. 130 zeigt ein Flachprofil-Leistungsinstrument, das auf diesem Prinzip beruht. Das Meßsystem besteht aus einer festen und einer zweiten, im magnetischen Kraftlinienfelde der ersteren drehbar gelagerten, beweglichen Spule.

Die Instrumente für die verschiedenen elektrischen Messungen.

Spannungszeiger. Diese dienen dazu, um jederzeit eine Kontrolle dafür zu haben, ob in den Leitungen eine Spannung vorhanden und wie hoch diese Spannung ist. Wird beispielsweise die Spannung, die ein Elektrostahlofen für seinen Betrieb benötigt, nicht gehalten, so vermag der Ofen nicht mit der vollen Leistung zu arbeiten, die für ihn bestimmt ist. Die Spannung wird gemessen in Volt. Der Einbau von Spannungszeigern bzw. Voltmetern ist somit erforderlich.

Fig. 130. Flachprofil-Leistungszeiger (Eisenschluß-Dynamometer) mit offenem Gehäuse zur Demonstration des Innern.

Stromzeiger. Jeder Stromverbraucher (Ofen) benötigt eine gewisse Stärke, die als Stromstärke bezeichnet und in Ampere ausgedrückt wird. Je mehr Strom zu einem Elektrostahlofen fließt, um so größer ist die Stromstärke. Es ist somit wesentlich, einen Anhalt dafür zu haben, wie groß die Stromstärke in einem bestimmten Augenblick des Stromdurchganges durch eine Leitung ist. Also folgt auch hieraus, daß der Einbau von Stromzeigern bzw. Amperemetern notwendig ist.

Leistungsmesser. Der elektrische Strom dient in unserem Falle zur Erzeugung von Wärme. Es wird also eine Arbeit geleistet. Die Größe der von der elektrischen Maschine in jeder Sekunde geleisteten Arbeit nennt man Effekt. Dieser ist gleich

Stromstärke × Spannung.

Um diese beiden Größen gleichzeitig zu messen, dient der Leistungsmesser. Die Leistung wird ausgedrückt in Watt bzw. Kilowatt. Um in jedem Augenblick die Leistung die ein Elektrostahlofen verrichtet, feststellen zu können, ist auch der Einbau von Leistungsmessern bzw. Wattmetern erforderlich.

Elektrizitätszähler. Man muß wissen, wieviel elektrische Energie ein Elektrostahlofen z. B. stündlich oder für die Dauer eines Schmelzvorganges (Charge) gebraucht. Hierzu werden Elektrizitätszähler gebraucht deren Anbringung unerläßlich ist. Während das Wattmeter nur das Produkt aus Stromstärke und Spannung in jeder Sekunde angibt, zeigt der Elektrizitätszähler die verbrauchte elektrische Energie in der ganzen Verbrauchszeit an. Es folgt also aus

$$\text{Stromstärke} \times \text{Spannung} \times \text{Zeit}$$

die gesamte verbrauchte Energie. Gemessen wird dieselbe in Kilowattstunden.

Erfolgt der Strombezug nicht aus einer eigenen Stromerzeugeranlage, sondern durch ein fremdes Elektrizitätswerk, so ist die Anbringung von Elektrizitätszählern unbedingt erforderlich. Die Stromverrechnung erfolgt, da es sich bei Elektrostahlöfen um große Stromverbraucher handelt, fast ausschließlich nach besonderen Tarifen. Hierfür gibt es Spezialzähler, und zwar:

1. Doppeltarifzähler,
2. Zähler mit Maximumzeiger,
3. Spitzenzähler:

Doppeltarifzähler. Allgemein versteht man unter einem Doppeltarifzähler einen Apparat mit zwei Zählwerken, welche die Möglichkeit geben, die verbrauchte Energie nach zwei Grundpreisen zu verrechnen. Der Zähler enthält in dieser Ausführung noch eine getrennt angeordnete Umschaltuhr, welche auf elektrischem Wege das dem jeweiligen Tarif entsprechende Zählwerk mit der Ankerachse des Zählers kuppelt.

Elektrizitätszähler mit Maximumzeiger. Um außer dem gesamten Verbrauch eines Elektrostahlofens auch erkennen zu lassen, welche Höchstbelastung in derselben aufgetreten ist, erhalten die Zähler ein Zählwerk mit Maximumzeiger. Man unterscheidet solche mit getrennter und mit eingebauter Uhr.

In Fig. 131 ist ein Maximumzähler mit getrennt angeordneter Uhr angedeutet. Darin bedeutet a die Achse eines Gleich- oder Wechselstromzählers, m den Dämpfungsmagnet, s die Schnecke, die durch das Schneckenrad S die Ankerumdrehungen auf das Zählwerk w überträgt. Die Umdrehungszahl der Achse a und die Räderübersetzung zwischen s und w sind so gewählt, daß das Zählwerk w Kilowattstunden zeigt.

Außer dem Zählwerk w wird durch das Schneckenrad S noch ein weiteres Rad V angetrieben, auf dessen Achse ein Zahnrad b sitzt.

Solange der Hebel A durch den Relaismagneten E angezogen wird, bleibt das Triebrad b in Eingriff mit dem Rad M, da die Achse des Triebes durch den Hebel A nach unten gedrückt wird.

Hierbei schiebt der Mitnehmerstift St den Maximumzeiger Z vorwärts.

Schließt nun die Uhr u durch den Stift st den Kontakt K, so wird E stromlos, gibt den Hebel A frei, b kommt außer Eingriff mit M, und die Rückziehfeder bewirkt, daß M plötzlich wieder in die Anfangsstellung zurückgeht, wobei sich der Stift St an den Anschlag legt.

Der Zeiger Z bleibt in der erreichten Stellung stehen, da die Feder F denselben durch Reibung festhält.

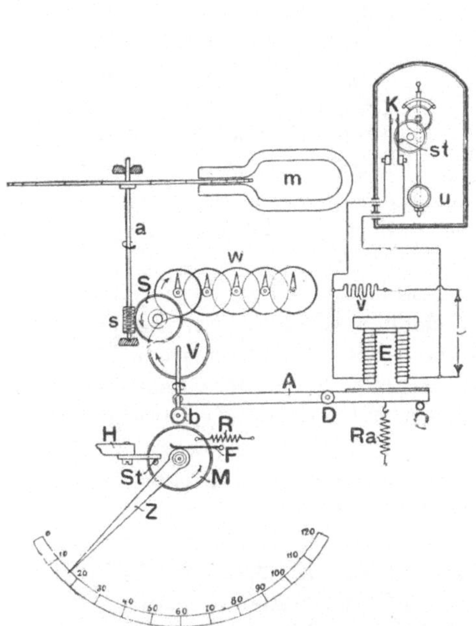

Fig. 131. Übersichtliche Darstellung eines Zählers mit Maximumzeiger und getrennter Uhr (elektr. Auslösung).

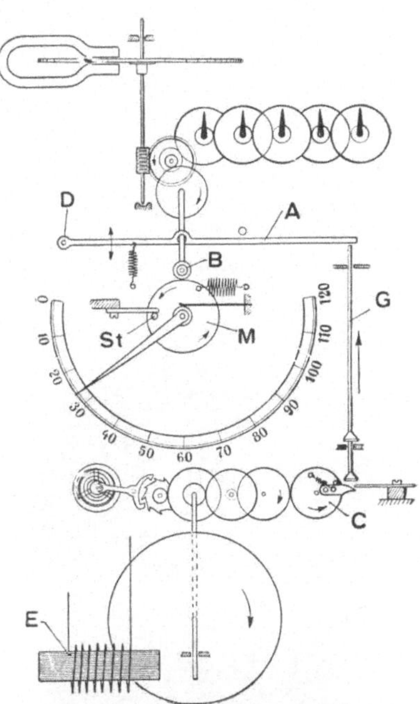

Fig. 132. Übersichtliche Darstellung eines Maximumzählers mit eingebauter Uhr (mechan. Auslösung).

Nach Verlauf einiger Sekunden hat sich, da die Kontaktuhr U weitergeht, K wieder geöffnet, der Magnet E wird wirksam, und das beschriebene Spiel wiederholt sich.

Fig. 132 zeigt einen Maximumzähler mit eingebauter Uhr. Durch das Uhrwerk wird nach einem bestimmten Zeitabschnitt, z. B. nach je 15 Minuten, der den Maximumzeiger vorschiebende Mitnehmer St mittels des Rades C und des Stiftes G vom Zählwerk abgekuppelt, indem der um D drehbare Hebel A das Rad B außer Eingriff mit dem Rad M bringt. Dabei wird der Mitnehmer — durch besondere Federkraft — in seine Anfangslage geführt, worauf eine neue Messung beginnt.

Die Entkupplung des Mitnehmers erfolgt auf mechanischem Wege, so daß alle Kontakte vermieden sind. Der Vorgang der Entkupplung dauert nur wenige Sekunden.

Ist nun die Zeitdauer der Kupplung des Rades b mit dem Rad M immer die gleiche (in der Regel 15 Minuten), so ist der Ausschlag des Zeigers Z durch Vermittlung der Räder S, V und M direkt abhängig von der Anzahl der Umdrehungen, die während der Kupplungsperiode von der Ankerachse des Zählers erreicht wird. Der Ausschlag steht also im Verhältnis zur mittleren Belastung des Zählers während der Kupplungsperiode. Der Zeiger Z geht erst dann weiter vorwärts, wenn bei einer nachfolgenden Kupplungsperiode die Belastung des Zählers die vorige, vom Zeiger Z bereits angegebene, übersteigt.

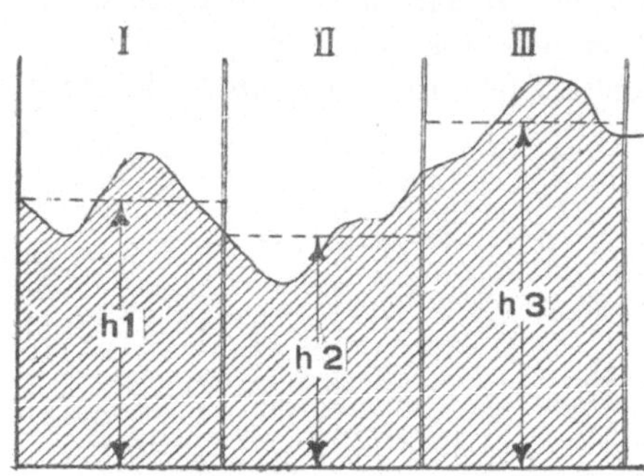

Fig. 133. Diagramm für die Wirkungsweise des Zählers mit Maximumzeiger.

Das Diagramm Fig. 133 gibt hierüber Aufschluß. Während der Kupplungsperiode, bzw. Registrierperiode I, wird der Zeiger Z die mittlere Belastung h1 angeben. Während der Registrierperiode II wird Z nicht weiterbewegt, weil h2 kleiner ist als h1. Ist jedoch während der III. Periode die Belastung über h1 gestiegen, so wird der Zeiger Z von dem Ausschlag h1 auf h3 um den Differenzbetrag h3—h1 weitergeschoben.

Tritt nun während der Abrechnungsperiode eine höhere Belastung, als der Ordinate M3 entspricht, nicht mehr auf, so würde der Zeigerstand h3 abzulesen sein.

Nach der Ablesung, die in der Regel monatlich einmal erfolgt, wird der Zeiger Z nach Abnahme einer plombierbaren Verschlußbüchse durch einen besonderen Schlüssel auf Null gestellt.

Fig. 134. Drehstrom-Maximumzähler.

Die Fig. 134 zeigt einen Drehstrom-Maximumzähler ohne Schutzkasten, wie ihn die Siemens-Schuckertwerke ausführen.

Spitzenzähler. Die vorbeschriebenen Maximumzähler lassen erkennen, mit welcher durchschnittlichen höchsten Belastung ein Elektrostahlofen die Stromerzeugeranlage während mindestens $^1/_4$ Stunde beansprucht hat.

Die Spitzenzähler dagegen geben außer dem gesamten Verbrauch in Kilowattstunden diejenige Energiemenge an, welche über eine bestimmte vereinbarte Belastungsgrenze hinaus genommen wurde. Das Bedürfnis, diese Energiemenge festzustellen, tritt z. B. für den Fall auf, daß einem Elektrostahlofen gegen Bezahlung einer bestimmten Summe gestattet wird, dem Leitungsnetz bis zu einer bestimmten Belastung Strom zu entnehmen, während bei Überschreitung dieser Belastung eine besondere Berechnung eintritt. Darf der Elektrostahlofen beispielsweise gegen Erstattung eines bestimmten Pauschalbetrages nur bis zu 750 kW gleichzeitig entnehmen, so müßte derselbe, wenn er zwei Stunden lang 1000 kW entnimmt,

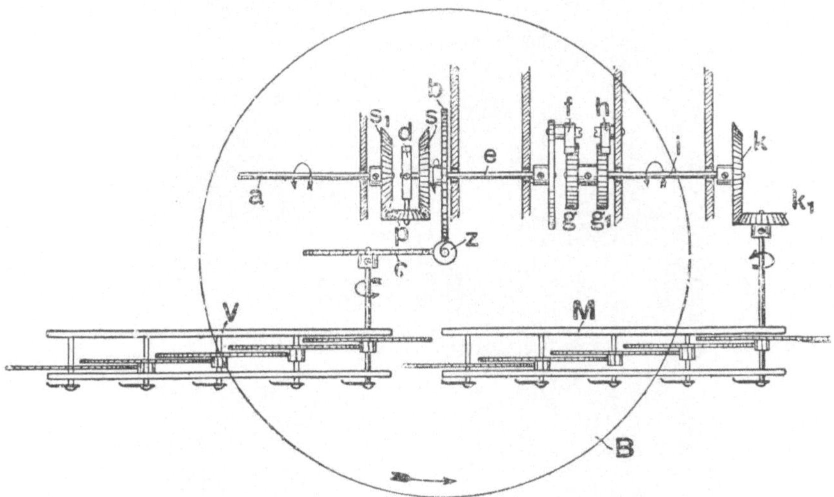

Fig. 135. Übersichtliche Darstellung des Spitzenzählers.

außerdem $(1000-750)\times 2=500$ kWh (Kilowattstunden) nach einem besonders vereinbarten Einheitspreis bezahlen.

Die Spitzenzähler werden ebenfalls mit getrennter oder eingebauter Uhr geliefert.

Die Darstellung Fig. 135 läßt die Anordnung eines Spitzenzählers der Firma Siemens-Schuckertwerke erkennen.

Durch die Schnecke Z auf der Systemachse des Zählers wird durch Vermittlung des Schneckenrades c das jedem Zähler eigene Zählwerk V angetrieben, welches die Gesamtenergie in Kilowattstunden registriert. Außerdem treibt die Schnecke Z ein zweites Rad b, das mit dem Sonnenrad s eines Differentialgetriebes fest verbunden ist. Die Büchse, welche die Räder b und s verbindet, sitzt lose auf der Achse e. Das zweite Sonnenrad s_1 des Differentialgetriebes wird durch die Achse a von einem Uhrwerk in entgegengesetzter Drehrichtung wie das Rad s angetrieben.

Sind nun die Übersetzungsräder von der Antriebsschnecke z zum Sonnenrad s und vom Uhrwerk zum Sonnenrad s_1 derartig, daß bei einer bestimmten, durch den Pauschaltarif festgesetzten Belastungsgrenze, z. B. bei 7,5 kW, die Winkelgeschwindigkeit der beiden in entgegengesetzter Richtung umlaufenden Sonnenräder s und s_1 die gleiche ist, so bleibt das Planetenrad p in einer bestimmten Lage stehen. Der Mitnehmer d, und die Achse e werden sich also nicht drehen. Steigt nun die Belastung des Zählers und mithin die Winkelgeschwindigkeit des Sonnen-

Fig. 136. Spitzenzähler für Drehstrom mit vier Leitungen mit getrennt angeordneter Uhr.

rades s, und eilt beispielsweise das Sonnenrad s um den Winkel von 180° vor, so macht das Planetenrad p

$$\frac{180}{360 \times 2} = 0,25 \text{ Umdrehungen}$$

im Drehsinne des Sonnenrades s um die Achse e. Durch die Sperrklinke f wird das Sperrad g mit der Achse i ebenfalls um 0,25 Umdrehungen weitergetrieben. Ist nun das Übersetzungsverhältnis der Räder

$$\frac{k}{k_1} = \frac{2}{1},$$

so macht der letzte Zeiger des Zählwerkes M $2 \cdot 0,25 \cdot 0,5$ Umdrehungen, die der Voreilung des Sonnenrades s um 180° entsprechen und fünf Teilstrichen an letzter Stelle des Zählwerkes gleichkommen. Ist nun eine

Einheit, an diesem Zifferblatt abgelesen, gleich einer Kilowattstunde, so zeigt das Zählwerk M den Betrag von 5 Kilowattstunden. Das Zählwerk V zeigt im vorliegenden Falle $10 \times 2 = 20$ Kilowattstunden. Sinkt aber die Belastung des Zählers unter 7,5 kW, so wird das Sonnenrad s_1, das von der Uhr mit konstanter Winkelgeschwindigkeit in der Pfeilrichtung gedreht wird, mit größerer Winkelgeschwindigkeit rückwärts gedreht, als das Rad s durch den Zähler vorwärts bewegt wird. Das Planetenrad p bewegt sich also rückwärts, die Achse e dreht sich mithin entgegengesetzt der Pfeilrichtung. Die Klinke f gleitet über g hinweg, während die Klinke h mit Sperrrad g_1 verhindern, daß sich die Achse i und das Zählwerk m rückwärts drehen.

Die Fig. 136 zeigt einen Spitzenzähler mit getrennt angeordneter Uhr. Die Fig. 137 stellt einen Spitzenzähler mit eingebauter Uhr und abgenommenem Schutzkasten dar.

Frequenzmesser. Kommen nur für Wechsel- bzw. Drehstrom in Frage. Praktisch werden Wechselströme durch rotierende Maschinen geliefert.

Fig. 137. Spitzenzähler für Einphasen-Wechselstrom mit eingebauter Uhr.

Die Periode hängt dann ab von der Umdrehungszahl der Maschine. Indes sind diese nicht konstant, so daß es erwünscht ist, eine unabhängige Messung der Periode eines Wechselstromes in jedem Moment vornehmen zu können. Einen solchen Apparat bezeichnet man als Frequenzmesser.

Meßprinzip: Erfährt ein elastischer Körper von außen her rhythmische Stöße, deren Anzahl in der Zeiteinheit seiner Eigenschwingungszahl gleichkommt, so gerät er in lebhafte Schwingungen. Auf diese Erscheinung, die als Resonanz bezeichnet wird, wurde eine Methode zur Ermittlung der Frequenz rhythmischer Bewegungen aufgebaut. Das Prinzip dieses Meßverfahrens besteht darin, daß man eine Reihe von elastischen Körpern (siehe Fig. 138), die auf bestimmte Eigenschwingungszahlen im voraus genau abgestimmt worden sind, den rhythmischen Erschütterungen aussetzt, deren Frequenz man zu ermitteln wünscht. Kann dann an einem dieser Körper ein lebhaftes Schwingen wahrgenommen werden, so stimmt die zu ermittelnde Frequenz mit der Eigenschwingungszahl des betreffenden Körpers überein.

Phasenmesser. Auch diese kommen nur für Wechsel- bzw. Drehstrom in Betracht. Die in einem Wechselstromkreise umgesetzte elektrische Leistung ist zahlenmäßig gleich dem Produkt von Volt $\times$ Ampere $\times$ Leistungsfaktor. Da nun der Aufwand an Leitungsmaterial in jedem

Netze der Stromstärke proportional sein muß, unabhängig von der tatsächlich vorhandenen Leistung, so bedingt ein niedriger Leistungsfaktor

Fig. 138. Frequenzmesser.

größere Generatoren, Transformatoren, Netzleitungen usw., als sie bei dem Leistungsfaktor vorhanden zu sein brauchen.

Fig. 139. Phasenzeiger mit Glasskala zur Demonstration der Innenteile.

Unter der Annahme eines sinusförmigen Verlaufes von Strom und Spannung ist der Leistungsfaktor bei jeder Belastung eine Funktion des Verschiebungswinkels zwischen der Spannung und dem Strome. Er ist weiterhin für eine gegebene Phasenverschiebung derselbe, mag der Strom der primären Spannung nacheilen oder voreilen. Indessen ist ein nacheilender Strom für die Netzregulierung von weit schädlicherem Einfluß als ein voreilender, und da bei technischen Wechselströmen der Strom gewöhnlich der Spannung nacheilt, erhält die genaue Kenntnis des Leistungsfaktors für den Betrieb von Elektrostahlöfen eine wirtschaftliche Bedeutung. Die Fig. 139 zeigt einen Phasenzeiger der Firma Siemens & Halske, A.-G.

Wo immer man die Phasenverschiebung zu regulieren beabsichtigt, wird ein Leistungsfaktoranzeiger notwendig, da eine Berechnung dieser Größe aus den Ablesungen von Wattmeter, Voltmeter und Amperemeter praktisch kaum in Frage kommt. Da nun eine Regulierung des Leistungsfaktors in der Hauptsache aus Sparsamkeitsrücksichten, sowie im Interesse einer guten Netzregulierung vorgenommen wird, so ist es von großem Wert, hierfür ein Meßinstrument zur Verfügung zu haben, das unter allen möglichen Bedingungen des praktischen Betriebes genaue und zuverlässige Angaben liefert.

Isolationsmesser. Dienen zum zeitweiligen Nachprüfen der Leitungen usw. Der sichere Betrieb eines Elektrostahlofens hängt, unter der Voraussetzung, daß alle Apparate, Maschinen und dgl. gut arbeiten, zum großen Teil von dem guten Zustand der Leitungen ab.

Der Isolationswiderstand einer Leitung ist jener Widerstand, welchen die Isolation dem durch die Leitung fließenden Strome, in ihrer ganzen

Fig. 140. Isolationsmesser.

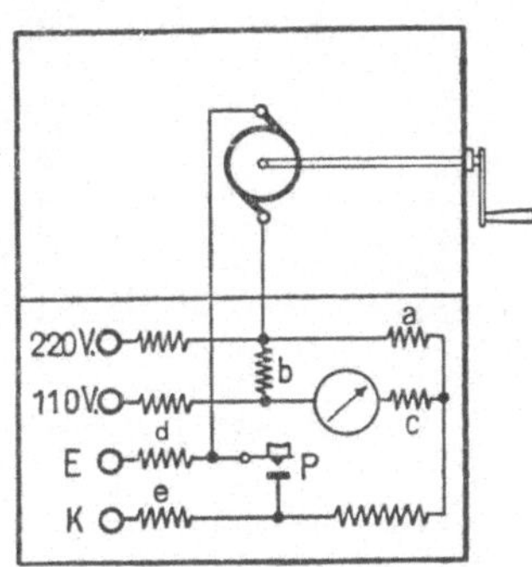

Fig. 141.
Schaltbild zum Isolationsmesser.

Länge gegen das Abfließen zur Erde entgegensetzt. Die sich auf einzelne Punkte der Leitungen beschränkenden Fehler sind Erdschlüsse, Kurzschlüsse und Nebenschlüsse, die auf die verschiedenste Weise entstehen können.

Die Fig. 140 zeigt die Ansicht eines Isolationsmessers mit Kurbelinduktor, wie ihn die Firma Siemens & Halske, A.-G. ausführt. Die innere Schaltung des Apparates entspricht im wesentlichen dem Schaltbild gemäß Fig. 141.

Mit diesem Apparat lassen sich Isolationsmessungen bis 20 Megohm und mehr ausführen, ferner Spannungsmessungen bei Gleichstrom bis zu 250 Volt. Die Isolationsmessungen erfolgen mit der Induktorspannung von 110, 220 oder 440 Volt.

Die eingebaute Prüftaste P dient zur Prüfung der vom Induktor erzeugten Meßspannung.

Der Apparat läßt sich auch für Isolationsmessungen in Wechselstromnetzen während des Betriebes verwenden. Hierfür sind die Schutzwiderstände d und e eingebaut.

Wir wollen noch eine besondere Gruppe elektrischer Meßinstrumente streifen, die

Registrierapparate. Um sich über den Gang eines Elektrostahlofens eine bildliche Darstellung zu machen, empfiehlt es sich, in die Anlage je einen registrierenden Strom- und Spannungszeiger, besser aber noch einen registrierenden Leistungsmesser, einzubauen. Dieselben dienen zur Aufzeichnung der Schwankungen elektrischer Größen (Strom, Spannung, Leistung usw.). Die Art der Registrierung erfolgt fortlaufend auf einem Papierstreifen, in der Weise, daß an dem Zeiger des Meßinstrumentes eine feine Schreibfeder angebracht ist, die die Schwankungen auf dem Papierstreifen aufzeichnet, siehe Fig. 142.

Fig. 142.
Stromregistrierapparate mit uml. Trommel.

Die Aufzeichnungen erfolgen in einem rechtwinkeligen Koordinatensystem auf dem Papier. Dieses ist in Linien eingeteilt, so daß man die Schwankungen ohne weiteres ablesen kann.

Ferner vermag man an Hand der Geschwindigkeit des Papiertransportes sofort die Dauer einer Charge oder dgl. festzustellen.

Schließlich kann man die von der Grenzlinie und der Kurve eingeschlossene Fläche planimetrieren und z. B. auf die Angaben eines Elektrizitätszählers rückschließen.

3. Die Wassermessungen.

Für den Betrieb eines Elektrostahlofens wird bekanntlich für die Elektroden, Wicklungen, Lager, Transformatoren und dgl. Kühlwasser benötigt, um nach Möglichkeit die Teile zu schonen, die gegen Hitze zu schützen sind.

Für die Betriebskostenberechnungen ist es daher notwendig, daß in die Kühlwasserleitungen Wassermesser nach bekanntem Prinzip eingebaut werden. Die Wassermesser sind so anzuordnen, daß vor und nach jeder Charge der Stand derselben leicht abgelesen werden kann.

d) Allgemeines.

1. Die Hochspannungs-Ölschalter.

Einer der allerwichtigsten Teile in modernen Elektrostahlofen-Hochspannungsanlagen ist der Schalter. Die Betriebssicherheit der ganzen Elektrostahlofenanlage hängt von dem sicheren Funktionieren desselben ab.

Wegen ihrer großen Leistungen und hohen Spannungen kommen für den Elektrostahlofenbetrieb nur Ölschalter in Betracht. Die Ölschalter sind die zweckmäßigsten Schalter für Wechselströme, da sie diese in dem Moment unterbrechen, wo die Stromwelle durch Null geht, so daß infolge der Unterbrechung keine Überspannungen entstehen.

Der beim Ausschalten entstehende Lichtbogen ist unter Öl sehr gering. Das durch den Schaltvorgang in Bewegung versetzte Öl hat die Wirkung, daß es zwischen die sich voneinander entfernenden Kontakte strömt und den Lichtbogen erstickt.

Ölschalter lassen sich sowohl für Hand- wie für elektrische Fernbetätigung, sowie für automatische Auslösung einrichten.

Während früher von Ölschalter bauenden Firmen die Schalter auf Grund der jeweiligen Erfahrungen ausgebildet waren, wurden später von dem Verband Deutscher Elektrotechniker Richtlinien für die Konstruktion und Prüfung aufgestellt, welche seit 1. Januar 1914 in Kraft getreten sind.

Für den Elektrostahlofenbetrieb müssen ganz besonders stark konstruierte Ölschalter verwendet werden, da dieselben zumal bei Lichtbogenöfen großen Beanspruchungen unterworfen sind.

Mit besonderer Sorgfalt ist ferner die Isolation der Ölschalter auszuführen, und zwar nach dem Grundsatz, daß die Durchschlagfestigkeit im Innern des Ölschalters am größten ist, d. h. die elektrische Festigkeit des Öles größer ist, als die Festigkeit der die Durchführungsisolatoren umgebenden Luft. Die Durchbildung der einzelnen Isolatoren muß derartig sein, daß sie den weitgehendsten Ansprüchen Rechnung trägt. Die Schalter müssen so bemessen sein, daß ein Durchschlagen in senkrechter Richtung zum Durchführungsbolzen ausgeschlossen ist.

Die Schalter müssen Haupt- und Abbrennkontakte haben. Die ersteren sind Bürstenkontakte, während die letzteren als kräftige Kupferklotzkontakte auszuführen sind. Auf die Ausbildung der Kontakte ist ganz besonders hoher Wert zu legen. Es ist darauf zu achten, daß beim Einschaltvorgang möglichst große Kupfermassen und große Flächen in Kontakt kommen, so daß beim Einschalten von Kurzschlüssen ein Festbrennen der Kontakte nicht eintreten kann. Die Kontakte müssen auf kräftigen Isolierplatten sitzen, um besonders große mechanische Festigkeit zu erreichen. Nach den Erfahrungen im Elektrostahlofenbetrieb kommt es vor, daß ein Ölschalter außerordentlich viel ein- bzw. ausgeschaltet werden muß. Zumal bei Lichtbogenöfen kommt es sehr häufig vor, daß infolge Elektrodenkurzschlüssen u. dgl. der Ölschalter häufig ausgelöst wird. Es ist demnach bei der Konstruktion hierauf Rücksicht zu nehmen.

Damit der Ölschalter bequem in seinen Innenteilen nachgesehen werden kann, wird der Ölkasten mit einer Senkvorrichtung ausgerüstet. Ferner ist jeder Schalter mit einer Anzeigevorrichtung zu versehen, welche die Höhe des Ölstandes erkennen läßt.

Ein wichtiger Teil für die Betriebssicherheit der Ölschalter ist auch das Öl. Es ist darauf zu achten, daß zur Füllung nur reines, hoch raffiniertes, ganz dünnflüssiges, wasser- und säurefreies Mineralöl verwendet wird.

Ein wirksamer Schutz der Hochspannungsanlage, bzw. der Elektrostahlofenanlagen und ihrer einzelnen Teile durch Stromüberlastung und Kurzschlüssen, wird durch die automatische Auslösung, welche an Ölschaltern angebracht wird, erreicht. Bei auftretenden Stromstößen und Kurzschlüssen erfolgt eine zuverlässige Unterbrechung, die für die Anlage vollständig gefahrlos ist. Die Unterbrechung erfolgt gleichzeitig in allen Phasen, so daß die Entstehung von Resonanzerscheinungen verhütet wird. Auch ist der Schalter sofort nach Unterbrechung wieder betriebsbereit.

Für den Elektrostahlofenbetrieb kommen automatische Ölschalter mit Auslösmagneten in Frage, die ein sofortiges Ausschalten bei Stromüberlastungen und Kurzschlüssen herbeiführen [1]. Die Anwendung von Zeitrelais bei Lichtbogen-Elektrostahlöfen ist wegen der bestehenden Gefahr für Kabel- bzw. Leitungsdurchschläge zu verwerfen. Bei Induktionsöfen dagegen können Zeitrelais ohne Bedenken Anwendung finden.

Es soll nachstehend noch ein Ölschalter Erwähnung finden, der mit einem Motorantrieb für selbsttätige Wiedereinschaltung ausgerüstet ist.

Der Schalter wird von der Firma Voigt & Haeffner A.-G., Frankfurt a. M., hergestellt.

Der Ölschalter mit Motorantrieb für selbsttätige Wiedereinschaltung nach stattgefundener Auslösung eignet sich für solche Elektrostahlofenanlagen, die an eine entfernt gelegene Schaltstation angeschlossen sind, um dort die Anwesenheit einer Bedienung für den Schalter unnötig zu machen.

Aus dieser Aufgabe ergibt sich die Arbeitsweise, die von dem Schalter verlangt wird. Der Schalter ist an sich ein Ölschalter mit automatischer Auslösung, die durch ein Hemmwerk verzögert wird. Im normalen Betrieb ist der Schalter eingeschaltet. Findet nun in dem betreffenden Zweig eine starke Überlastung oder ein Kurzschluß statt, dann löst der Schalter aus, und nunmehr beginnt der Motorantrieb des Schalters zu arbeiten und den Schalter allmählich innerhalb drei Minuten aufzuziehen, wonach er dann momentan einschaltet. Nachdem dies geschehen, sind zwei Fälle denkbar: entweder die Überlastung bzw. der Kurzschluß ist in den drei Minuten verschwunden, dann bleibt der Schalter natürlich eingeschaltet in seinem normalen Zustand, und wenn etwa nach einiger Zeit wieder ein Kurzschluß auftreten würde, so würde sich der Vorgang genau so wiederholen.

Die zweite Möglichkeit ist, daß der Kurzschluß noch fortbesteht; dann wird der Schalter nach vollzogener Einschaltung natürlich sofort wieder auslösen, und in diesem Fall ist zum Unterschied vom vorigen die Einrichtung so getroffen, daß der Schalter nun nicht wieder ein-

---

[1] Empfehlenswert ist gegen das Auftreten von Überspannungen und dgl. das Einbauen von Vorstufen im Hochspannungs-Ölschalter. In die Vorstufen sind Schutzwiderstände eingeschaltet, die den Schalter alsdann schützen.

schaltet, sondern in dem ausgeschalteten Zustand verbleibt, bis jemand hinzukommt und nach Beseitigung der Kurzschlußursache durch einen einfachen Handgriff den Schalter wieder in den normalen Zustand zu bringen vermag.

Der Apparat leistet genau also das, was in den Verbandsvorschriften von der gewissenhaften Bedienung eines Ölschalters verlangt wird. Wenn ein Ölschalter nach einer selbsttätigen Auslösung wieder eingeschaltet wird und nun zum zweitenmal auslöst dadurch, daß der Kurzschluß fortbestand, dann darf er ohne Revision nicht wieder eingeschaltet werden.

Der Aufzug des Apparates erfolgt durch einen kleinen Drehstrommotor, der entweder von dem vorhandenen Niederspannungsnetz gespeist wird oder für den ein besonderer Spannungswandler aufgestellt werden muß. Da der Motor etwa drei Minuten benötigt, um den Schalter aufzuziehen, so ist die Leistung natürlich sehr gering, und es reicht zum Betriebe des Motors ein Spannungswandler von rund 90 VA aus. Der Spannungswandler darf natürlich durch den Schalter selbst nicht abgeschaltet werden, ebensowenig wie man die aus dem Netz herrührende Niederspannung für den Aufzug des Motors verwenden darf, falls das Netz an dieser Stelle selbst durch den Schalter abgeschaltet wird.

Die Möglichkeit, daß der Schalter gewissermaßen selbst zwischen den beiden angegebenen Fällen, daß nämlich der Kurzschluß nicht mehr besteht, oder daß er noch weiter besteht, unterscheidet, ist gegeben durch die patentrechtlich geschützte Einrichtung, daß der Motor nach dem Einschalten des Schalters eine Prüfung des Schaltungszustandes vornimmt, indem er das Getriebe noch etwas weiter dreht, ehe es in die endgültige Ruhestellung kommt. Wenn innerhalb dieser Prüfzeit die Wiederauslösung des Schalters eintritt, dann wird die Stromzuführung zum Motor endgültig abgesperrt.

2. Die Potentialregulatoren.

Bei Elektrostahlöfen mit kombinierter Lichtbogen- und Widerstandsbeheizung verwendet man zur Erzielung einer starken veränderlichen Widerstandsheizung sogenannte Starkstrom-Potentialregulatoren. Mit Hilfe dieser Reguliervorrichtungen kann man in beliebigen, allerdings vor der Ausführung festzulegenden Grenzen die Spannung der Widerstandsbeheizung stufenlos, d. h. in unzähligen Graden, einstellen.

Die Potentialregler können bei allen Öfen mit kombinierten Heizungen, z. B. Girod-, Nathusius-, Kelleröfen usw. angewendet werden.

Bei dem Nathusiusofen dient beispielsweise der Potentialregler zur Regelung des durch die Bogenelektroden in den Ofen eingeführten Heizstromes. Er ist ähnlich wie ein Asynchronmotor mit stehender Welle ausgeführt, dessen Ständer und Läufer in einem glatten Transformatorengehäuse mit einer stark durch Wasser gekühlten Ölfüllung untergebracht sind.

Die Ausführung eines solchen Potentialreglers ist in der folgenden Fig. 143 dargestellt, welcher mit Fernsteuervorrichtung versehen in der dargestellten Weise von den Bergmann-Elektrizitätswerken, A.-G. Berlin, ausgeführt wird.

Die aus baulichen Gründen in den Läufer verlegte Primärwicklung ist im Stern geschaltet und an die sekundäre Seite des Transformators angeschlossen, der zur Speisung des Elektrostahlofens dient. Die Sekundärwicklung ist offen geschaltet und liegt in dem Stromkreis der Widerstands- bzw. Bodenbeheizung. Die Verschiebung der Vektorenphasen wird durch Veränderung der Lage dés Ständers und des Ankers zueinander erreicht. Zur Verstellung dient gewöhnlich unter Vermittlung einer selbstsperrenden Schnecke ein kleiner Elektromotor, der zumeist unmittelbar auf dem Deckel des Potentialregulators angeordnet ist und von der Schalttafel aus durch Druckknöpfe gesteuert wird. Die Steuerung erfolgt nach dem bekannten Prinzip der Druckknopfsteuerung unter Anwendung von Schützen. Der Motor zum Bewegen des umlaufenden Teiles des Potentialreglers ist ein normaler, asynchroner Motor mit Kurzschlußwicklung.

Bei auftretenden Stromstößen, die zumal bei Lichtbogenöfen sehr häufig vorkommen, soll der Potentialregler dazu dienen, eine möglichst gleichbleibende Spannung in dem Widerstands- bzw. Bodenstromkreis zu erzielen. Hierdurch wird ein verhältnismäßig ruhiger Ofenbetrieb gewährleistet.

Fig. 143. Potentialreg er.

Unmittelbar abhängig von der Drehrichtung des Steuermotors ist das Steigen und Fallen der Spannung im Widerstands- bzw. Bodenstromkreise und damit auch der zugeführten Leistung, die sich quadratisch mit der Spannung ändert.

In der folgenden Fig. 144 ist noch ein Potentialregler mit Leitungsanlage dargestellt. Dieser Regulator ist aufgestellt worden in dem elektrischen Stahlwerk der Sosnowicer Röhrenwalzwerke und Eisenwerke A.-G., Sosnowice. Es handelt sich hier um einen Nathusius-Elektrostahlofen von 5 bis 6 Tonnen Inhalt mit einer Leistung von etwa 650 kW. Ausgeführt ist der Regulator bzw. die Anlage von den Bergmann-Elektrizitätswerken A.-G., Berlin.

VII. Die elektrischen Versuchsschmelzöfen.

Die Herstellung von Spezialstählen setzt ganz besondere Erfahrungen voraus. Die Ausführung von Versuchen in normalen Öfen ist unwirtschaftlich. Es genügt daher die Anschaffung eines Laboratoriumsofens,

Fig. 144. Potentialregler im Betrieb.

der sich möglichst dem zur Aufstellung gelangten Elektrostahlofen anpaßt.

Nachstehend sollen einige elektrische Versuchsschmelzöfen aufgeführt werden, die sich für jeden Zweck eignen. Man teilt dieselben ein, in Lichtbogen- und Transformatorenöfen. Beide Ofensysteme sind eine Abart der in früheren Abschnitten näher beschriebenen Elektrostahlöfen.

1. Die Lichtbogen-Versuchsschmelzöfen.

Die Fig. 145 stellt einen Versuchsofen dar mit einem horizontal angeordneten Kohlenpaar. Dieselben sind durch zwei Schamotteplatten in das Innere des Ofens geführt. Je nach dem Schmelzversuch kommen Tiegel aus Kohle, Magnesit, Magnesia oder Tonerde in Betracht. Die

Fig. 145. Lichtbogen-Versuchsofen.

Kohlen sind zur gleichmäßigen Lichtbogenbildung mit Einstellvorrichtung versehen.

Der Versuchsofen nach Fig. 145 entspricht einer Leistung von 7500 bis 9000 Watt. Die Lichtbogenspannung beträgt 50 bis 60 Volt, die Stromstärke etwa 150 Amp. Die Elektroden sind 500 mm lang und haben einen Durchmesser von 30 mm.

Soll der Schmelzvorgang genau beobachtet werden, so empfiehlt sich der Versuchsofen nach der Fig. 146. Derselbe ist so eingerichtet, daß man durch die an den Türen angebrachten Glimmerplatten, die Schmelzungen beobachten kann. Es ist dann notwendig, die Augen vor dem Einfluß des Lichtbogens, durch einen Schutzschirm, der an dem Tisch des Ofens angebracht werden kann, zu schützen.

Fig. 146. Lichtbogen-Versuchsofen mit schrägstehenden Elektroden.

Die Elektroden stehen schräg über dem Tiegel (siehe Stassano- und Rennerfeldofen). Die Leistung des Ofens beträgt bei einer Lichtbogenspannung von ebenfalls 50 bis 60 Volt etwa 12000 bis 15000 Watt gleich 12 bis 15 kW.

Die beiden beschriebenen Versuchsöfen werden von der Deutschen Gold- und Silberscheideanstalt in Frankfurt a. M. hergestellt.

2. Die Transformator-Versuchsschmelzöfen.

Der nachstehend beschriebene Transformator-Versuchsschmelzofen, der von der Allgemeinen Elektritzitäts-Gesellschaft hergestellt wird, besteht aus einem Wechselstromtransformator für beliebige Spannung. Derselbe ist ein Widerstandsofen, bei dem der Schmelztiegel den Widerstand bildet. Er besteht aus einem Transformator mit angebauten Kontakten, zwischen denen der Tiegel derartig eingespannt wird, daß er vom Sekundärstrom des Transformators in axialer Richtung durchflossen wird. Die Halter für die Kontaktkohlen werden mit Wasser gekühlt, wodurch das Material sehr geschont wird. Der obere Kontakt ist mit einer Öffnung versehen, so daß er den Tiegel nur am Rande bedeckt. Auf diese Weise wird ein ständiges Beobachten des Schmelzprozesses ermöglicht. Die Öffnung dient auch gleichzeitig zum Beschicken des Tiegels.

Zur Einstellung der Temperatur ist jeder Ofen mit einem Regulierschalter versehen. Die normalen Öfen haben einen Schalter mit 5, die Laboratoriumsöfen mit 10 Kontakten. Außerdem kann an den Öfen eine Umschaltvorrichtung für die Sekundärschienen des Transformators angebracht werden, so daß sich im ganzen maximal 2×10 Regulierstufen erreichen lassen. Die Umschaltvorrichtung ist erforderlich, falls für die Heizung Tiegel mit verschiedenem Widerstand benutzt werden (z. B. Kohle- und Graphittontiegel). Zur Kontrolle der Stromzuführung ist jeder Ofen mit einem Strommesser versehen. Die Öfen werden komplett betriebsfertig zum direkten Anschluß an das Stromnetz geliefert.

Als Schmelzgefäße können normale, im Handel befindliche Graphittontiegel oder Kohletiegel benutzt werden. Für Temperaturen über 1400° kommen zweckmäßig nur Kohletiegel in Betracht, da die Graphittontiegel beim Übersteigen dieser Temperatur weich werden.

Die Tiegel sind vor dem Gebrauch an der Innenoberfläche zu präparieren. Die Präparation hat den Zweck, den Stromdurchgang durch das Schmelzgut, sowie eine Verunreinigung der Schmelze durch das Tiegelmaterial zu verhüten. Während bei Graphittontiegel eine Entgraphitierung der Innenoberfläche genügt, sind die Kohletiegel der Schmelze entsprechend auszukleiden, wozu Magnesia-Zirkonoxyd, Kalk, Chamottemasse usw. Verwendung finden, die entweder an der inneren Wand aufgetragen, oder besser, als fertige Gefäße in die Kohletiegel eingesetzt werden.

Die Transformator-Versuchsschmelzöfen haben keine komplizierten Konstruktionsteile und Apparate, und sind aus diesem Grunde haltbar und betriebssicher. Die einzigen der Abnutzung unterworfenen Teile sind die Kontakte, aus diesem Grunde leicht auswechselbar angeordnet sind,

so daß ihr Ersatz ohne wesentlichen Zeitverlust vorgenommen werden kann.
Eine Abnutzung des Transformators, des Hauptteiles der Schmelzanlage,
ist nicht vorhanden. Der Transformator hat einen hohen Wirkungsgrad,
und bei der Regulierung entstehen keine Stromverluste, wie bei der
Regulierung mittels Widerstand.

Die Aufstellung der Öfen kann an jedem beliebigen Ort geschehen
und ist nicht an das Vorhandensein eines Kamines gebunden.

Das Schmelzen geschieht direkt vor den Augen des den Ofen Bedienenden, ohne daß er von der Hitze belästigt wird; der Betrieb kann
somit überwacht werden. Die Bedienung ist einfach, da lediglich mit
einem Umschalter die gewünschte Temperatur eingestellt werden kann.

Die Übersichtlichkeit und leichte Regulierung ermöglichen das Schmelzen von Edelmetallen ohne jedes
Manko, was für die Rentabilität der
Ofenanlagen von Bedeutung ist.

Die normalen Öfen können nur
mit Einphasen-Wechselstrom betrieben werden. Bei einer vorhandenen Gleichstromanlage ist daher
die Aufstellung eines entsprechenden Umformers erforderlich. Mit
Rücksicht auf die große Überlastbarkeit der Transformatoren ist die
Leistung des Umformers reichlicher
zu nehmen.

Der Energiebedarf richtet sich
ganz nach den Eigenschaften der
zu schmelzenden Stoffe. Außer der
thermischen spielt noch die physikalische Beachaffenheit des Materials, sowie die Größe des Ofens,
eine Rolle.

Fig. 147. Induktions-Versuchsschmelzofen.

Die Fig. 147 stellt einen großen Versuchsofen dar, der sich besonders
durch hohe und bequeme Regulierfähigkeit auszeichnet. Vermittels
Handrad und Schalter, können 24 verschiedene Hitzegrade erzielt werden.
Der Schamotteteil, der die Wärmeausstrahlung der Tiegel verhindern
soll, ist mit Handrad zu verstellen, so daß kleine oder große Tiegel
verwendet werden können. Ferner haben die obere und untere Kontaktplatte Arbeitsflächen, so daß beliebige Glühkörper, z. B. Kohlerohre
usw.; eingesetzt werden können.

Zur Einleitung von Gasen in den glühenden Inhalt der Tiegel (Bessemerprozeß), kann eine Rohrleitung, die sich bis zum Boden der Tiegel erstreckt, angebracht werden.

Der Ofen ist normal für 10 kW gebaut, der Transformator kann indessen vorübergehend bis 15 kW belastet werden. Diese Stromstärke genügt, um in verhältnismäßig großem Kohletiegel Temperaturen von über 3000° zu erreichen.

In Fig. 148 ist ein ähnlicher Versuchsofen dargestellt, der kippbar angeordnet ist und sich für Laboratorien größerer Stahlwerke besonders eignet.

Der Betrieb des Ofens ist folgender:

Das Schmelzgefäß wird zwischen die Kontaktkohlen gebracht, und mit einem Handrad festgeschraubt. Die Schamottetür wird geschlossen, der Strom eingeschaltet, und vermittels des Regulierschalters zunächst auf schwach einreguliert. Der obere Halter bedeckt das Schmelzgefäß nur am Rand, so daß sein Inhalt während des Schmelzprozesses bequem beobachtet werden kann; die Öffnung dient auch zur Beschickung des Tiegels mit Schmelzgut, und ermöglicht das Rühren des Inhaltes. Nach einigen Minuten Stromanschluß wird das Gefäß glühend und sein Inhalt beginnt zu schmelzen. Alles geschieht direkt vor Augen des den Ofen Bedienenden, ohne ihn jedoch durch Hitzeausstrahlung, oder Sonstiges, im geringsten zu belästigen. Der Schmelzprozeß kann somit ganz genau beobachtet werden. Es kann genau der Zeitpunkt erfaßt werden, wann die Schmelze reif

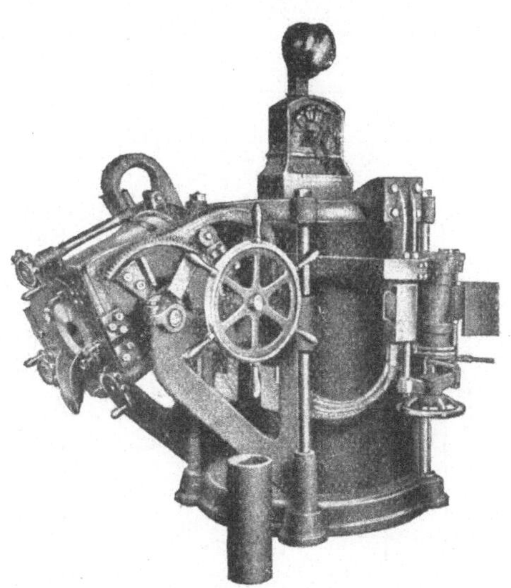

Fig. 148. Kippbarer Transformator-Versuchsofen.

ist. Somit wird eine schädliche Überhitzung vermieden. Im geeigneten Moment können Zutaten in die Schmelze gebracht werden, ohne den Schmelzprozeß zu stören.

Der Ofen nach Fig. 148 kann mit zwei gleichzeitig geheizten Tiegeln ausgeführt werden. Der Vorteil besteht darin, daß die Schmelze und die Zusätze im flüssigen Zustande vereinigt werden können.

Die beschriebenen Transformator-Versuchsöfen werden von der Allgemeinen Elektrizitäts-Gesellschaft, Berlin, hergestellt.

Die Firma Adolf Pfretzschner, G. m. b. H., Pasing-München, hat einen Versuchs-Widerstandsschmelzofen zum Patent angemeldet, der mit Ein- oder Mehrphasen-, insbesondere für Drehstrom betrieben werden kann.

Nach den Fig. 149 und 150 sind 1, 2, 3 drei Polstempel, deren Anschlüsse am Boden und außenseitig einer wärmeisolierenden Schamottekapsel 4 sich befinden. Ein gewöhnlicher, nach unten sich verjüngender

Schmelztiegel 5 wird zentrisch zwischen diese Polstempel gesetzt, nachdem am Boden der Schamottekapsel eine Lage pulverisierten Widerstandsmaterials eingebracht ist, und sodann wird der Zwischenraum zwischen Polstempel und die ganze Länge desselben und die Tiegelwand mit gutleitender Masse ausgefüllt.

Die Polstempel, die nicht unbedingt aus Kupfer oder Metall zu sein brauchen, erhalten zweckmäßig innere Kühlung, aber nur, wenn die zu erzielende Temperatur den eigenen Schmelzpunkt übersteigt.

Der Strom verläuft in horizontaler Richtung zwischen den Polstempeln unter Vermittlung der leitenden Verbindungsmasse, über die Tiegelwände aus Graphit, Kohle oder sonstige, als Widerstände anzusprechende Massen. Bei dieser Anordnung senkrechter Polstempel mit horizontalem Stromverlauf kommen Randkontakte ebensowenig wie Bodenkontakte in Betracht, und Zerstörung der Ränder oder des Bodens ist ausgeschlossen. Auch wird ein sich nach der Breite der Polstempel richtender guter Stromübergang von diesen auf die Wände erreicht.

Da der Strom immer den kürzesten Weg und geringsten Widerstand sucht, wird der Stromausgleich am Boden am stärksten sein und oben immer abnehmen, da am Boden der Leitungsquerschnitt durch die als Auflage eingebrachte Widerstandsmasse am größten

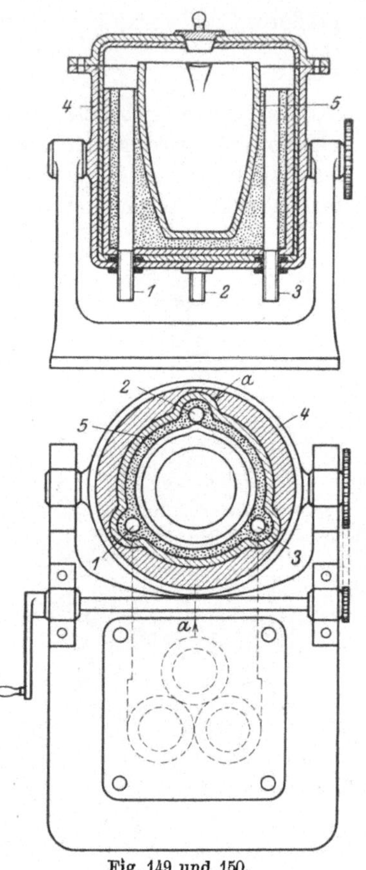

Fig. 149 und 150.
Versuchs-Widerstandsschmelzofen.

und der Stromweg, als zunächst dem Eintritt, am kürzesten ist, wogegen nach dem oberen Rande zu der Strom immer mehr abnimmt. Läßt man die Polstempel nicht ganz nach oben gehen, so ist der restliche Teil bis zum Rande der Einwirkung des Stromes überhaupt entzogen.

VIII. Einrichtungen zur Kohlenstoffbestimmung in Stahl und Eisen.

In neuerer Zeit erfolgt erfolgreich die Bestimmung des Kohlenstoffes in Stahl und Eisen mittels eines elektrischen Verbrennungsofens. Der Ofen ist als Röhrenofen ausgebildet, durch dessen Achse ein feuerfestes

Rohr geführt ist, in das die zur Verbrennung gebrachten Substanzen eingeführt werden. Um das feuerfeste Rohr befindet sich eine Spirale aus edlem Metall. Durch diese Spirale wird ein elektrischer Strom ge-

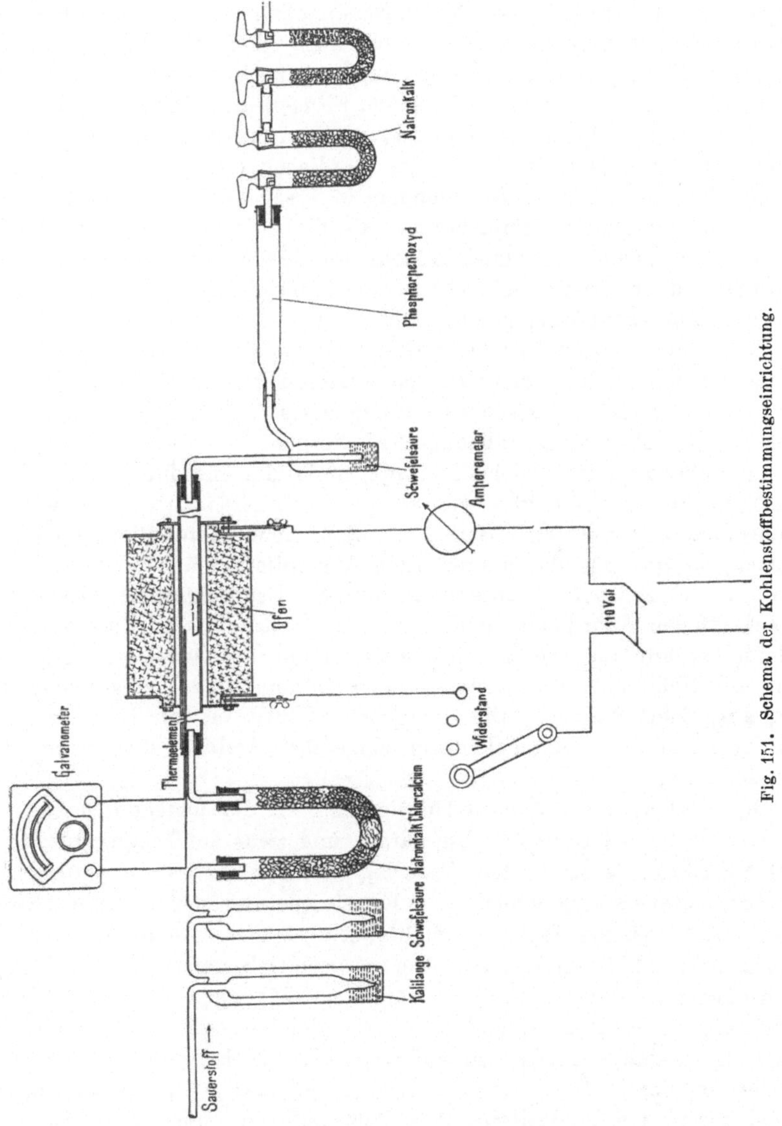

Fig. 151. Schema der Kohlenstoffbestimmungseinrichtung.

leitet, in der Temperaturen von 1000 und mehr Grad erzielt werden können. Der Stromverbrauch eines solchen Ofens beträgt bei 110 Volt etwa 8 Amp. und bei 220 Volt etwa 6 Amp. Bei dem Ofen handelt es sich also um eine ausgesprochene Widerstandsheizung.

Nachstehend soll auf eine derartige Einrichtung eingegangen werden, die von der Firma W. C. Heraeus, G. m. b. H. in Hanau a. M., ausgeführt wird.

Für die Kohlenstoffbestimmung im Stahl und Eisen wurde schon oftmals die direkte Verbrennung im Sauerstoffstrome vorgeschlagen. Die erforderliche, gleichmäßige Temperatur war jedoch mit den früher vorhandenen Mitteln nicht zu erzielen, und erst die Verwendung elektrischer Öfen brachte hierin einen wesentlichen Fortschritt. Trotzdem fand diese Methode keinen allgemeinen Eingang, da man sie für zu kompliziert und teuer hielt. G. Mars hat sich das Verdienst erworben, bewiesen zu haben, daß die Kohlenstoffbestimmung im Eisen und Stahl durch direkte Verbrennung nicht nur einfacher ist, als die nach den nassen Methoden, sondern sich sogar als Schnellmethode für den Martinofenbetrieb eignet, besonders dann, wenn bei sehr wechselnder Charge die Eggertzschen Proben nicht zuverlässig genug erscheinen.

Zum Heizen des Ofens kann Gleichstrom, Wechselstrom oder Drehstrom zur Verwendung kommen; im letzteren Fall erfolgt der Anschluß nur an eine Phase. Zwischenschaltung eines kleinen Amperemeters ist zweckmäßig, aber nicht unbedingt erforderlich.

Vorstehende Skizze (siehe Fig. 151) stellt die Anordnung eines Ofens mit Absorptionsgefäßen dar, wie sie für die Untersuchung schwefelfreier Materialien geeignet ist. Sollen schwefelreiche Materialien untersucht werden, so tritt vor die dargestellten Absorptionsgefäße noch eine Vorlage mit konzentrierter Chromsäurelösung. Bei Benutzung dieser sehr zweckmäßigen Anordnung bleibt das Thermoelement und die Sauerstoffzuleitungsröhre dauernd im rückwärtigen Teile des Ofens montiert, während die Schiffchen durch die vordere Öffnung des Einlegerohres ein- und ausgeführt werden. Die Schiffchen werden bis zur Berührung mit der Lötstelle des Thermoelements eingeführt, welche etwa 5 cm vom Ofenende liegt.

Der Verlauf der Kohlenstoffbestimmung ist der folgende:

Zunächst wird der Ofen angewärmt, und zwar auf Temperaturen von 700 bis 1000°, je nach dem Material, welches verbrannt werden soll. Gußeisensorten verlangen niedrige Anfangstemperaturen, gewöhnliche Stähle etwa 900°, manche legierten Stähle etwa 1000°. Während des Anheizens läßt man durch die ganze Apparatur einen Sauerstoffstrom streichen, wägt darauf die Natronkalkröhren (sämtliche Wägungen werden mit Sauerstofffüllung vorgenommen) und bringt sie gleich wieder in die Reihe der Absorptionsgefäße zurück. Darauf wägt man die Einwage, je nach dem Kohlenstoffgehalt des zu untersuchenden Materials, 1 bis 2 Gramm, ab, bringt sie in ein unglasiertes Porzellanschiffchen, führt diese mit Hilfe eines besonders geformten Messingstabes in den bereits von einem Sauerstoffstrom durchflossenen Ofen, stellt sofort die Verbindung des Ofens mit den Absorptionsgefäßen her, öffnet die Hähne der letzteren und steigert die Temperatur bei Stählen in etwa 15 Minuten, bei Gußeisen in etwa 20 Minuten auf 1150 bis höchstens 1200°. Bei Beginn der Verbrennung wird der Sauerstoff vom Eisen so lebhaft absorbiert, daß durch die am Ende des Apparates befindlichen Waschflaschen nur wenig Gas entweicht, allmählich wird der Gasstrom wieder lebhafter. Sind die verwendeten Späne nicht zu grob, so kann man sofort nach erreichter Höchsttemperatur den Heizstrom abstellen, andernfalls empfiehlt es sich, dieselbe noch 5—10 Minuten zu erhalten und dann erst den Ofen erkalten zu lassen. Nach etwa 5 Minuten langem Auswaschen der Apparatur mit Sauerstoff können die Absorptionsgefäße vom Ofen abgenommen und die Natronkalkröhren zur Wägung gebracht werden.

Im übrigen gelten für diese Kohlenstoffbestimmung alle Regeln der älteren Kohlenstoffbestimmungsmethode, nach welchen der Kohlenstoffgehalt der Stahl- oder Eisenspäne in Kohlensäure übergeführt und diese absorbiert und gewogen wird.

Bei der Verbrennung von Materialien, wie Ferrochrom, Ferromangan usw., die nur mit Zuschlägen verbrannt werden können, müssen größere Schiffchen verwandt werden. Diese werden zweimal mit Wismutoxyd gefüllt und dieses entweder im elektrischen Ofen oder auf einem kräftigen Brenner geschmolzen; hierfür genügt eine Temperatur von 900°. In die zur Hälfte mit geschmolzenem Wismutoxyd gefüllten Schiffchen wird das Material eingewogen. Die eigentliche Verbrennung verläuft ebenso wie es vorher beschrieben wurde.

Für die Erhaltung des Ofens ist es wichtig, daß seine Temperatur niemals über 1200° gesteigert wird. Da er für eine schnelle Erhitzung gebaut ist, würde diese Temperatur nach etwa $^1/_2$ bis $^3/_4$ Stunden überschritten werden; es ist daher sehr darauf zu achten, daß der Ofen nach Beendigung der Analyse sofort ausgeschaltet wird.

Die Verwendung eines Pyrometers zur ständigen Beobachtung der Temperaturen ist von großer Wichtigkeit, sowohl zur richtigen Durchführung der Analysen, als auch mit Rücksicht auf die Haltbarkeit des elektrischen Ofens zur Vermeidung von Überhitzungen.

Die Fig. 152 zeigt die Ansicht der vorstehend beschriebenen Einrichtung.

Ein ähnlicher Apparat zur volumetrischen Kohlenstoffbestimmung ist der nach Jean Wirtz gebaute[1]); der von Paul Klees, Düsseldorf, hergestellt wird.

Die Anleitung für die Aufstellung dieses Apparates ist folgende:

Die Sauerstoffbombe wird mit dem Reduzierventil versehen und das Manometer des letzteren auf ca. $^1/_2$ Atm. eingestellt. Dieser Druck genügt zur Durchleitung des Sauerstoffstromes und zur Erreichung einer exakten Verbrennung. Die Einstellung geschieht an der Flügelschraube und die Ausstromgeschwindigkeit an der runden Feinregulierungsschraube.

Die Reinigungsvorlage besteht aus einem neuen Natronkalkrohr und einem Gefäß zur Aufnahme der Schwefelsäure, welche auf einem Holz-

---

1) Stahl und Eisen 1913, Nr. 11, Seite 449/50.

brett angeordnet sind. In dem Schwefelsäuregefäß kann man den gleichmäßigen Gang des Sauerstoffstromes beobachten. Die Verbindung des
Reduzierventils erfolgt dann mittels Gummischlauch mit der Reinigungsvorlage.

Der elektrische Ofen wird mit der Schalttafel verbunden und neben
die Reinigungsvorlage aufgestellt. Der Heizkörper ist bereits eingebaut
und gut an den Enden mit Asbest umlegt und zu beiden Seiten mit
Asbestscheiben abgedichtet.

Fig. 152. Ansicht der Kohlenstoffbestimmungseinrichtung.

Der Ofen ist für 110 Volt und 8 Amp. eingerichtet. Bei anderen
Stromstärken, wie z. B. von 220 Volt usw. ist ein Vorschaltwiderstand
zur Abdrosselung nötig. Alsdann wird das Porzellanrohr mit dem im
Schutzrohr befindlichen Thermoelement eingelegt und letzteres mit dem
Galvanometer verbunden. Das Thermoelement mit seiner Lötstelle an
der Spitze ist so einzulegen, daß ein Beschädigen durch das einzusetzende
Schiffchen unmöglich ist. Andererseits ist aber auch streng darauf zu
achten, daß dasselbe in der vollen Hitze liegt, so daß das Thermoelement in Verbindung mit dem sehr empfindlichen Galvanometer, woran
die Arretierung vorher gelöst und der Nullpunkt eingestellt ist, die
Temperatur richtig anzeigen kann.

Durch Nichtbeachten dieser Vorschrift verdirbt sowohl das Thermoelement, sowie bei Überhitzung der Heizkörper.

Die Höchsttemperatur von 1050 bis 1100° darf unter keinen Umständen überschritten werden. Nachdem die Verbindung der Reinigungsvorlage mit dem hinteren Ende des Porzellanrohres und der Anschluß des Thermoelementes mit den verlängerten umsponnenen Kupferdrähten hergestellt ist, wird vorn der Gummistopfen mit dem Schauglas zum Anschluß an den Gasbestimmungsapparat eingesetzt. Das neue Schauglas mit seinem großen Gesichtsfeld ermöglicht den ganzen Verbrennungsprozeß zu überwachen. Nun sind alle Verbindungen hergestellt und die Schnellbestimmungen können beginnen.

Hierauf wird der Ofen eingeschaltet und auf den zweiten Kontakt eingestellt. Man beobachte nun das Ansteigen des Galvanometers und setzt den Ofen stufenweise weiter bis zur Höchsttemperatur von 1050 bis 1100°. Inzwischen läßt man durch die ganze Apparatur einen regelmäßigen Sauerstoffstrom hindurchstreichen, wobei man die Niveauflasche auf den Tisch stellt, um die Apparatur zu reinigen und das Wasser mit Sauerstoff zu sättigen. Nach einiger Zeit schließt man das Sauerstoffventil. Man beginnt alsdann mit der Einwage, und zwar geschieht dies je nach dem Kohlenstoffgehalt der zur Untersuchung vorliegender Substanzen.

$$\text{Bei Proben über } 0{,}5\,\%\ \ C = 1 \text{ g Einwage}$$
$$\text{»}\qquad\text{»}\qquad \text{unter } 0{,}5\,\%\ \ C = 2 \text{ »}\qquad\text{»}$$
$$\text{»}\qquad\text{»}\qquad \text{über } 1{,}5\,\%\ \ C = {}^{1}/_{2} \text{ g Einwage}$$
$$\text{»}\qquad\text{»}\qquad\text{»}\qquad 4\,\%\ \ C = 0{,}2 \text{ »}\qquad\text{»}$$

Ferrolegierungen sowie graphithaltige Roheisen usw. erfordern einen Zuschlag von Wismutsesquioxyd, welches man in einem Muffelofen bei ca. 900° oder in dem Röhrenofen in die Schiffchen vorgeschmolzen hat.

Das Einwiegen der Proben geschieht in sorgfältigster Weise; nachdem die zu untersuchende Substanz in das Schiffchen geschlossen eingelegt, wird dasselbe nach Entfernen des Gummistopfens mit Schauglas mit dem Messingstäbchen bis in die Mitte des Porzellanrohres eingeschoben und die Verbindung mit dem Gasbestimmungsapparat schnell hergestellt. Jetzt öffnet man vorsichtig das Reduzierventil und läßt einen gleichmäßigen Sauerstoffstrom eintreten und beobachtet in dem Schwefelsäuregefäß das regelmäßige Aufsteigen der Luftblasen. Den Hahn der Bürette hat man inzwischen geöffnet und stellt die Niveauflasche oben auf den Apparat, um einen kleinen Überblick in dem Apparat zu haben. Der ankommende Sauerstoffstrom wird, wie man beobachten kann, zur Verbrennung gebracht, was man an dem zeitweisen Ansaugen der Flüssigkeit in der Bürette sehen kann. Man beachte, daß die Flüssigkeit in der Bürette nicht sofort fällt, denn dann ist die Sauerstoffzuleitung zu groß, und die Bürette ist voll Sauerstoff, bevor die bei der Verbrennung der Substanz entstehende Kohlensäure übergetreten ist.

Richtige Verbrennungstemperatur und regelmäßige Sauerstoffzuführung ist zu beachten. Die Verbrennung der Probe soll möglichst schnell, in ca. einer Minute erfolgen und beobachtet man daher genau die Bürette des Gasbestimmungsapparates. Die Flüssigkeit der Bürette soll ca. 10 bis 20 mm fallen und dann stehen bleiben, so ist die Zuleitung des Sauerstoffes richtig. Nach beendeter Verbrennung fällt die Niveauflüssigkeit rapid und der Sauerstoff bringt die durch die Verbrennung gewonnene Kohlensäure restlos durch den Kühler in die Bürette.

Man löst sofort die Verbindung zwischen Ofen und Gasapparat und schließt auch das Sauerstoffventil, doch kann man den Sauerstoff ganz minimal noch durch den Ofen strömen lassen, damit derselbe für die folgenden Analysen gereinigt ist. Das Schiffchen kann sofort nach erfolgter Verbrennung mittels des Messingstäbchens aus dem Ofen gezogen werden, oder aber erst nach Beendigung der Analyse.

Hierauf wird die Niveauflasche zur Hand genommen, der Hahn an der Bürette wieder so geöffnet, daß eine Verbindung zwischen Kühlschlange und Bürette entsteht und der Nullpunkt durch Herüberholen von Sauerstoff genau eingestellt. Die Bürette enthält nun ein Gemisch von Sauerstoff und Kohlensäure.

Ist der Nullpunkt genau eingestellt, was bei einiger Übung kaum einige wenige Sekunden in Anspruch nimmt, so wird der Hahn der Bürette nach rechts gedreht, derart, daß eine Verbindung mit dem Absorptionsgefäß zustande kommt, und der Hahn des letzteren gleichzeitig geöffnet. Durch Heben der Niveauflasche drückt man nun den gesamten Gasgehalt der Bürette durch die im Absorptionsgefäß befindliche Kalilauge (Zusammensetzung 180 g KOH auf 300 g Wasser). Das Absorptionsgefäß ist von besonderer Konstruktion und ermöglicht eine exakte Absorption der entwickelten Kohlensäure. Hierauf ist das Gas durch Senken der Niveauflasche wieder in die Bürette zurückzuholen, der Hahn des Absorptionsgefäßes wird dann geschlossen und durch das entstandene Minus der Kohlenstoffgehalt an der Bürette direkt abgelassen. Es ist darauf zu achten, daß der Wasserspiegel in der Bürette mit demjenigen der Niveauflasche horizontal in gleicher Höhe sind. Die Bürette besitzt eine Einteilung für 1 g und eine solche für 2 g Einwage. Bei einer geringeren Einwage als 1 g, z. B. $^{1}/_{2}$ g, ist natürlich die gefundene Zahl zu multiplizieren.

Nach Ablesen der Kohlenstoffgehaltes wird der Hahn der Bürette wieder mit der Kühlschlange in Verbindung gesetzt, die Niveauflasche gehoben und wiederum bis zum Hahn der Bürette, Niveauflasche gedrückt und der Hahn danach durch Drehung nach links gegen die Bürette und die Kühlschlange abgeschlossen.

Schon nach wenigen Übungen ist man in der Lage, eine Kohlenstoffbestimmung in 3—4 Minuten auszuführen.